Wenn das Universum aus dem Urknall hervorging – woher kam er dann, und was war davor? In diesem Buch setzt sich der gefeierte Autor Brian Clegg mit der Theorie des «Big Bang» auseinander und gibt einen einzigartigen Überblick über die Ursprünge des Universums: Von den frühesten Schöpfungsmythen über die Erkenntnis, dass die Milchstraße nur eine von vielen Galaxien ist, bis hin zu den anhaltenden Diskussionen über Schwarze Löcher und Dunkle Materie. Dabei gelingt es dem Autor, den Leser unterhaltsam und verständlich durch einen ganzen Parcours verblüffender kosmologischer Phänomene zu führen. Aber dann stellt Clegg das Konzept des Urknalls selbst auf den Prüfstand und wirft auch die philosophische Frage auf, warum wir nicht aufhören können, den Ursprung des Universums immer wieder neu zu überdenken. Populärwissenschaft vom Feinsten, informativ, kontrovers, ungeheuer fesselnd – und eine unglaubliche Reise hinter den Anfang der Zeit.

Gewidmet dem Zentrum meines Universums ...
Gillian, Chelsea und Rebecca

INHALT

1. DER ZÜNDSATZ DES URKNALLS

> Der Ursprung der Dinge muss im Obskuren
> liegen, jenseits der Grenzen der Beweisbarkeit,
> jedoch innerhalb derer der Spekulation oder
> analoger Schlüsse.
>
> *Asa Gray (1810–1888)*
>
> *«Darwin über die Entstehung der Arten»*
> *(The Atlantic Monthly, Juli 1860)*

Willkommen im Universum.

«Das Universum» ist ein phantastisches Gebilde – eines, das die offenbare Einfachheit des Begriffs konterkariert. Es umfasst schlichtweg alles, also die Gesamtheit dessen, was wir da draußen vorfinden, die Summe alles Existenten. Wir sind nur ein Teil dieses Ganzen, dennoch ignorieren wir meist alles außer unserer eigenen Existenz, diesem winzig kleinen Schnipsel des Universums, den unser Planet darstellt. Seitdem es vernunftgesteuertes Denken gibt, fragt sich der Mensch, was das Universum ist und von wo es herrührt. Wie wir später sehen werden, wurden im Laufe der Zeit alle erdenklichen Optionen in Betracht gezogen, dennoch dauerte es bis zum 20. Jahrhundert, bis unsere derzeitige Theorie zur Entstehung des Universums – die des Urknalls – postuliert wurde, um schließlich weitgehend Anerkennung zu finden.

Die wissenschaftliche Neugier, die uns treibt, nach dem Universum und seinem Ursprung zu fragen, scheint ein natürliches Wesensmerkmal des Menschen zu sein, auch wenn sie oftmals – bedingt durch eine Art Gruppenzwang – unterdrückt wird. Alle Kinder sind fasziniert, wenn sie die Welt um sich herum betrachten. Sie stellen Fragen nach dem Wie und Warum, und dies oftmals mit einer Hartnäckigkeit, die die Erwachsenen in den Wahnsinn treibt. Leider gilt es in der heutigen Zeit unter Teenagern als «uncool», sich für die Welt der Wissenschaft zu interessieren, weshalb viele Jugendliche diese Faszination für das, was da draußen vor sich geht, verdrängen. Dennoch ist sie zweifellos vorhanden und wartet darauf, entdeckt zu werden.

Für diese Neugier gibt es einen guten Grund. Wie ich in meinem Buch *Upgrade Me* beschrieben habe, waren unsere Vorfahren imstande, über den Tellerrand der Gegenwart hinauszuschauen und zu fragen: «Was wäre wenn?», um zu der Erkenntnis zu gelangen, dass sie eines Tages sterben würden, was sie wiederum in die Lage versetzte, Verhaltensweisen an den Tag zu legen, die über ihre angeborenen Fähigkeiten weit hinausgingen. Unsere Neugier stellt einen Teil dieser Fähigkeit dar, über den Tellerrand hinauszuschauen, und ist unserem natürlichen Überlebensinstinkt durchaus förderlich. Hören wir nachts ein Geräusch und fragen uns: «Was war das? Wodurch wurde dieses Geräusch verursacht?», sind wir möglicherweise eine Gefahr zu erkennen imstande, bevor sie bedrohliche Ausmaße annimmt. Wir verspüren den Drang, den Dingen auf den Grund zu gehen, und haben nicht die Einstellung, sie einfach als gegeben hinzunehmen, wie dies bei vielen Tieren der Fall ist; wir wissen, dass es für alles einen Grund gibt, und sind bestrebt, diesen auszumachen. Dieser Drang, nach der Ursächlichkeit eines Sachverhalts zu forschen, bringt einige interessante Konsequenzen mit sich, wenn wir fragen, was vor dem Urknall war.

Wenn Raum und Zeit mit dem Urknall entstanden, wie dies in manchen Theorien beschrieben wird, führt die Suche nach einer etwaigen Ursache zwangsläufig ins Nichts, gibt es in diesem Fall doch kein «Vorher», keinen vor dem Urknall befindlichen Zeitraum, in dem die Ursache entstanden sein könnte. Sind wir nicht in der Lage, in unserem Denken die Faktoren Raum und Zeit auszuklammern, wie dies bei theologischen Lösungsansätzen oftmals zu beobachten ist, stehen wir vor der merkwürdigen Situation, es mit einem Sachverhalt zu tun zu haben, für den es keine Ursache gibt. Dieser Fall kann durchaus eintreten, wenn wir uns mit einem derartigen Extrem wie dem Ursprung des Universums auseinandersetzen, einer Materie, die unser Gehirn, das auf Ursachenforschung programmiert ist, eindeutig überfordert.

Der Urknall stellt die derzeit plausibelste Erklärung für die Entstehung des Universums dar, auch wenn an dieser Stelle anzumerken ist, dass auch der Urknall lediglich eine Theorie und keine erwiesene Tatsache ist. Der belgische Wissenschaftler Georges Lemaître war der Erste, der – inspiriert von dem Gedanken, dass sich das Universum ausdehnt – die Theorie des Urknalls explizit erwähnte (auch wenn er sie nicht als solche bezeichnete). Wenn das Universum immer größer wird, wovon Lemaître ausging, musste er – so sein Kalkül – in der Lage sein, seine Entstehung zeitlich zurückzuverfolgen und dabei zu beobachten, wie es immer kleiner wird, bis es schließlich ein Stadium erreichte, in dem die gesamte Materie in einem einzigen Punkt ganz am Anfang verdichtet war. Dieser Ausgangspunkt eines Universums wurde ursprünglich als Uratom oder kosmisches Ei bezeichnet.

Als ich zum ersten Mal von der Urknalltheorie hörte, hatte ich so meine Zweifel, hielt ich es doch als Jugendlicher eher mit der Steady-State-Theorie (Gleichgewichtstheorie) eines meiner Lieblingsastronomen, Fred Hoyle. So war ich furchtbar enttäuscht, als die Gleichgewichtstheorie schließlich verworfen wurde – als hätte «meine» Fußballmannschaft gerade die Meisterschaft verloren. Zwar konnte ich durchaus nachvollziehen, dass alles aus diesem verdichteten Ursprungspunkt hervorgegangen sein könnte, dennoch beschäftigten mich zwei Probleme. Warum sollte dieses anfänglich extrem kompakte Universum sich auszudehnen beginnen, wenn die gesamte Materie im Universum von der Schwerkraft zusammengepresst wurde? Und wie war es möglich, alles im Universum – diese gigantische Menge an Materie – in einem derart winzigen Punkt zu verdichten?

Anfangs fanden Lemaîtres Thesen wenig Zuspruch, was jedoch eher mit seiner Person zu tun hatte: Lemaître war Belgier und zudem katholischer Priester. Es war zweifellos ein Vorurteil, aber die meisten Leute glaubten, Belgien habe nun wirklich nichts zu bieten außer Pommes frites und guter Schokolade. Und sein Priestertum kam Lemaître in einer zunehmend atheistischen oder agnostischen Wissenschaftsgemeinde ebenso wenig zugute, zumal diese die von der katholischen Kirche betriebene Unterdrückung wissenschaftlicher und kosmologischer Theorien besonders argwöhnisch beäugte. Schließlich handelte es sich um die gleiche Kirche, die Galileis Entdeckung, dass sich die Erde um die Sonne bewegt, mit allen Mitteln zu hintertreiben versuchte. Lemaîtres kosmisches Ei stieß jedoch aus anderen Gründen auf Ablehnung.

Lemaître hatte an der Universität Cambridge unter dem berühmten Astronomen Arthur Eddington gearbeitet, und obwohl Eddington Lemaîtres Thesen über die Expansion des Universums durchaus zugetan war, tat er sich schwer mit dem Uratom, schien dieses doch zu implizieren, dass alles in einem einzigen Punkt seinen Ursprung hatte, was wiederum ein gänzlich anderes Wesen des Universums bedeutete. Dies lief seinem Verständnis von Physik zuwider. Andere Wissenschaftler wiesen darauf hin, dass Lemaîtres Bild von der Geburt des Universums der in der Bibel beschriebenen Schöpfungsgeschichte verdächtig nahe kam. Obwohl die Wissenschaft eigentlich mit der Religion kein Problem haben dürfte, machen sich Wissenschaftler – ob sie nun richtig liegen oder nicht – immer Gedanken, ob eine Theorie von einer religiösen Lehre inspiriert ist.

Fred Hoyle, dem Vater der als Alternative zum Urknall entwickelten Steady-State-Theorie, war es schließlich vorbehalten, der Urknalltheorie ihren Namen zu geben. Zuvor wurde das, was wir heute den Urknall nennen, als dynamisches Universum oder dynamisches Entwicklungsmodell bezeichnet, um sich von der vorherrschenden These eines statischen Universums abzuheben, bevor die Urknalltheorie schließlich auf den Plan trat. Hoyle, der sich dieses Begriffes im Jahr 1950 in einer beliebten Wissenschaftssendung des BBC-Hörfunkprogramms erstmals bediente, soll den Terminus ironisch benutzt haben (auch wenn er dies stets bestritt), aber die

Bezeichnung «Urknall» blieb haften und wurde zum allgemein gebräuchlichen Namen für diesen dramatischen Moment der Entstehung eines expandierenden Universums.

In Wirklichkeit wäre es keine große Überraschung, hätte Hoyle diese Bezeichnung im Sinne einer Anspielung gemeint, war er doch ursprünglich einer der eifrigsten Kritiker der Urknalltheorie. Fest steht jedenfalls, dass der Urknall – wenn es ihn denn gab – mit Sicherheit nicht besonders groß war, wie der Name vermuten lässt. Lemaître ging in seiner Theorie davon aus, dass alles mit einem extrem kompakten Uratom begann, in dem die gesamte Materie verdichtet war, wohingegen das Universum in späteren Varianten der Theorie seinen Ursprung in einem unendlich kleinen Punkt hatte. Ebenso vertreten viele Wissenschaftler die These, dass es überhaupt keinen Knall gab. Jedenfalls ist der Schall nicht imstande, sich durch den luftleeren Raum auszubreiten. Aber diese Kritik ob des Namens ist vielleicht etwas schlecht durchdacht. Der zu jener Zeit existierende Raum war alles andere als leer; in Wirklichkeit beherbergte er die gesamte im Universum vorhandene Materie, die im Prinzip in der Lage gewesen wäre, Schwingungen zu übertragen, die dem Schall eigen sind.

In diesem Fall ist es durchaus möglich, dass es einen Knall gab, auch wenn diesen natürlich niemand hören konnte. Manche Kosmologen stießen sich an der Bezeichnung «Urknall», fehlte es dieser aus ihrer Sicht doch schlichtweg an Pfiff (zumal sie von ihrem Erzrivalen Hoyle aufgebracht wurde); damals galt dieser Begriff als unwissenschaftlich und populistisch, heute ist er aus unserem Sprachschatz längst nicht mehr wegzudenken – ein griffiger und einprägsamer Name. Ihn als banal abzutun mutet scheinheilig an angesichts der Tatsache, dass Physiker Elementarteilchen Merkmale wie «Strangeness» und «Charm» zugeschrieben und Biologen sich für Gene Namen wie «Sonic Hedgehog» oder «Grunge» ausgedacht haben.

Andere Wissenschaftler schlugen in die gleiche Kerbe. Wie konnte aus einem derart winzigen Pünktchen ein so gigantisches

Universum entstehen? Woher stammten die Atome, aus denen heute alles besteht? Und was stand am Anfang? Dies alles sind Fragen, auf die im Laufe der Zeit zunehmend differenziertere Antworten geliefert wurden. Aber bis vor kurzem gab es eine Frage, die stets geflissentlich ignoriert wurde: Was war vor dem Urknall – wenn es denn einen gab?

Dies ist ein Thema, das die Wissenschaft seit jeher tabuisierte, ein Thema, das uns scheinbar überforderte. Diese Sichtweise mag zu kurz greifen, aber eine der Stärken der Wissenschaft besteht darin, sich der eigenen Unzulänglichkeiten bewusst zu sein. Ist es nicht möglich, eine Theorie entgegen dem aus Experimenten oder Beobachtungen gewonnenen Datenmaterial zu verifizieren, so ist diese Theorie wohl nicht als Wissenschaft zu betrachten. Aus diesem Grund argumentieren viele Leute, dass Wissenschaft und Religion nicht allzu viele Berührungspunkte aufweisen und somit keine Notwendigkeit besteht, sich gegenseitig das Leben schwerzumachen. Es ist nicht Aufgabe der Wissenschaft, sich zu Fragen der Religion zu äußern, und im Gegenzug sollte die Religion nicht versuchen, gestaltenden Einfluss auf die Wissenschaft zu nehmen. Religiöse Weltanschauungen entstehen per definitionem, entbehren also jeder wissenschaftlichen Grundlage. Besteht keine Möglichkeit, eine Religion im wissenschaftlichen Sinne zu verifizieren oder zu widerlegen, ist es sinnlos, den Versuch zu unternehmen, sich dieser Religion von wissenschaftlicher Seite zu nähern, würde dies doch völlig ins Leere laufen.

Dies bedeutet jedoch nicht, dass die Wissenschaft die Religion nicht ernst nehmen sollte, sondern einfach, dass wissenschaftliche Methoden nicht geeignet sind, um religiöse Dogmen zu beurteilen. Ebenso war es müßig – so folgerte man –, Spekulationen darüber anzustellen, was sich vor dem Urknall abspielte, sollte dieser bei der Entstehung unseres Universums tatsächlich stattgefunden haben. Da keine Möglichkeit bestand, in die jenseits des Urknalls liegende Vergangenheit des Universums zu schauen, war es auch unmöglich, zwischen den zahlreichen Theorien zu unterscheiden, die allenthalben kursierten – ob mystische Schöpfungsgeschichte oder reine Science-Fiction-Story.

Die Kosmologie stellt selbst bei nüchternster Betrachtung die spekulativste aller Wissenschaften dar, dennoch haben sich zunehmend empirisch überprüfbare Beweise ergeben, die verschiedene Möglichkeiten aufzeigen, was sich vor dem Urknall abgespielt haben könnte. Somit ist dies nicht länger eine außerhalb der Wissenschaft angesiedelte Frage, und manche der möglichen Antworten sind in der Tat unglaublich.

Um besser verstehen zu können, was das Universum ist und wie es zustande kam, macht es Sinn, einen Blick auf die Entwicklung zu werfen, die unser Verständnis vom Ursprung aller Dinge genommen hat. Drehen wir das Rad der Zeit einmal zurück und betrachten frühere Epochen, so wäre die Antwort auf die Frage, was vor der Entstehung des Universums war, wie aus der Pistole geschossen gekommen. In vielen Kulturen war dies offensichtlich: Das Universum ist das Werk des Schöpfers, und folglich war es ebendieser Schöpfer, der bereits vor der Entstehung des Universums existierte. Jede dieser Kulturen hatte jedoch ihre eigene Schöpfungsgeschichte, und jede dieser Schöpfungsgeschichten wies ihrerseits wiederum einen anderen Protagonisten und einen anderen Modus Operandi auf. Betrachten wir die frühen Schöpfungsmythen, sind wir in der Lage, uns ein besseres Bild davon zu machen, wie die Menschheit zu ihrer Sichtweise über den Anfang von allem gelangt ist.

2. DER SCHÖPFER TRITT IN ERSCHEINUNG

> Es ist seit langer Zeit bekannt, dass die ersten komplexen Darstellungen, die sich der Mensch von der Welt und sich selbst zu eigen machte, religiösen Ursprungs waren. Es gibt keine Religion, die nicht gleichzeitig eine Kosmologie und eine Mutmaßung über göttliche Dinge wäre.
>
> *Emile Durkheim (1858–1917),*
> *«Die elementaren Formen des religiösen Lebens»*

Seitdem sich menschliche Wesen über das Leben, das Universum und überhaupt alles Gedanken machen – eine Aktivität, die mindestens 10 000 Jahre, ja möglicherweise sogar wesentlich weiter zurückreicht –, existieren auch Theorien, welcher Zustand vor der Entstehung des Universums wohl geherrscht haben mag.

Die Versuche, den Ursprung des Universums zu erklären, lassen sich grob in drei Kategorien einteilen: eine religiöse, eine philosophische und eine wissenschaftliche. Diese Kategorien entstanden zunächst in der eben genannten Reihenfolge; allerdings kam es zu Überschneidungen, was dazu führte, dass es zum Beispiel bis heute religiös motivierte, allgemein anerkannte Erklärungen gibt – und dies in einer Zeit, in der wissenschaftlich fundierte Theorien das Maß aller Dinge sind.

Das Werk Gottes

Für viele stellt die Antwort «Gott erschuf alles» eine elegante Lösung des Kausalitätsproblems dar, das sich auftut, sollte der Urknall tatsächlich den Beginn von Raum und Zeit markieren. Wie wir wissen, liegt es in der Natur des Menschen, nach der Ursächlichkeit eines Phänomens zu forschen, weshalb uns ein Urknall ohne ersichtlichen Grund nicht ganz geheuer ist. Allerdings erkennen selbst Kinder in vielen Fällen, dass dies keine wirkliche Antwort auf das philosophische Problem ist. Die Miteinbeziehung von Gott in diese Gleichung mit mehreren Unbekannten bewirkt lediglich, dass das Problem der Ursächlichkeit in der Kausalitätskette einen Schritt nach hinten verschoben wird, und die Kinder fragen: «Ja, aber wie wurde Gott erschaffen?»

Lautet die Antwort: «Den gab es schon immer», läuft dies auf eine Theorie hinaus, die ebenso unbefriedigend ist wie die These, das Universum existiere schon ewig oder sei ohne erkennbaren Grund aus dem Nichts hervorgegangen. An dieser Stelle sei angemerkt, dass dies nicht zwangsläufig bedeutet, beide Optionen seien falsch. Ich stelle nur fest, dass die Erklärung «Gott erschuf alles» unser Kausalitätsproblem nicht löst – ein Problem, das sich ergibt, weil unser Gehirn so gestrickt ist, für alles einen Grund vorauszusetzen.

Gehen wir in der Geschichte weit genug zurück, stoßen wir ausschließlich auf religiös motivierte Theorien zur Entstehung des Universums. Dies stellt eine Analogie zu Arthur C. Clarkes berühmtem Ausspruch «Eine hinreichend fortgeschrittene Technologie lässt sich nicht mehr von Zauberei unterscheiden» dar. In unserem Fall müsste es wohl eher heißen: «Ein jenseits des menschlichen Fassungsvermögens angesiedeltes Phänomen lässt sich nicht mehr von der Schöpfung eines Gottes unterscheiden.»

So liefern uns die Schöpfungsmythen drei verschiedene Grundmuster zur Entstehung des Universums. Entweder das Universum hat schon immer existiert und wird auch immer existieren, oder das Universum wurde von einem Gott aus dem Nichts geschaffen, oder es war ein Gott am Werk, der bereits in einem anderen Universum beheimatet war.

Die Mythen der Schöpfungsgeschichte

Die bekanntesten Schöpfungsmythen im westlichen Kulturkreis finden sich in den Kapiteln 1 und 2 des ersten Buchs Mose in der Bibel. Bevor wir uns diesen zuwenden, müssen wir klären, wie der Begriff «Mythos» in diesem Zusammenhang gemeint ist, wird er doch in der Regel eher in abfälliger Form gebraucht, was hier jedoch nicht der Fall ist. Ein Mythos ist eine Geschichte, die einen bestimmten Zweck verfolgt. Sie handelt von etwas, das für unser Alltagsleben von Belang und in der Regel weit in der Vergangenheit oder in einem fernen Land angesiedelt ist. (So bediente sich George Lucas ganz bewusst einer mythologischen Sprache, als er seine Star-Wars-Trilogie in einer fernen Galaxie in grauer Vorzeit spielen ließ.) Der Mythos macht sich diesen exotischen Handlungsrahmen zunutze, um eine universelle Wahrheit zu erklären oder eine wichtige Information in einer Weise zu vermitteln, die deren Verständnis und vor allem ihre Verinnerlichung erleichtert.

Die Behauptung, die Schöpfungsgeschichte sei mythischen Ursprungs, steht durchaus nicht im Widerspruch dazu, dass die Bibel das Wort Gottes darstellt, auch wenn viele Leute glauben, das Buch der Bücher beruhe ausschließlich auf Tatsachen. Die meisten Bibelwissenschaftler betrachten die Schöpfungsgeschichte als einen funktionalen Mythos, was im Einklang mit dem Wesen der Bibel in ihrer Gesamtheit stehen muss, wenn dem so sein soll. Nur ein geringer Teil dieser Sammlung von Schriften ist Geschichte. Die Bibel ist eine allgemeine Gebrauchsanleitung für ein Leben mit religiösen Richtlinien, Grundsätzen und Vorschriften, darüber hinaus enthält sie Liebeslyrik und Liebeslieder, aber nur wenige Teile entsprechen dem modernen Geschichtsbegriff (vom wissenschaftlichen Aspekt einmal ganz zu schweigen).

So enthält etwa das Neue Testament größere Widersprüche zwischen den verschiedenen Evangelien, obwohl es oberflächlich betrachtet eine historische Abhandlung darstellt. Dies spielte für die Verfasser dieser Schriften jedoch keine Rolle, lag es doch nicht in ihrer Absicht, geschichtliche Ereignisse niederzuschreiben; vielmehr war ihnen daran gelegen, Jesus Christus und seine Jünger in ihrem Wesen zu beschreiben. Aus den Evangelien wissen wir, dass Jesus oft Parabeln (man könnte auch von Mini-Mythen sprechen) gebrauchte – fiktive Geschichten mit einem bemerkenswerten Lerneffekt. Ist die Bibel, wie viele Menschen glauben, das Wort Gottes, gibt es keinen Grund, warum sie nicht auch anschauliche Geschichten dieser Art enthalten sollte, und genau als solche sollten wir die beiden in der Genesis aufgeführten Beschreibungen der Entstehung der Welt betrachten.

Die Juden leiteten ihre Schöpfungsmythen von früheren babylonischen Mythen ab, allerdings setzten sie andere Schwerpunkte, weshalb sie die Geschichten in ihrer Form modifizierten. Die Genesis beginnt mit dem klassischen Sechstagewerk der Schöpfung, bei uns dagegen mit der Schaffung von Himmel und Erde aus dem Nichts; der Geist Gottes schwebte auf dem Wasser, was aus heutiger Sicht verwirrend anmutet. Dies spiegelt jedoch eine gängige kosmologische These aus jener Zeit wider, wonach alles aus Wasser geschaffen wurde, weshalb «die Wasser» vor der Schöpfung des Universums existiert haben müssen. Woher diese Wasser stammten, wird allerdings nicht erläutert.

Zuerst wird das Licht geschaffen; der Himmel wird von den Wassern getrennt, und das Himmelsgewölbe wird errichtet; Land und Wasser auf der Erde werden getrennt, und die Pflanzen werden erschaffen; Sonne, Mond und Sterne werden ans Himmelsgewölbe gebracht und schließlich lebende Kreaturen und zu guter Letzt die Menschen erschaffen. Dieser Mythos beschreibt die Rolle Gottes als Schöpfer, was dem darauffolgenden Mythos des Garten Eden völlig zuwiderläuft, ist dieser doch aus historischer Sicht mit der ersten Schöpfungsgeschichte unvereinbar, da er die Erschaffung des Menschen zeitlich vor die der Tiere stellt. Die Aufgabe dieses zweiten Mythos besteht darin, sowohl unsere Rolle als Verwalter der Erde als auch das Wesen der Sünde zu beschreiben.

Dass das Licht vor der Sonne und den Sternen geschaffen wurde, erschien den Wissenschaftlern früher als ein besonders merkwürdiger Punkt in der Schöpfungsgeschichte; doch wie es der Zufall will, steht dieser Sachverhalt inzwischen mit den gängigen wissenschaftlichen Theorien von heute durchaus im Einklang. Wie wir später sehen werden, geht man heute davon aus, dass das Universum lange vor der Entstehung der Sterne voller Licht war. Dies jedoch als einen verbrieften Teil der Schöpfungsgeschichte zu verbuchen hieße, abermals das Thema zu verfehlen, ist die Funktion eines Mythos doch gänzlich andersgeartet als die einer wissenschaftlichen oder geschichtlichen Abhandlung.

Berücksichtigen wir dies, wird es erheblich einfacher, sowohl die Verschiedenartigkeit als auch die Befremdlichkeit vieler der in unserer Welt kursierenden Schöpfungsmythen zu verstehen. Sie können in der Tat nicht alle «richtig» im Sinne einer wissenschaftlichen Beschreibung der Anfänge des Universums sein, und manche scheinen aus heutiger Sicht gar wesentlich unglaubhafter als die Version der Genesis im ersten Buch Mose, aber schließlich waren sie auch nie dazu bestimmt, eine genaue Beschreibung tatsächlicher Ereignisse darzustellen.

Schöpfungsvarianten

Am Anfang der griechischen Mythen, die in Europa vom Christentum verdrängt werden sollten, stand ein Zustand des Chaos, der auch als «leerer Raum» beschrieben wurde. In einer Version der griechischen Mythologie befand sich in dieser Leere ein Vogel namens Nyx, der ein goldenes Ei legte, aus dem Eros, der Gott der Liebe, hervorging. Die zwei Hälften der Schale wurden zu Himmel und Erde – Uranos und Gaia –, die wiederum die nächste Generation von Göttern – die Titanen – hervorbrachten, insbesondere Kronos, der eine Vielzahl weiterer uns bekannter Götter zeugte wie etwa Zeus. In anderen Versionen existierten bereits neben Eros weitere Gottheiten, so unter anderem Eurynome, die

Göttin aller Dinge, die der Überlieferung nach Ordnung in das Chaos brachte.

In der chinesischen Mythologie (um noch weiter in die Ferne zu schweifen) ist von einem Gott namens Pan Gu die Rede, der ebenfalls aus einem Ei hervorging – eine Schöpfungsvariante, die der frühen Urknalltheorie durchaus entgegenkam, beschrieb diese doch den Ausgangspunkt für die Entstehung des Universums als kosmisches Ei. Pan Gu verharrte – gewissermaßen als Embryo – eine Ewigkeit in diesem Ei; als er ihm schließlich entstieg, wurde aus dem oberen Teil des Eis der Himmel und aus dem unteren die Erde. Anschließend schickte sich Pan Gu an – vergleichbar mit Slartibartfass in *Per Anhalter durch die Galaxis* –, mit Hilfe eines Meißels der Erdoberfläche Gestalt zu verleihen, und schuf Berge und Täler.

Am sonderbarsten mutet jedoch an, dass Pan Gu selbst zu einem Großteil der restlichen Schöpfung wurde. Dies ging – was für einen an eine Gottheit gebundenen Mythos ungewöhnlich ist – erst nach seinem Tod im Alter von 18 000 Jahren vonstatten, als nicht nur aus seinem linken Auge die Sonne, aus dem rechten der Mond und aus seiner Stimme der Donner wurde, sondern auch die Flüsse aus seinem Blut hervorgingen. Verblüffenderweise bildete sein Schädel das Himmelsgewölbe (und ersetzte damit offenbar den oberen Teil des ursprünglich vorhandenen Eis), und sein Fleisch verwandelte sich unabhängig von jenen von ihm selbst gemeißelten Bergen und Tälern in Erdreich. Und wir, so scheint es, sind wohl aus seinen Flöhen hervorgegangen.

Diese Darstellung rückt den Pan-Gu-Mythos in eine völlig andere Kategorie als die in der Bibel beschriebenen Anfänge des Universums. Beide Varianten weisen einen Gott als Schöpfer auf, aber während der jüdische Gott kein integraler Bestandteil der Schöpfung als solcher ist, sondern diese von außen vorantreibt, wird in der chinesischen Mythologie die Gottheit selbst zur unmittelbaren Quelle der Materie, aus der die einzelnen Teile des Universums hervorgingen.

Diese Verknüpfung eines Gottes mit einem Naturphänomen findet sich häufig in Schöpfungsmythen, erscheint jedoch aus heutiger Sicht als These eher unbefriedigend. In jungen Jahren war ich sowohl von den Sagen der alten Griechen als auch der alten Ägypter fasziniert, wenngleich ich den offensichtlichen Widerspruch zwischen einem eindeutig lebendigen Gott und dem eindeutig leblosen Wesen der Natur irritierend fand. Wie konnte jemand den Feuerball der Sonne als Streitwagen sehen, auf dem der menschenähnliche griechische Sonnengott Helios über das Himmelsgewölbe fährt? Und wenn wir schon dabei sind – wie konnte es sein, dass sich ein Gott nicht zu Tode langweilt, der tagein, tagaus nichts Besseres zu tun hat, als einen Streitwagen über das Himmelsgewölbe zu fahren, ohne die Möglichkeit zu haben, eine Pause oder gar Urlaub zu machen?

Als ich mich später mit den alten ägyptischen Schöpfungsmythen auseinandersetzte, fand ich es ebenso merkwürdig, wie jemand auf die Idee kommen konnte, das Himmelsgewölbe über uns sei der Körper der Göttin Nut, der einen Bogen beschreibt. Schließlich gibt es diesen Bogen noch nicht einmal (handelt es sich doch lediglich um die Begrifflichkeit einer mathematischen Darstellungsform, aber nicht um etwas real Existierendes), wie konnte es also sein, dass dieses Gewölbe eine Göttin war?

Die ägyptischen Mythen sind schwer zu fassen, da sie nicht auf einen so simplen Nenner zu bringen sind wie Mythen anderer Kulturen, in denen ein Gott für eine Sache oder eine These steht. So repräsentierte die Sonne zum Beispiel eine beträchtliche Anzahl verschiedener Götter oder zumindest verschiedene Seiten dieser Gottheiten. Bedenkt man allerdings, dass die Zivilisation im alten Ägypten untrennbar mit dem Nil verbunden ist, so überrascht es nicht, dass am Anfang ihrer Schöpfungsmythen oft ein formloses Chaos aus Wasser steht, das als Nu oder Nun bezeichnet wurde. Die Welt, wie wir sie kennen, entstand, als ein Hügel aus diesen Urfluten erwuchs, auf dem Atum, der erste aller Götter, thronte. Dieser spie Schu, den Gott der Luft, und Tefnut, die Göttin der Feuchtigkeit, aus, deren Liaison wiederum die Himmelsgöttin Nut und den Erdgott Geb hervorbrachte.

Die Kinder dieser beiden Gottheiten – Osiris, Isis, Seth und Nephthys – übernahmen alsbald das Kommando im Himmel, obwohl viele weitere Gottheiten ihren Weg säumten. Eine andere Version dieses Schöpfungsmythos aus dem alten ägyptischen Königreich weist das gleiche Ende auf, beginnt jedoch mit dem Sonnengott Ra, der einem Ei im Ozean entsteigt und diese ersten vier Gottheiten hervorbringt. Später sollte Ra in der monotheistischen Aton-Religion, die unter der Regentschaft des altägyptischen Königs Echnaton eine kurze Blütezeit erlebte, zeitweilig zum Schöpfer der Sonne werden (erhob Echnaton doch den Gott Aton in Gestalt der Sonnenscheibe zum Gott über alle Götter Ägyptens).

In buddhistischen Mythen und einigen weiteren, die diesen gleichkommen, werden weder ein Gott noch ein Anfang des Universums postuliert; vielmehr legen sie nahe, dass alles unberechenbar ist (was eine äußerst unbefriedigende Antwort auf die von Kindern häufig gestellte Frage nach dem Warum darstellt). Auch wenn Mythen in ihrem Ablauf variieren, ist der Grundgedanke doch der eines Schöpfers (möglicherweise mehrerer), der sich des chaotischen oder formlosen Ausgangszustands annimmt, der in der Zeit vor der Schöpfung herrscht, und aus diesem ein veritables, mithin funktionierendes Universum macht (stets mit der Erde als Zentrum). Dass die Schöpfung immer wieder in der Weise beschrieben wird, sie sei aus etwas bereits Vorhandenem, Formlosem erfolgt, kommt nicht von ungefähr, lehrte doch die Erfahrung jene frühen menschlichen Zivilisationen, dass dies so vonstattengegangen sein muss.

Im Falle der meisten Dinge, die wir um uns herum sehen, lässt sich recht einfach sagen, was ihnen vorausging: woraus sie entstanden, wer sie schuf. Was ein von Menschenhand geschaffenes Objekt angeht, so ist dies offensichtlich, trifft jedoch auch auf, sagen wir, einen Gebirgszug oder die Erde selbst zu. Die physischen Kräfte und die Materie, die bei der Schaffung eines Objekts zur Anwendung kamen, waren bereits vor diesem Objekt vorhanden. Infolgedessen ist die Annahme durchaus natürlich, dass dem Universum etwas vorausging und dass dieses Etwas aus der zuvor existierenden «wilden» Natur das Universum formte oder modellierte, wie wir es heute kennen – vergleichbar mit einem Menschen, der aus wildem Getreide Brot macht.

Die Trennung von Schöpfer und Schöpfung

Auch wenn die weitgehend im Westen vom alten Griechenland ausgehende philosophische Revolution die Menschen in die Lage versetzte, das Universum in einer abstrakteren Weise zu betrachten – ohne sich auf einen bestimmten Schöpfer festzulegen –, fanden Philosophie und Religion weiterhin keinen gemeinsamen Nenner, sondern blieben zwei Parallelwelten. Selbst als Newton erste wissenschaftliche Zusammenhänge eines auf physikalischen Gesetzen beruhenden Universums nachwies, war dies kein Grund, die biblischen Ursprünge der Mythen in Zweifel zu ziehen. Noch im 19. Jahrhundert war es gang und gäbe, die Lebensdauer von in biblischen Geschichten auftretenden Schlüsselfiguren bis zu Adam und Eva zurückzuverfolgen, um auf diese Weise die Schöpfung im Buch der Bücher zeitlich zu datieren.

Doch in dem Maße, wie sich das Bild des durch einen Schöpfungsakt entstandenen Universums änderte – und diese Veränderungen wurden stets drastischer –, schien die Notwendigkeit immer größer zu werden, sich von dem auf einem Mythos basierenden Vergangenheitsbild zu lösen und den Versuch zu unternehmen, einen wissenschaftlich fundierten Erklärungsansatz zu finden. Dies musste nicht zwangsläufig bedeuten, Gott außen vor zu lassen. Viele Leute waren (und sind nach wie vor) durchaus angetan von der Idee, zur Erklärung der Entstehung des Universums eine wissenschaftliche Methodik mit einer göttlichen Intervention zu kombinieren, um diese Methodik zur Anwendung kommen zu lassen. Alles deutet darauf hin, dass Gott – vorausgesetzt, die Welt, in der wir leben, ist seine Schöpfung – bestrebt ist, die Funktionsweise der kleineren Dinge um uns herum nach logischen, wissenschaftlichen

Gesichtspunkten zu gestalten; wir haben keinen Grund zu der Annahme, dass der Herr die Entstehung des Universums in anderer Weise in Angriff nahm.

Der Schritt, Religion und das Wesen des Universums in seiner Deutung zu trennen, beruht ausschließlich auf wissenschaftlichen Erkenntnissen (scientia auf Lateinisch), was sich am augenfälligsten in dem relativ unvermittelten Aufkommen einer erklärenden Philosophie in der alten griechischen Zivilisation im 6. Jahrhundert v. Chr. niederschlug. Dies führte nicht zwangsläufig zu einer plötzlichen und vollständigen Abkehr von dem Bild der Schöpfung, wie es von Mythen gepflegt wird. So findet sich zum Beispiel in der mythologischen Kosmologie der alten Griechen aus jener Zeit die Version, das Universum sei aus einem formlosen Chaos hervorgegangen, das ein Feuermeer war.

Als Anaximander, ein griechischer Philosoph aus Milet in Anatolien (heute Türkei), der in der ersten Hälfte des 6. Jahrhunderts v. Chr. lebte, mit einer «wissenschaftlichen» Kosmologie aufwartete (wissenschaftlich in dem Sinne, dass er behauptete, physikalischen Gesetzen unterliegende Kräfte und nicht etwa die Götter hätten das Universum geschaffen), hielt er zwar an der Existenz des Universalfeuers der Schöpfung fest, stellte sich jedoch das heutige, geordnete Universum als eine Art Schutzschild vor, der uns vor dem Feuer bewahrte. Dieser Schutzschild wies verschiedene Löcher auf – ein großes, aus dem die Sonne entstand, sowie mehrere kleinere für die Sterne. Licht und Wärme gingen also aus dem urzeitlichen Feuermeer hervor, in dem unser Universum wie eine Insel schwebte.

Die Trennung zwischen dem physikalischen Gesetzen unterliegenden Wesen der Natur und den Göttern stieß in Griechenland keineswegs auf uneingeschränkte Zustimmung. Wie in so vielen anderen Punkten im Weltbild der alten Griechen setzte sich auch in diesem Fall Aristoteles' Sicht der Dinge durch und sorgte – richtigerweise – für eine derartige Trennung. Aristoteles wurde im Jahr 384 v. Chr. im nordgriechischen Stageira geboren und trat mit 17 Jahren in Platons Akademie in Athen ein, wo er 20 Jahre lang bleiben sollte. Der Begriff «Akademie» ist längst zu einem festen Bestandteil unseres Wortschatzes geworden, weshalb es durchaus erwähnenswert ist, dass es sich hierbei um das Original handelt.

Platon, der 427 v. Chr. in Athen geboren wurde, hatte seine Philosophenschule gegründet, nachdem er – einige Jahre vor Aristoteles' Geburt – aus dem Militärdienst ausgeschieden war. Wie so mancher, der in der Armee gedient hatte, war er von den Fähigkeiten der Politiker nicht allzu beeindruckt, und so rief er seine Schule eigens zu dem Zweck ins Leben, deren Auftreten im öffentlichen Leben qualitativ zu verbessern. Die in Athen ansässige Akademie befand sich auf dem Gelände eines Olivenhains, das einem Mann namens Akademos gehörte – daher die Bezeichnung «Akademie». Als Aristoteles auf den Plan trat, genoss die Akademie bereits hohes Ansehen. Sie sollte bis zum Jahr 529 n. Chr. ihre Pforten geöffnet haben, konnte also schließlich auf stolze 900 Jahre ihres Bestehens zurückblicken; selbst die Universitäten von Oxford und Cambridge, die ältesten Universitäten im angelsächsischen Raum, werden dieses bemerkenswerte Alter erst im 22. Jahrhundert erreichen.

Aristoteles war der Ansicht, die einzige Lichtquelle im Universum sei die Sonne. Die Sterne, so glaubte er, würden ebenso wie der Mond lediglich reflektiertes Sonnenlicht darstellen. Ihm war klar, dass der Mond verfinstert würde, wenn der Erdschatten auf ihn fällt, und dass dieses Phänomen bei den Sternen nicht zu beobachten war, was er jedoch nicht als Problem einschätzte. Er dachte, die Sterne würden nie vom Erdschatten verdunkelt, weil dieser Schatten sich nur bis zum Planeten Merkur erstreckte, jedoch nicht darüber hinaus, und folglich keine Auswirkungen auf diese weiter entfernten reflektierenden Lichtquellen habe.

Es ist interessant, dass ausgerechnet der im Mittelalter lebende Protowissenschaftler Roger Bacon, der Aristoteles als eine unbestrittene Kapazität betrachtete, die Sache mit dem Sternenlicht in Frage zu stellen bereit war. Er hielt es für ausgeschlossen, dass sich Sternenlicht in dieser Weise verhielt, und so schien ihm die These, die Sterne seien von einer Sonnenfinsternis nicht betroffen, ausgesprochen lästig, war doch das Sonnenlicht laut Aristoteles durchaus in der Lage, die Gestirne zu erreichen und von diesen wie von Spiegeln reflektiert zu werden.

Allerdings lag Bacon nicht in allen Punkten richtig. Er glaubte, auch der Mond schiene aus eigener Kraft, und verweigerte sich der Erkenntnis, dass seine Helligkeit allein der Reflexion des Sonnenlichts geschuldet sein könnte. Er dachte zwar, das Sonnenlicht verstärke die Leuchtkraft des Mondes (weshalb dieser vom Schatten der Sonne überlagert werden und dunkle Phasen aufweisen könne), jedoch in der Weise, dass es lediglich eine stärkere, dem Mond selbst innewohnende Leuchtkraft erzeuge.

Das Universum war – zumindest für die Verfasser der frühen Schöpfungsmythen – ein sehr kleiner Ort. Es umfasste nur die Erde sowie einen Himmel, der diese umgab und in seiner Gesamtheit einer über die Erdoberfläche gespannten, dünnen Haut glich. Möglicherweise existierte ein größerer leerer Raum, in dem das Universum schwebte, der allerdings über keine nennenswerten Ausmaße verfügte. Als sich der antike griechische Philosoph und Ingenieur Archimedes schließlich anschickte, die Größe des Universums zu berechnen, um zu ermitteln, wie viel Sand vonnöten wäre, um es aufzufüllen, war es bereits erheblich angewachsen und wies einen Durchmesser von etwa 1800 Millionen Kilometern auf – nach heutigen Maßstäben jedoch nach wie vor eine winzige Größenordnung.

Das Goldlöckchen-Universum

Diejenigen, die bis heute einer göttlichen Schöpfung das Wort reden, dürften sich aufgrund eines bestimmten Charakteristikums des beobachteten Universums in ihrem Glauben bestärkt fühlen – war doch das Eintreffen einer ganzen Reihe außergewöhnlicher Umstände vonnöten, um unsere Existenz überhaupt zu ermöglichen.

Betrachten wir zunächst die grundlegenden Parameter des Universums. Wenngleich einige der Konstanten, die die Funktionsweise des Universums beschreiben, in beträchtlichem Maße verändert werden könnten, ohne katastrophale Folgen heraufzubeschwören (wie etwa die Lichtgeschwindigkeit), sind andere derart fein aufeinander abgestimmt, dass bereits geringfügigste Modifizierungen ausreichen, um die Existenz von Leben, wie wir es kennen, unmöglich zu machen. So könnte man zum Beispiel die auf Materie wirkenden Kräfte – von der starken Kernkraft bis zur Gravitationskraft – nicht allzu sehr verändern, bis keine stabilen Umweltbedingungen mehr gegeben wären.

Oder wären etwa Neutronen – die Teilchen im Atomkern, die keine elektrische Ladung aufweisen – nicht einmal um ein Prozent leichter, führte dies dazu, dass Protonen – die anderen Bestandteile des Atomkerns – jeweils in ein Neutron und ein Positron zerfielen, was die Bildung von herkömmlichen Atomen unmöglich machte. Es gäbe überhaupt keine Materie. Und kleinste Veränderungen eines als Quantenfluktuation bezeichneten Phänomens (mit dem wir uns später noch eingehend beschäftigen werden) bedeuteten, dass die Bildung von Galaxien ein Ding der Unmöglichkeit geblieben wäre.

Werfen wir nun einen Blick auf die Rahmenbedingungen, die die Erde selbst bietet. Unser Planet befindet sich in einem schmalen Bereich, in dem die Existenz von Leben, wie wir es kennen, möglich ist. Läge die Erde ein bisschen näher an der Sonne, wäre sie zu heiß, um die Entstehung von Leben zuzulassen; und läge sie umgekehrt etwas weiter von der Sonne entfernt, wäre sie für die Entstehung von Lebensformen zu kalt. Selbst auf ihrer heutigen Umlaufbahn wäre Mutter Erde zu kalt für die Existenz menschlichen Lebens, gäbe es da nicht den Treibhauseffekt. Wir sind mit dem Treibhauseffekt bestens vertraut, wird ihm doch in der Regel der Schwarze Peter für die globale Erwärmung zugeschoben; es ist auch zweifellos richtig, dass eine Zunahme von Treibhausgasen negative Auswirkungen hat, aber existierte überhaupt kein Treibhauseffekt, wäre es auf der Erde äußerst ungemütlich.

Der Treibhauseffekt verhindert, dass ein Teil der Energie, die die Erde von der Sonne bezieht, zurück ins All reflektiert wird. In der Atmosphäre enthaltene Gase wie Wasserdampf, Kohlendioxid und Methan erweisen sich für Sonnenlicht als durchlässig, wenn jedoch die daraus resultierende Hitze von der Erde ins All entweichen will, wird sie von diesen Gasen teilweise absorbiert und zurück zur Erde abgestrahlt. Gäbe es keinen Treibhauseffekt, betrüge die Durchschnittstemperatur auf der Erde −18 Grad Celsius und läge somit ungefähr 33 Grad Celsius (oder 60 Grad Fahrenheit) unter dem derzeitigen Mittelwert.

Ebenso dürfte die Erde nicht viel kleiner sein, um über ausreichend Sauerstoff für die Entwicklung von Leben zu verfügen. Hätten wir nicht unseren ungewöhnlich großen Mond, der als riesiges Gyroskop fungiert und uns stabilisiert, wären die klimatischen Bedingungen auf der Erde niemals stabil genug gewesen, um Leben entstehen zu lassen. All dies scheint sich zu einem Dasein zu summieren, das so sorgfältig ausbalanciert ist, dass sich die Frage aufdrängt, wie dies vonstattengegangen sein könnte.

Der Frage auf den Grund zu gehen, warum die Erde diese Feinabstimmung aufweist, die die Existenz von Leben ermöglicht, stellte eine gewisse Herausforderung dar. So wies zum Beispiel Fred Adams von der University of Michigan in Ann Arbor anhand eines ausgesprochen simplen Modells der Sternentstehung nach, dass ungefähr ein Viertel aller möglichen Universen über Energiequellen verfügt, die die Entstehung von Leben zu fördern imstande wären. Was jedoch nicht bedeutet, dass in diesen Universen auch alle anderen Parameter gegeben wären, die Voraussetzung für die Entstehung von Leben sind.

Wir leben in einer derart perfekten Ökosphäre – nicht zu heiß und nicht zu kalt, sondern wohltemperiert –, dass es für viele von uns längst zu einer Selbstverständlichkeit geworden ist, in einem maßgeschneiderten Universum beheimatet zu sein, dessen Umweltbedingungen scheinbar eigens an den Bedürfnissen des Menschen ausgerichtet wurden. Dies stellt zweifellos die Sichtweise christlicher Kreationisten dar, die glauben, die in der Genesis verzeichnete Schöpfungsgeschichte sei die einzig wahre. Den Schöpfungsakt von den genau aufeinander abgestimmten Umweltbedingungen abzuleiten, die die Entwicklung intelligenten Lebens erst ermöglichen, wird als «starkes anthropisches Prinzip» bezeichnet. Dieses besagt, dass die fundamentalen Parameter unserer Existenz in einer Weise gestaltet sind, die nur den Schluss zulässt, dass es hinter den Kulissen unseres Daseins irgendeine übergeordnete Macht geben muss, die die Fäden zieht.

Diese Theorie stößt selbst unter den Wissenschaftlern auf recht wenig Gegenliebe, die mit dem schwachen anthropischen Prinzip konform gehen, das einfach besagt: «Es gibt uns, folglich müssen die fundamentalen Parameter unserer Existenz dergestalt beschaffen sein, dass unser Dasein möglich ist, wären wir doch andernfalls nicht hier und somit in der Lage, diese zu beobachten.» Darin liegt eine unbestreitbare Logik, auch wenn das schwache anthropische Prinzip in Wirklichkeit einen Zirkelschluss darstellt. Realistisch gesehen ist es als wissenschaftliche Theorie unbrauchbar, lässt es sich doch auf die Kernaussage reduzieren: «Wir müssen zu existieren in der Lage sein, weil es uns gibt.»

Begnügen wir uns vorerst mit der Erkenntnis, dass unser Drang, den Dingen auf den Grund zu gehen, und unser kausalitätsgesteuertes Denken im Laufe der Geschichte eine Vielzahl unterschiedlichster Mythen hervorgebracht haben – von denen einige eine beängstigende Komplexität aufweisen –, um die Entstehung des Universums zu erklären. Daneben wartet die Wissenschaft mit ihren Erklärungen auf; bevor wir jedoch die Brücke schlagen von den kosmologischen Mythen zu den wissenschaftlich fundierten Erklärungen, sollten wir den Gegenstand unserer Betrachtungen genau kennen und wissen, was das Universum eigentlich ist.

3. WAS UND WIE GROSS?

Wehe dem, den ich in meiner Abteilung dabei
erwische, wie er über das Universum redet.

Ernest Rutherford (1871–1937)
Zitat aus «Sage: A Life of J. D. Bernal»
(Maurice Goldsmith)

Was meinen wir mit «das Universum»? Wie groß ist dieses Gebilde?
Wie lange existiert es schon? All dies sind grundlegende Fragen, deren Antworten oftmals als selbstverständlich betrachtet werden. So
finden wir zum Beispiel in vielen Büchern und auf Websites den
Hinweis, dass das Universum etwa 13,7 Milliarden Jahre alt ist, erfahren jedoch nur in den seltensten Fällen, woher diese Zahl stammt
oder woher die Zweifel rühren, die ihr anhaften. Doch wenn wir
nicht wissen, welches die Vorläufer der derzeit gängigsten Theorie
waren und wie diese ominösen 13,7 Milliarden Jahre zustande kamen, sind wir nicht in der Lage, uns mit der Wissenschaft auseinan-
derzusetzen, die sich mit der vor dem Urknall liegenden Epoche beschäftigt.

Was ist ein Universum?

Die Frage, die von den drei im ersten Absatz dieses Kapitels aufgeführten am häufigsten übergangen wird, ist die erstgenannte –
Was meinen wir mit «das Universum»? –, die zweifellos einen entscheidenden Ausgangspunkt darstellt. Meinem Wörterbuch zufolge
stammt der Begriff «Universum» aus dem Lateinischen und steht
für «gesamt» im Sinne der Gesamtheit aller existierenden Dinge
und Objekte als eines geordneten, systematischen Ganzen. Es umfasst alles Fassbare, vom Weltall selbst über jeden Stern, jeden Pla-

neten und jede Kreatur bis hin zu jedem Atom oder Photon, das es da draußen gibt.

Auch wenn sich diese Definition im Laufe der Geschichte mit erstaunlicher Beständigkeit hielt, durchlief unsere Vorstellung dessen, was dieses Universum umfasst, vier große Phasen. In vorphilosophischer Zeit ging man allgemein von der Annahme aus, das Universum bestünde in der ein oder anderen Weise aus «der Erde und den Lüften». Diese Kombination war Ausdruck einer so klaren wie praktischen Trennung zwischen den greifbaren Dingen hier unten auf der Erde und den – wie auch immer gearteten – unerreichbar fernen, die uns da draußen umgeben.

Als sich später die alten Griechen eines philosophischen Erklärungsansatzes bedienten, führte dies zu einem differenzierteren Bild des Universums, das in groben Zügen dem entsprach, was wir heute unter dem Sonnensystem verstehen. Obwohl nach wie vor zwischen «hier unten» und «dort oben» unterschieden wurde, zwei unvereinbaren Welten, die der Mond in eine irdische, unvollkommene und eine überirdische, vollkommene Welt oder sogenannte «Quintessenz» unterteilte, war bei den alten Griechen «dort oben» eine klare Struktur zu erkennen und nicht einfach nur von «den Lüften» die Rede. Und obwohl die Erde und nicht etwa die Sonne im Mittelpunkt dieses Weltbilds stand, stellte es dennoch eine unausgegorene Version unseres Sonnensystems dar, das bis zu den Sternen reichte, die in einem jenseits der Bahnen von Jupiter und Saturn befindlichen Bereich beheimatet waren.

Diese Vorstellung des Universums hatte, wie dies bei vielen wissenschaftlichen Errungenschaften der alten Griechen der Fall war, bis zur Renaissance und darüber hinaus Bestand, sodass tatsächlich erst Mitte des 18. Jahrhunderts ein weiter gefasstes Bild aufkam, das schon eher unserem heutigen Verständnis unserer Galaxie, der Milchstraße, glich. Und im 20. Jahrhundert erkannte man schließlich, dass es sich bei den verschwommenen Nebelflecken, die zwischen den Sternen zu erkennen waren, nicht etwa um Gaswolken handelte, sondern um eigenständige Galaxien, was unser Verständnis von Wesen und Größe unseres Universums ein weiteres Mal nachhaltig ändern sollte.

Das Universum mit Sand füllen

Mit unserem Verständnis vom Wesen des Universums änderte sich auch unsere Vorstellung von dessen Größe. Zu Zeiten der alten Griechen wurden mehrere Versuche unternommen, das Universum zu vermessen, wobei jedoch lediglich Archimedes' Vorstoß interessant ist, vor allem deshalb, weil dieser herausragende Mathematiker und Ingenieur nicht etwa nach Antworten auf die großen Fragen «nach dem Leben, dem Universum und dem ganzen Rest» suchte, sondern ein viel profaneres Ziel verfolgte, das auf den ersten Blick völlig trivial erscheint, wollte er doch herausfinden, wie viel Sandkörner vonnöten wären, um den gesamten Weltraum auszufüllen.

Wir wissen nur wenig über das Leben des Archimedes, er soll jedoch bei dem Angriff der Römer auf Syrakus getötet worden sein; und wenn er, wie dies die Legende besagt, zum damaligen Zeitpunkt etwa 75 Jahre alt war, läge sein Geburtsdatum um 287 v. Chr. Zu Lebzeiten hatte sich Archimedes aufgrund seiner herausragenden Leistungen als Ingenieur einen Namen gemacht. Für ihn selbst waren diese Meisterleistungen laut dem griechischen Schriftsteller Plutarch (der seine Schriften gut 350 Jahre später verfasste) nichts weiter als «geometrische Spielereien», was die Verteidiger von Syrakus wohl etwas anders gesehen haben dürften, sollen sie doch eine ganze Reihe der von Archimedes konstruierten mechanischen Apparate eingesetzt haben, um die Schiffe der Römer anzugreifen, ja sogar in Betracht gezogen (wenn auch nie in die Tat umgesetzt) haben, die Sonne zu einer tödlichen Waffe zu machen und mit Hilfe riesiger Spiegel deren Strahlen zu bündeln und auf weit entfernte Schiffe der Römer zu projizieren, um diese in Brand zu setzen.

Allerdings ist es weder Archimedes' zweifellos vorhandenem Genie auf dem Gebiet der Mechanik noch seiner wissenschaftlichen Arbeit zu verdanken, dass sein Name im Zusammenhang mit der Größe des Universums auftaucht, sondern vielmehr dem von ihm verfassten Werk *Psammites – Der Sandrechner –*, einem der merkwürdigsten Bücher aller Zeiten. *Der Sandrechner* ist an Gelon, den König von Syrakus, gerichtet und beginnt mit einem Aufruf an den Regenten, sich neuen Ideen gegenüber nicht zu verschließen wie viele andere seiner Zeitgenossen:

Es gibt Leute, König Gelon, die der Meinung sind, die Zahl des Sandes sei unendlich groß, … aber ich will dir durch geometrische Beweise, denen du folgen kannst, zu zeigen suchen, dass unter den von mir benannten und in dem an Zeuxippus gesandten Werke angegebenen Zahlen einige nicht nur größer sind als die Zahl der Sandmasse, die der in der beschriebenen Weise vollgefüllten Erde an Größe gleich ist, sondern auch als die einer Masse, die an Größe dem Weltall gleich ist.

Mit der Anzahl der Sandkörner aufzuwarten, die der Größe des Universums entspricht, stellte durchaus keinen praxisorientierten Ansatz dar, doch darum ging es Archimedes auch gar nicht. Das Zahlensystem der alten Griechen war äußerst umständlich. Die größte existierende Zahl war eine Myriade – 10 000 –, und Archimedes verfolgte in diesem Buch das Ziel, den Nachweis zu erbringen, dass es möglich ist, dieses Zahlensystem beliebig zu erweitern, sodass selbst derart riesige Zahlen darstellbar sind wie die Anzahl von Sandkörnern, die man benötigt, um das Universum auszufüllen.

Das «Universum», das er mit Sand auszufüllen gedachte, entsprach eher dem, was wir heute unter dem Sonnensystem verstehen – nichtsdestotrotz eine beträchtliche Größenordnung. Archimedes jedoch ging einen entscheidenden Schritt weiter. Er malte sich ein größeres Universum aus, wobei er sich auf eine zur damaligen Zeit kursierende Theorie stützte, nach der nicht etwa die Sonne um die Erde kreist, wie dies den Anschein hat, sondern die Erde um die Sonne. Entscheidend ist diese Überlegung deshalb, weil Archimedes' beiläufige Erwähnung dieser von Aristarch stammenden Theorie bis heute der einzige belegbare Hinweis auf den Astronom ist, der als Erster erkannte, dass wir die Sonne umkreisen und nicht etwa umgekehrt. Weiter schreibt Archimedes:

> Du, König Gelon, weißt, dass die meisten Astronomen jene Sphäre als «das Universum» bezeichnen, deren Zentrum das Zentrum der Erde ist und deren Radius der Strecke zwischen dem Zentrum der Sonne und dem Zentrum der Erde entspricht.
> Dies ist die allgemeine Ansicht, wie Du sie von Astronomen vernommen hast. Aber Aristarch von Samos hat ein Buch verfasst, das aus verschiedenen Hypothesen besteht, aufgrund deren er zu dem Ergebnis kommt, dass das Universum um ein Vielfaches größer ist als das, was wir heute als «das Universum» bezeichnen. Aristarchs Hypothesen besagen, dass die Fixsterne und die Sonne unbeweglich sind und dass sich die Erde auf einer Kreislinie um die Sonne bewegt, wobei sich die Sonne in der Mitte dieser Umlaufbahn befindet …

Im weiteren Verlauf seines Buchs stellte Archimedes sowohl für die Größe des seinerzeit bekannten Universums als auch für Aristarchs altertümliche alternative Berechnungen an. Er postulierte verschiedene Annahmen wie etwa «Der Durchmesser der Erde ist größer als der Mond, und der Durchmesser der Sonne ist größer als die Erde» und kam daraufhin mit Hilfe praktischer Geometrie zu dem Schluss, dass das Universum einen Durchmesser von höchstens 10 Milliarden Stadien hat. Dies ist ein auf den Abmessungen eines Stadions beruhendes antikes Längenmaß – in ähnlicher Weise hantieren wir heute oftmals mit der Länge von Fußballfeldern – und beträgt 180 Meter, was für Archimedes' Universum einen Durchmesser von 1800 Millionen Kilometern ergab. Dieser Wert ist nur unwesentlich größer als der Orbit des Saturn, und somit war es Archimedes in beeindruckender Manier gelungen, die Größe für das Universum zu bestimmen, das zu seiner Zeit als solches betrachtet wurde.

Die Parallaxe ignorieren

Seltsamerweise hatten die griechischen Philosophen Kenntnis über das Vorhandensein eines eindeutigen Beweises, der den Schluss nahelegte, dass das Universum wesentlich größer ist, als sie vermuteten, allerdings zogen sie diesen Beweis zur Untermauerung einer völlig unterschiedlichen Sichtweise heran. Was aus heutiger Sicht als offensichtlicher Lapsus erscheint, ist in Wirklichkeit etwas, das wir stets bedenken sollten, wenn wir die kosmologischen Theorien betrachten, die heutzutage kursieren. Es ist absolut möglich, einige der indirekten Beweise, die den allgemein anerkannten Theorien zur Entstehung des Universums zugrunde liegen, in gänzlich anderer Weise zu interpretieren, wenn wir nur bestimmte Annahmen ausschließen.

Die augenfälligste dieser Annahmen, die die derzeit gängigen Theorien zu durchkreuzen geeignet wären, besteht darin, dass die Grundkonstanten des Universums (die Lichtgeschwindigkeit und die Stärke der Schwerkraft beispielsweise) in verschiedenen Bereichen des Universums nicht variieren und auch im Laufe der Zeit nicht variiert haben. Stellten diese Konstanten keine festen Größen dar, wie wir dies annehmen (wobei diese Annahme größtenteils zweckorientierter Natur ist, auch wenn gewisse Indizien nicht zu leugnen sind), wäre es jederzeit möglich, viele der offenkundigen Eigenschaften des Universums zu erklären, ohne die merkwürdigen Theorien bemühen zu müssen, die uns im weiteren Verlauf dieses Buches noch begegnen werden (wie etwa kosmologische Inflation, Schwarze Löcher oder Dunkle Energie).

Bei dem Beweis, den die alten Griechen kannten, jedoch fehlinterpretierten, und der die Vermutung nahelegte, das Universum sei größer, als sie dachten, handelte es sich um das Fehlen einer Parallaxe unter den Sternen. Als Parallaxe bezeichnet man – ausgehend von der Tatsache, dass wir über zwei Augen verfügen, zwischen denen ein bestimmter Abstand besteht – den Mechanismus, den wir uns zunutze machen, um die Entfernung eines Objekts zu ermitteln. Halten wir uns einen Finger vor die Augen und schließen abwechselnd das linke und das rechte Auge, stellen wir fest, dass sich der Finger im Verhältnis zu am anderen Ende des Raums befindlichen Objekten von einer Seite zur anderen bewegt. Dieser simple geometrische Effekt einer offensichtlich unterschiedlichen Positionierung ist ein Teil des Mechanismus, mit Hilfe dessen unser Gehirn entscheidet, ob ein Objekt größer erscheint, weil es sich in der Nähe befindet oder weil es tatsächlich so groß ist – ein Teil unserer Fähigkeit also, dreidimensional zu sehen.

Stellen wir uns die Erde auf ihrer zwölf Monate währenden Reise um die Sonne vor. Stellen wir uns weiterhin vor, wir schauten im Abstand von sechs Monaten zweimal von der Erde zum Himmel und verglichen die Bilder, die sich uns von den beiden einander entgegengesetzten Punkten auf der Erdumlaufbahn böten. Wir erhielten das gleiche Ergebnis, als betrachteten wir das Universum durch ein Augenpaar, zwischen dessen Augen ein Abstand von vielen Millionen Kilometern liegt. Sterne, die näher an der Erde liegen, müssten sich infolge der unterschiedlichen Beobachtungspunkte stärker verschieben als weiter von uns entfernt liegende Sterne. Diese relative Bewegung ist jedoch nicht zu erkennen, wenn wir die beiden im Abstand von sechs Monaten getätigten Beobachtungen miteinander vergleichen.

Die Griechen schlossen aus diesem Fehlen jeglicher Bewegungsaktivität nicht etwa auf ein gewaltiges Universum (oder genauer gesagt auf eine gewaltige Galaxie, befinden sich die Sterne, die sie miteinander verglichen, doch alle in unserer Galaxie), sondern nahmen an, dies sei ein weiteres Indiz dafür, dass die Sonne um die Erde kreise und nicht umgekehrt. Würde die Erde an einem festen Punkt verharren, könnte sie auch keine Parallaxe hervorbringen. Und obwohl ein Philosoph mit der These aufwartete, die Sonne stelle das Zentrum aller Dinge dar, verwarfen die Griechen diesen Standpunkt.

Eine andere Wissenschaft

Die Parallaxe war nicht der einzige Grund für die Argumentation der Griechen, die Erde bewege sich nicht. Ebenso wenig konnten sie nachvollziehen, warum wir den Wind nicht spürten, der von der Bewegung der Planeten ausging. Außerdem stellte eine sich bewegende Erde ein ernsthaftes Problem im Hinblick auf ihre Theorien zum Wesen von Schwerkraft und Bewegung dar. Die Griechen glaubten, ein Objekt bewege sich nur, wenn einwirkende Kräfte es bewegten – ganz im Gegensatz zu den Newton'schen Bewegungsgesetzen, die besagen, dass ein Objekt so lange in Bewegung bleibt oder im Ruhezustand verharrt, bis es durch einwirkende Kräfte zur Änderung seines Zustands gezwungen wird. Der Zug der Schwerkraft, so mutmaßten sie, wirke in Richtung des Zentrums des Universums. Und wenn dies die Sonne war – warum flog dann nicht alles von der Erde weg in Richtung Sonne?

Diese durchaus einleuchtende Überlegung bestärkte sie in dem Glauben, die Sterne befänden sich nach wie vor an der ihnen ursprünglich zugedachten Position, seien also am Rande des bekannten Sonnensystems beheimatet. Dies war jedoch mitnichten die einzige Anschauung, die die Antike hervorbrachte. Betrachten wir die antike Kosmologie, müssen wir uns stets ins Gedächtnis rufen, dass man sich zur damaligen Zeit die Wissenschaft (genauer gesagt die Philosophie) in gänzlich anderer Weise erschloss, die Herangehensweise eine völlig andere war. Theorien wurden nicht etwa durch Experimente oder durch Beobachtungen in der Natur verifiziert, sondern durch kontroverse Diskussion.

Zwei oder mehr Philosophen formulierten alternative Standpunkte über (sagen wir) die Eigenschaften von Materie oder die Größe des Universums. Ihre Argumente wurden erörtert und auf den Prüfstand gestellt. Schließlich bekam der Standpunkt den Zuschlag als allgemein verbindlich, dessen Argumente am plausibelsten erschienen. Mutet dies als skurrile Methode zur Gewinnung wissenschaftlicher Fakten an, so gilt es zu bedenken, dass wir uns bis heute ebendieses Prozederes bedienen, um in Gerichtsverfahren die «Wahrheit» zu ermitteln. Die Überzeugungskraft der Argumente war seinerzeit so groß, dass Aristoteles' These, schwerere Gewichte fielen schneller zu Boden als leichtere, fast 2000 Jahre lang – bis Galilei auf den Plan trat – als gegeben hingenommen wurde und niemand auf die Idee kam, sie einer Prüfung zu unterziehen.

In der Antike glaubten manche Philosophen, das Universum sei unendlich groß. Ihre Argumentation führt uns alle erdenklichen Nachteile vor Augen, die die Philosophie mit sich bringt, wenn wir den Versuch unternehmen, aus einer philosophisch geprägten Denkweise wissenschaftliche Fakten abzuleiten. Das Universum, so führten sie ins Feld, umfasse per definitionem alles. Dies impliziere schließlich der Name. Wenn das Universum nun nicht unendlich groß ist, hat es Grenzen. Und diese müssen zwangsläufig den Schnittpunkt zwischen dem Universum und allem anderen (was immer dies auch sein mag) bilden. Existiert jedoch ein «Alles andere», umfasst das Universum nicht alles. Dies stellt einen Widerspruch in sich dar, weshalb das Universum keine Grenzen haben kann. Und dies wiederum kann nur bedeuten, dass es unendlich groß ist. (Wie ich später noch zeigen werde, ist es in der Praxis durchaus möglich, dass etwas endlich ist und dennoch keine Grenzen hat; allerdings sollten wir uns durch diese Grenzen nicht irritieren lassen.)

Diese Diskussion wurde jahrelang erbittert geführt, und es ist interessant, dass es – im Gegensatz zu den auf Mythen beruhenden Kosmologien, die wir in den vorangegangenen Kapiteln kennengelernt haben – durchaus nicht die Regel war, theologische Aspekte in die Diskussion einzubringen. Selbst ein zutiefst überzeugter Christ wie der Franziskanermönch Roger Bacon, der sich um 1260 anschickte, eine große Enzyklopädie der Wissenschaft zu verfassen (diese Arbeit jedoch nie vollendete), gehorchte der Logik, anstatt theologische Anschauungen heranzuziehen, um zu beurteilen, ob das Universum unendlich groß ist.

Ein außergewöhnlicher Mönch

Für einen Mann seiner Zeit war Roger Bacon weit gereist. Geboren im frühen 13. Jahrhundert in Ilchester in der englischen Grafschaft Somerset, zog es ihn schon bald nach Paris in die Fremde, wo er an der Universität zunächst studierte und später lehrte. Von dort ging er zurück nach England, genauer gesagt nach Oxford, wo er sich der Naturphilosophie widmete und dem Orden der Franziskaner-Minoriten beitrat. Franziskaner zu werden sollte für Bacon allerdings ein ernsthaftes Problem mit sich bringen: Er war entschlossen, über Wissenschaft zu schreiben, den Ordensbrüdern war es jedoch untersagt, Bücher zu schreiben.

Dieses Problem wollte Bacon umgehen, indem er sich die Unterstützung eines wichtigen Mannes sicherte, des Kardinals Guy de Foulques. Doch selbst de Foulques verfügte nicht über genügend Macht, um Bacon die Erlaubnis zum Schreiben zu erteilen. Bacon hatte sich schon fast damit abgefunden, seine Ambitionen ad acta legen zu können, als es Neuigkeiten aus Rom gab. Der Papst war gestorben, und sein Nachfolger – Clemens IV. – bestieg den Thron von St. Peter. Der bürgerliche Name dieses neuen Papstes war Guy de Foulques, und so war Bacon mit dem Segen seines Mentors endlich in der Lage, Bücher zu schreiben.

Zuerst versuchte Bacon, einen kurzen Leitfaden einer Enzyklopädie des Wissens zu schreiben, aber er sah sich außerstande, seinen grenzenlosen Ideenreichtum einzudämmen. Seine sogenannte Kurzfassung erreichte einen Umfang von insgesamt einer halben Million Wörter – ein Mehrfaches dieses Buches. Bacon ergab sich seinem Schicksal und ließ von dem Manuskript in dieser Fassung eine Abschrift anfertigen; anschließend begann er, einen erläuternden Begleittext für sein zu umfangreich geratenes Werk zu verfassen, übertrieb es jedoch ein weiteres Mal hoffnungslos. Als er schließlich fertig war, hatte er drei Bände vervollständigt, in denen unter anderem Sachgebiete wie Philosophie, Astrologie, Astronomie, Geographie, Optik oder Mathematik abgehandelt wurden. Eine bemerkenswerte Studie aus der Feder eines einzigen Autors, die dennoch – was Bacon betraf – erst der Anfang war.

Während er auf eine Antwort auf seine Thesen wartete, erreichte ihn eine Neuigkeit, die aus seiner Euphorie schlagartig Verzweiflung werden ließ, war doch Clemens IV. gestorben, bevor sein Werk überhaupt nach Rom gelangt war. Unter der neuen, reaktionären Kirchenführung wurde Bacon dem Vernehmen nach aufgrund der Neuerungen, die seine Thesen enthielten, wegen des «Verdachts auf antiklerikale Äußerungen» eingekerkert, wobei die Dauer seiner Gefangenschaft nicht genau überliefert ist. Schätzungen reichen von zwei bis zu dreizehn Jahren. Anschließend brachte man ihn zurück nach Oxford, seine Bücher wurden von der Kirche allesamt verboten und jahrelang unter Verschluss gehalten. Bacon starb 1294 im Alter von 80 Jahren, aber seine Schriften sollten niemals in Vergessenheit geraten.

Roger Bacons Universum

Bacons Auffassung des Universums erschließt sich aus seinem Hauptwerk, dem sogenannten *Opus Majus*. Er stellte die Struktur des damals allgemein anerkannten Sonnensystems (mit der Erde als Mittelpunkt) nicht in Frage – dies sollte Kopernikus etwa zweieinhalb Jahrhunderte später vorbehalten sein –, aber er glaubte, das Universum sei wesentlich größer als von Archimedes postuliert. Darüber hinaus setzte er sich mit der Form des Universums auseinander. Archimedes hatte behauptet, das Universum sei kugelförmig, ohne jedoch einen Beweis dafür zu liefern; wahrscheinlich stellte dies für ihn nur die ideale Form dar. Aber Bacon gab sich nicht mit Annahmen zufrieden. Er spielte verschiedene Möglichkeiten durch, welche Form das Universum haben könnte, und hielt in seinem *Opus Majus* fest, dass bereits Aristoteles, sein großes Vorbild der alten Griechen, verschiedene andere Möglichkeiten zu bedenken gegeben hatte:

> Weitere Formen, die besonders passend erscheinen, wären entweder von ovaler oder auch von linsenförmiger Gestalt oder diesen ähnlich, wie Aristoteles in seinem Buch «Über den Himmel» schreibt. Allerdings betont er, dass der Himmel keine dieser Formen aufweist, ohne jedoch dafür einen Grund zu nennen.

Weiter erklärt Bacon, was er unter «linsenförmig» versteht. Heutzutage würde man sagen, dies bedeutet, dass ein Objekt die Form einer – selbstredend optischen! – Linse hat, Bacon jedoch geht zu den Ursprüngen der Begriffe «linsenförmig» und «Linse» zurück und führt aus, dass «ein linsenförmiges Gebilde die Form des als Linse bezeichneten Gemüses aufweist».

Bacon hielt es für ausgeschlossen, dass das Universum «von wie auch immer gearteter eckiger Form» sei, hinterließe es in diesem Fall doch ein Vakuum, wenn es rotierte, und schließlich «lässt die Natur kein Vakuum zu». Im Folgenden verwarf er weitere Formen wie etwa die einer Linse oder «die Form eines Käses» (gemeint war vermutlich ein kurzer Zylinder), die symmetrisch um eine Achse angeordnet sind, nicht jedoch um eine zweite. Er räumt ein, dass Objekte, die eine dieser Formen aufweisen, zwar sicher um diese eine Achse zu rotieren imstande wären, weist jedoch gleichzeitig darauf hin, dass anderweitige Probleme aufträten. Stellen wir uns vor, wir hielten eine kreisförmige Linse zwischen zwei Fingern an zwei einander gegenüberliegenden Punkten am Rande der Linse und drehten sie um die zwischen unseren Fingern durch das Zentrum der Linse verlaufende Achse. Wo auch immer sich der Rand der Linse einen Augenblick zuvor noch befand, ist jetzt nichts mehr zu finden. Handelte es sich bei der Linse um das Universum, bedeutete dies, wir hätten an einer Stelle soeben ein Vakuum erzeugt, an der sich unmittelbar zuvor noch das Universum befand.

Folglich, so argumentiert Bacon, besteht immer die Möglichkeit, dass das Universum durch Rotation um die eigene Achse ein Vakuum erzeugt, ein störendes Nichts – es sei denn, das Universum ist eine Kugel. Obwohl ein fest stehendes Universum, eine Linse oder ein Gebilde mit der Form eines Käses durch Rotation um die Achse mit dem kurzen Durchmesser keineswegs ein Vakuum erzeugen würde, war dies mit Bacons eigentümlicher mittelalterlicher Logik nicht vereinbar. Er glaubte, die Natur «ließe ein Vakuum oder auch nur die Möglichkeit, ein solches zu erzeugen, nicht zu». Ein Vakuum war aus seiner Sicht ein derartiges Ding der Unmöglichkeit (wer sagte eigentlich, dass das Universum nicht ein wenig um die falsche Achse rotieren könnte?), dass das Universum kugelförmig sein musste – für Bacon die einzige Form, die eine Rotation in jede Richtung um das Zentrum eines Objekts zuließ, ohne ein Vakuum entstehen zu lassen. Bacon war – vielleicht zum Glück – nicht gewahr, dass jedwede Form eines Objekts ein Vakuum erzeugte, wenn dieses sich nur seitwärts bewegte. Die einzige Möglichkeit, dies auszuschließen, läge darin, dass das Universum überhaupt keine Form aufwiese.

Bacons begrenzte Sichtweise

Nachdem das Universum zu Bacons Zufriedenheit allgemein als kugelförmig anerkannt war, ging er der Frage nach, ob es mehr als ein Universum geben könnte und ob das Universum unendlich groß sei. Bacon verwarf die Möglichkeit, dass multiple Universen existierten, mit dem gleichen Argument, das er zuvor ins Feld geführt hatte, um die Existenz eines Universums auszuschließen, das nicht kugelförmig beschaffen ist. Zwei Universen zusammen bilden ein Kugelpaar und weisen somit eine Gestalt auf, die nicht kugelförmig ist. Ein weiteres Mal führte Bacon ins Feld, dass eine etwaige Rotation ein unzulässiges Vakuum entstehen ließe. (Dabei lässt er die Möglichkeit außer Acht, dass das eine Universum das andere vollkommen einschließt, allerdings stellte dies wohl nur ein einziges, größeres Universum dar.)

Was die Größe des Universums betrifft, glaubte Bacon, dass es nicht unendlich groß sein könne. Er bemühte die Geometrie, um seinen Standpunkt zu untermauern, und stellte sich vor, mehrere Linien vom Zentrum des Universums bis zu dessen Rand zu ziehen.

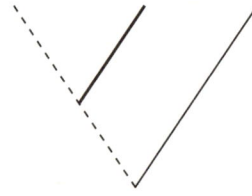

Zunächst zeichnet er zwei vom Mittelpunkt des Universums ausgehende Linien, die ein V bilden und sich bis zum Rand des gewaltigen Himmelsgewölbes erstrecken. Da das Universum kugelförmig ist, weisen beide Linien die gleiche Länge auf. Anschließend fügt er eine dritte Linie hinzu (in unserer Skizze fett gedruckt), die an einem nach oben versetzten Punkt auf dem linken Schenkel des V ihren Ursprung hat und parallel zu dessen rechtem Schenkel verläuft. Diese Linie erstreckt sich ebenfalls bis zum Rand des Universums. Wenn das Universum nun grenzenlos ist, müssten laut Bacon auch die beiden parallelen Linien gleich lang sein (vermutlich weil der Schnittpunkt zweier parallel verlaufender Linien in der Unendlichkeit liegt – die strikt mathematische Art und Weise, um auszudrücken, dass sie sich nie schneiden). Die beiden Schenkel des V sind in der Länge identisch, aber auch die fettgedruckte Linie weist die gleiche Länge auf wie der Teil der gestrichelten Linie, der vom Rand des Universums bis zum Schnittpunkt mit der fettgedruckten Linie reicht – zwei weitere Linien, die von ein und demselben Ausgangspunkt in die Unendlichkeit führen. Daraus folgt, so argumentiert Bacon, dass ein Teil der gestrichelten Linie in der Länge der gesamten gestrichelten Linie entspricht. Dies ist jedoch ein Ding der Unmöglichkeit. Aus diesem Grund befindet sich der Rand des Universums mitnichten in unendlicher Entfernung (und somit sind die parallelen Linien in der Tat nicht gleich lang).

Leider blieb es Bacon verwehrt, diese Zusammenhänge zu verstehen, was einer der Eigenarten der sich mit dem Phänomen der Unendlichkeit befassenden Mathematik geschuldet ist, die wie kaum eine andere dem gesunden Menschenverstand widerspricht: Unendlichkeit plus X ist Unendlichkeit. Da er dies nicht erkannte, lieferten seine Versuche einer geometrischen Beweisführung keine plausiblen Argumente gegen ein unendlich großes Universum. Die Realität sollte sich als weitaus komplexer erweisen, und so dauerte es noch Hunderte von Jahren, bis dieses Rätsel gelöst wurde.

Ein kollabierendes Universum

Zu ergründen, ob das Universum nun endlich oder unendlich groß ist, warf für die ersten Kosmologen stets Ungereimtheiten auf, wenn sie versuchten, sich der Materie nach den Gesetzen der Logik zu nähern. Dabei war das nach Richard Bentley – einem Zeitgenossen Newtons – benannte Paradoxon eines der am häufigsten auftretenden Probleme. Bentley war ein Gelehrter, der wie viele Wissenschaftler seiner Zeit in Diensten der Kirche stand und später Rektor des Trinity College in Cambridge wurde. Obwohl er Altphilologe und Theologe war, lehrte Bentley Ende des 17. Jahrhunderts eine Zeitlang Newton'sche Physik und ging mit Newton in einer ganzen Reihe von Fragen konform, so auch in der seines Paradoxons.

Mit der Verbreitung von Newtons Gravitationsgesetzen schienen sich verheerende Folgen für die Kosmologie anzubahnen. Zögen sich alle Objekte gegenseitig an, wie Newton behauptete, wäre es laut Bentley nur eine Frage der Zeit, bis jeder Stern oder Planet zu seinem Nachbarn hingezogen würde und auf diese Weise schließlich das gesamte Universum in sich zusammenbräche. Und wäre das Universum unendlich groß, ließe dies noch Schlimmeres befürchten. In diesem Fall könnte die Summe der Schwerkraft selbst unendlich sein, weshalb Objekte wie die Erde oder die Sonne unmöglich existieren könnten und von der Schwerkraft mit brachialer Gewalt in Stücke gerissen würden.

Dieses Szenario einer unendlich großen Schwerkraft war jedoch realitätsferner als das Problem eines kollabierenden Universums – nicht nur, weil niemand wusste, ob das Universum unendlich groß ist, sondern auch aufgrund eines mathematischen Kniffs, der bereits den alten Griechen geläufig war, seitdem Zenon anhand eines imaginären Wettlaufs zwischen dem griechischen Helden Achilles und einer Schildkröte ein Paradoxon beschrieben hatte.

Achilles, der wohl schnellste Mensch seiner Zeit und das antike Pendant eines Sportstars von heute, tritt in einem Wettlauf gegen eine Schildkröte an. Betrachtet man den Ausgang eines ganz ähnlichen Wettrennens in einer von Äsops Fabeln (die nur Jahrzehnte vor Zenons Paradoxa entstanden), überrascht es nicht allzu sehr, dass die Schildkröte gewinnt. Aber im Gegensatz zum Ausgang des Wettrennens zwischen der Schildkröte und dem Hasen bei Äsop ist dieses unwahrscheinliche Ergebnis nicht der Faulheit und der Überheblichkeit geschuldet. Vielmehr bemüht Zenon die reine Bewegungsmechanik, um die Schildkröte schließlich zum Sieger zu küren.

Zenon geht von der Annahme aus, dass Achilles so fair sei, der Schildkröte einen Vorsprung zu gewähren; dennoch kann von einem Rennen unter Gleichen keine Rede sein, schließlich war Achilles zu jener Zeit ein wahrer Held. Achilles räumt der Schildkröte also einen beträchtlichen Vorsprung ein. Schon nach kürzester Zeit – Achilles war ein ausgezeichneter Läufer – hat unser Star-Sprinter den Startpunkt der Schildkröte erreicht. Allerdings hat in dieser

Zeit auch die Schildkröte, so langsam sie auch dahinkriechen mag, ein kleines Stück der Wegstrecke bewältigt und liegt immer noch in Führung. In noch kürzerer Zeit erreicht Achilles nun die zweite Position der Schildkröte, doch auch die Schildkröte hatte in dieser zusätzlichen Zeitspanne erneut die Möglichkeit, sich fortzubewegen. Auf diese Weise setzt sich das Rennen – mathematischer Logik gehorchend – endlos lange fort, sodass Achilles der Schildkröte stets dicht auf den Fersen ist, sie jedoch nie einholt.

Dieses Paradoxon zeigt, dass es unendliche geometrische Reihen geben kann, deren Summe einen unendlich großen Wert annimmt. Denken wir nur an die Addition folgender Reihe:

$$1 + \tfrac{1}{2} + \tfrac{1}{4} + \tfrac{1}{8} + \tfrac{1}{16} + \tfrac{1}{32} + \dots$$

Mit jedem neuen Glied in der Reihe nähert sich deren Summe ein Stück mehr dem Wert 2, ohne diesen jedoch jemals zu erreichen. Die Gesamtsumme der Reihe beträgt nach jeder Addition:

$$1,\ 1\tfrac{1}{2},\ 1\tfrac{3}{4},\ 1\tfrac{7}{8},\ 1\tfrac{15}{16},\ 1\tfrac{31}{32},\ 1\tfrac{63}{64} \dots$$

Stellen wir uns vor, wir setzten unsere Reihe milliardenfach fort, bis wir den Term n erreichten. In diesem Fall betrüge die Gesamtsumme $1 + \frac{(n-1)}{n}$. Werden die Glieder einer Reihe schnell genug kleiner, ergibt deren Summe nur eine endliche Zahl. So können wir in unserer Reihe beliebig viele Glieder addieren – ja sogar eine unendliche Anzahl von Gliedern – und werden in der Summe dennoch nie den Wert 2 übertreffen.

Eine endliche geometrische Reihe dieser Art könnte die These rechtfertigen, dass ein unendlich großes Universum aufgrund der Art und Weise, wie die Schwerkraft mit zunehmender Distanz von einem Objekt abnimmt, keine unendlich großen Kräfte aufbieten muss. Die Schwerkraft nimmt schnell genug ab, um eine geometrische Reihe dieser Art zu erzeugen, es könnte also sein, dass unendlich viele Sterne und Planeten nur eine begrenzte Anziehungskraft ausüben müssen. Dies würde jedoch Bentleys ursprüngliches Problem nicht lösen, warum nicht alle Sterne und Planeten in einer Art Massenkarambolage universalen Ausmaßes miteinander kollidierten.

Newton freilich war ein Verfechter der These eines unendlich großen Universums und wies Bentley darauf hin, dass sein Paradoxon nicht unbedingt eintreten müsse, wenn alle Objekte im Universum gleichmäßig verteilt wären, sodass sich die Anziehungskräfte nach allen Seiten gegenseitig neutralisierten und ein kräftemäßiges Gleichgewicht bestünde. Allerdings war sich Newton darüber im Klaren, wie instabil dieses Szenario ist, bedurfte es doch lediglich einer kleinen Verschiebung eines einzigen Planeten oder Sterns, um sämtliche Objekte mit zunehmendem Momentum ineinanderkrachen zu lassen.

Zur Lösung dieses Problems wandte sich Newton Gott zu. Wie die meisten Wissenschaftler seiner Zeit war er tief religiös, auch wenn seine Vorstellung vom christlichen Glauben alles andere als konventionell war. Aus seiner Sicht stellte diese potenzielle Instabilität kein Problem dar, lenkte Gottes Hand doch die Geschicke des Universums und war jederzeit in der Lage, minimale Kurskorrekturen vorzunehmen, um den Fortgang des Universums zu gewährleisten.

Der auffallend schwarze Himmel

Andere Wissenschaftler jener Zeit machten ein noch gravierenderes Problem aus, das sich aus einem unendlich großen, gleichmäßig strukturierten Universum ergab: Wo sind all die Sterne geblieben? Halten wir in einer dunklen Nacht – ohne die von den Straßen der Großstadt herrührende Lichtverschmutzung – nach ihnen Ausschau, bietet sich uns in erster Linie ein Bild der Finsternis. Ein Himmelsgewölbe aus schwarzem Samt, das über uns aufgespannt und von Tausenden funkelnden Lichtpunkten durchsetzt ist. Der größte Teil des Nachthimmels ist schwarz. Hätte das Universum keine Grenzen und die Sterne wären gleichmäßig verteilt, müssten wir jedoch immer einen Stern sehen – egal in welche Richtung wir schauten. Der Nachthimmel wäre nicht vornehmlich schwarz, sondern ein einheitlich leuchtendes Sternenmeer, da das Licht dieser unzähligen Sterne frontal auf unsere Erde fällt.

Es ist schwer zu sagen, wer dieses Problem zuerst erkannte, bedurfte es im Gegensatz zu Bentleys Paradoxon doch nicht Newtons Gravitationsgesetzen, um es als solches auszumachen. Allem Anschein nach fand es sowohl bei Kepler als auch bei Halley erstmals Erwähnung, wird heute jedoch als «Olbers'sches Paradoxon» bezeichnet – nach einer Beobachtung des im 19. Jahrhundert lebenden deutschen Astronomen Heinrich Wilhelm Olbers, die von seinem Kollegen Johann Bode veröffentlicht wurde. Der 1758 in Arbergen bei Bremen geborene Olbers war eigentlich Doktor der Medizin, blieb jedoch als Astronom – die Astronomie war seine große Passion – in Erinnerung.

Wie eine ganze Reihe anderer astronomischer Paradoxa (wie etwa die Frage, warum Sterne funkeln oder warum der Mond wesentlich größer erscheint, als er tatsächlich ist, vor allem wenn er sich in Horizontnähe befindet) war auch das Olbers'sche dazu angetan, weiter Verwirrung zu stiften, obwohl das Problem offiziell längst als gelöst galt. Noch im Jahr 1987 ergab eine Untersuchung, dass 70 Prozent aller Lehrbücher eine falsche Erklärung für das Phänomen eines überwiegend schwarzen Nachthimmels lieferten. Was nicht weiter überrascht, ist es doch ein Leichtes, eine Vielzahl plausibler Erklärungen für diesen Effekt zu finden.

Olbers selbst führte Staub in großen Mengen als Erklärung an. Er argumentierte, das Weltall sei voller Staub, und dieser Staub reduziere die Lichtintensität mit zunehmendem Abstand zur Erde in dramatischer Weise, weshalb der überwiegende Teil des Sternenlichts (und somit die von all diesen Sternen freigesetzte Wärme) die Erde nie erreiche. Keine schlechte Argumentation, wenngleich Skeptiker seitdem immer wieder zu bedenken gaben, dass sich in diesem Fall der Staub selbst erhitzen und schließlich ohne fremdes Zutun Leuchtkraft entwickeln würde.

Andere führten ins Feld, dass es sich um eine Rotverschiebung handelt, einen Effekt, mit dem wir uns im weiteren Verlauf dieses Buches noch eingehender beschäftigen werden. Die Rotverschiebung ähnelt dem sogenannten «Dopplereffekt», der eine Tonhöhenänderung eines Signaltons bewirkt, wenn sich dessen Quelle bewegt (bestes Beispiel hierfür ist das Martinshorn eines Polizeiwagens). Je weiter sich ein Beobachter in einem – wie wir heute zu wissen glauben – expandierenden Universum von uns entfernt, desto schneller bewegen sich die Sterne im Verhältnis zu uns. Entfernt sich eine Lichtquelle von uns, ist sie rotverschoben: Das Licht bewegt sich in den unteren Bereichen des elektromagnetischen Spektrums, ist also energieärmer. Mit der Art der Bewegung, wie wir sie in fernen Galaxien beobachten, verschiebt sich ein Großteil des Lichts aus dem sichtbaren Spektrum, und aus diesem Grund sind diese weit entfernten Lichtquellen nicht imstande, die Dunkelheit zu durchbrechen.

Dieser Rotverschiebungseffekt existiert zweifellos, ist jedoch nicht der Hauptgrund dafür, dass wir kein Olbers'sches Paradoxon erhalten. Heute wissen wir, dass die Lichtgeschwindigkeit endlich ist, und können – vorausgesetzt, das Universum hat ein bestimmtes Alter – nur das Licht sehen, das nicht länger unterwegs als das Universum alt ist. Also selbst in einem unendlich großen Universum gelangen wir – sofern die Entstehung des Universums auf einen bestimmten Zeitpunkt datiert werden kann – irgendwann an einen Punkt, an dem wir nichts sehen, wenn wir ins Weltall schauen, da das Licht bis dato nicht in der Lage war, bis hierher vorzudringen. Diese heute weithin anerkannte Lösung wurde zuerst von dem Schriftsteller Edgar Allan Poe in seinem Werk «Heureka und die Gedichte in Prosa» ins Feld geführt, einer Abhandlung über «das materielle und spirituelle Universum», die auf einem Vortrag über Kosmographie basiert, den er 1848 in New York hielt.

Paradoxerweise bediente sich Poe nicht dieser Erklärung, um

das Olbers'sche Paradoxon zu widerlegen, sondern um zu verstehen zu geben, dass das Universum nicht unendlich groß ist. Existierten die Sterne für immer und ewig, behauptet Poe, hätten wir eine gleichmäßige Lichtintensität. Da dies nicht der Fall ist, könne dies seiner Meinung nach nur so zu erklären sein, dass der Großteil des Lichts aufgrund der gigantischen Dimensionen des Universums uns noch nicht zu erreichen imstande war. «Dies mag durchaus so sein», meint Poe. «Wer wollte das ernsthaft bestreiten? Ich behaupte lediglich, dass wir nicht den geringsten Grund für die Annahme haben, dass dies so ist.»

Auch wenn viele Leute im Laufe der Jahre mutmaßten, das Universum sei unendlich groß, galt seine Ausdehnung lange Zeit dennoch als begrenzt. Es ist nicht weiter überraschend, dass dies Verwirrung stiftete, schließlich sind wir nicht in der Lage, einfach ein Maßband zur Hand zu nehmen und draußen im Weltall exakte Messungen anzustellen. Wir müssen Mittel und Wege finden, um die Größe des Universums zu ermitteln, ohne zwangsläufig Ausflüge ins All unternehmen zu müssen.

Das Unmessbare messen

Betrachten wir einmal den Nachthimmel. In einer klaren, dunklen Nacht sehen wir außergewöhnlich viele Sterne. Wie weit mögen sie entfernt sein? Es ist unmöglich, es durch bloße Beobachtung dieser Anordnung glitzernder Punkte zu sagen. Sie könnten riesig und weit entfernt sein oder nur unwesentlich größer, als wir sie wahrnehmen, jedoch ganz in unserer Nähe. Zu Zeiten der alten Griechen sowie während der gesamten Renaissance ging man von der Annahme aus, dass alle Sterne irgendwo am Rande des Sonnensystems beheimatet sind. Wie eingangs dieses Kapitels bereits erwähnt, bezifferte Archimedes in seinem Buch *Der Sandrechner* den Durchmesser des Universums mit etwa 1800 Millionen Kilometern, was so viel bedeutete, dass die Sterne knapp außerhalb der Bahn des Saturn lägen.

Mit der Zeit stellte sich jedoch nicht nur heraus, dass das Universum wesentlich größer ist, als Archimedes annahm, sondern es zeigte sich auch, dass die Entfernung zwischen den einzelnen Sternen und der Erde enorm differieren kann. Obwohl wir die Sterne in uns vertrauten Konstellationen wie etwa dem Großen Wagen als zusammenhängendes Sternbild wahrnehmen, weisen die einzelnen Sterne gewaltige Entfernungsunterschiede zur Erde auf. Betrachten wir den Lichterglanz anderer Galaxien und die darin beheimateten Sterne, deren Entfernung zur Erde geradezu astronomische Ausmaße aufweisen, wird dieser Effekt noch extremer. Das eigentliche Problem, das sich mit Sternen ergibt, besteht darin, dass wir keine Möglichkeit haben, zwischen einem hellen, weit entfernten Objekt und einem dunkleren, näheren zu unterscheiden. Und je tiefer wir ins Universum vorstoßen, desto komplizierter wird dies alles.

Der erste Mensch, der das Universum nicht in Anlehnung an das griechische Weltbild als «Sonnensystem mit einer von Sternen besetzten Sphäre» beschrieb, sondern als etwas, das unserer Vorstellung von der Galaxie der Milchstraße schon recht nahe kam, war Wilhelm Herschel.

Der musikalische Astronom

Für einen Wissenschaftler weist Herschel einen ungewöhnlichen Werdegang auf. Geboren 1738 in Hannover als Sohn des Kapellmeisters der Hannoverschen Garde, hatte es Friedrich Wilhelm Herschel schon früh die Musik angetan, was angesichts seiner Herkunft nicht weiter überrascht. Im Alter von 14 Jahren trat er der Militärkapelle seines Vaters bei; allerdings mussten Militärmusiker zu jener Zeit stets damit rechnen, jäh aus ihrem bequemen Kasernenleben gerissen zu werden. So wurde auch Herschel vier Jahre später für den Fall einer französischen Invasion mit seiner Truppe als Teil einer nationalen Verteidigungsstreitmacht nach England verlegt (Georg III. war sowohl König von England als auch von Hannover).

Nach seiner Rückkehr nach Hannover bat Herschel schon bald um seine Entlassung aus der Armee, die ihm auch ordnungsgemäß gewährt wurde. Dennoch geriet er aus irgendeinem Grund in Verdacht, ein Deserteur zu sein, obwohl keinerlei Anhaltspunkte für ein derartiges Vergehen sprachen. Nachdem er sich schließlich vom Militärregime losgeeist hatte, brannte er darauf, sich wieder der Musik zu widmen. Seine Zeit in England war sehr angenehm gewesen; er hatte ein paar Brocken Englisch gelernt, und so schloss er sich im Jahr 1757 seinem Bruder Jakob an, als dieser eine Reise nach London unternahm. Es war keineswegs geplant, dauerhaft auf die Insel umzusiedeln, aber Herschel konnte beim besten Willen nicht vorhersagen, was ihm widerfahren sollte.

Schon bald bescherten ihm seine Fähigkeiten als Organist eine Stelle an der Oktagon-Kapelle in Bath – einer Stadt, die damals ihre Blütezeit erlebte und zu den Trendsettern des gesellschaftlichen Lebens zählte. Herschels Begabung und kosmopolitische soziale Fähigkeiten sicherten ihm den Posten. Wenn er nicht an der Orgel saß, unterrichtete er Privatschüler und komponierte. Als erfolgreicher Musiker im exklusivsten Kurort des Landes verfügte Herschel über genügend Geld und Freizeit, um sich zu amüsieren. Und so wandte er sich der Astronomie zu.

Die Astronomie war für viele wohlhabende Leute dieser Zeit eine Freizeitbeschäftigung, und offenbar traf das auch auf Herschel zu, als er sich ein kleines Teleskop kaufte und sich gelegentlich bemühte, den Himmel zu studieren, aber sein wahres Interesse wurde von dem Wunsch angetrieben, selbst ein Teleskop zu bauen. Herschel verfügte über keinerlei Erfahrungen im Instrumentenbau, fand aber in seiner Schwester Caroline (die inzwischen seinen Haushalt führte) und in seinem Bruder Alexander begeisterte Mitarbeiter. Und Enthusiasmus war tatsächlich vonnöten, denn wie schnell konnte man scheitern, wenn jeder Aspekt der Herstellung, wie zum Beispiel die Gestaltung und das Polieren einer Metallplatte zu einer perfekten Spiegeloberfläche, auf Versuch und Irrtum beruhte. Aber im Jahr 1774 war sein eigenes Teleskop fertig. Das Rohr maß 152 Zentimeter, und der Spiegel an dessen Ende hatte einen Durchmesser von rund 20 Zentimetern.

Nachdem er ungezählte Stunden geduldig den Himmel abgesucht hatte, glaubte Herschel, einen neuen Kometen aufgespürt zu haben, der sich in Wirklichkeit allerdings als der erste neue Planet erwies, der seit der Antike entdeckt worden war und der heute Uranus genannt wird. Von nun an war er von der Astronomie geradezu besessen. König George III. war so sehr von Herschels Arbeit beeindruckt, dass er für ihn den neuen Posten eines königlichen Astronomen schuf. So konnte Herschel die Musik aufgeben und sich ganz und gar dem Studium des Himmels widmen. Doch das hatte seinen Preis. Sein gemütliches Haus in Bath war zu weit vom königlichen Hof entfernt, sodass er umziehen musste. Schließlich ließ er sich in Slough in der Nähe von Windsor nieder, wo er sein größtes Teleskop baute, ein Monstrum mit einem Spiegeldurchmesser von 122 Zentimetern und einer Länge von zwölf Metern. Eingefasst war es von einer gewaltigen Holzkonstruktion aus Pfählen und Leitern, die es erlaubte, es zu kippen und zu drehen und auf jeden beliebigen Punkt des Himmels zu richten.

Helligkeit als Entfernungsmaßstab

Obwohl Herschel in erster Linie mit der Entdeckung des Uranus in Verbindung gebracht wird, sind seine späteren Versuche zur Messung der Größenordnung des Universums ebenfalls von großer Bedeutung. Dafür formulierte er eine völlig unbegründete Annahme, von deren Unrichtigkeit er nahezu überzeugt war – womit er richtig lag –, aber so hatte er einen praktischen Ansatz, um seine Übung durchzuführen. Er nahm also an, alle Sterne leuchteten gleich stark, sodass jede Helligkeitsschwankung auf unterschiedliche Entfernungen zurückzuführen sei. Obwohl dies eine grobe Vereinfachung ist und die Korrektheit der erzielten Werte nur auf wenige Größenordnungen beschränkt bleibt, ließ dieses Verfahren zumindest Mutmaßungen über die Größe des Universums zu.

Wie viele Astronomen vor ihm hatte auch Herschel bemerkt, dass es eine Vielzahl von Sternen in einem Band am Himmel gab, das die Milchstraße darstellt und unsere Heimatgalaxie ist. Dieser Streifen verschwommenen Lichts beherbergt viel mehr Sterne, als man bei einem Blick im rechten Winkel auf den Streifen hinab oder zu ihm hinauf sieht. Daraus schloss Herschel, dass wir zu einer Scheibe gehören, die das Universum darstellt.

Ausgangspunkt seiner Helligkeitsmessungen war Sirius, der Hundsstern, der bereits als hellster Stern der nördlichen Hemisphäre galt. Herschel nutzte Sirius als Leitstern und war sich gleichzeitig bewusst, dass die Lichtintensität mit dem umgekehrten Quadrat der Entfernung abnahm. Wenn von zwei identischen Sternen einer dreimal so weit entfernt ist wie der andere, wird die Helligkeit des ferneren Sterns nur ein Neuntel ($1/3^2 = 1/9$) der Helligkeit des näheren Sterns betragen. Mit diesem Wissen im Hinterkopf gelang es Herschel, zu einer Vorstellung über die Größe des Universums auf der Grundlage der Entfernung zu Sirius zu gelangen.

Die Entfernung selbst war unbekannt, aber das störte ihn nicht. Er definierte den Abstand der Erde zu Sirius als seine Maßeinheit, die er Siriometer nannte, und verglich nun alles andere damit. Aus seinen Messungen schätzte er den Durchmesser des Universums auf 1000 Siriometer und seine Stärke auf 100 Siriometer. Sirius, auch bekannt unter dem Namen Alpha Canis Majoris, ist rund acht Lichtjahre von der Erde entfernt. Demnach hatte Herschels Universum einen Durchmesser von 8000 Lichtjahren. (Ein Lichtjahr ist eine der maßgebenden Entfernungseinheiten in der Astronomie – die Entfernung, die das Licht in einem Jahr zurücklegt, nämlich knapp 9,5 Billionen Kilometer.)

Berücksichtigt man Herschels primitive Messverfahren, schneidet seine Berechnung im Vergleich zu heutigen Schätzungen des Durchmessers der Milchstraße von rund 100 000 Lichtjahren nicht allzu schlecht ab. Herschels Beobachtungen vermittelten, wenngleich sie nicht besonders akkurat waren, ein Gefühl für die relative Größe dessen, was man damals als das Universum betrachtete, aber sie sagten nichts darüber aus, wie groß die Dinge waren. Eine Weiterentwicklung seiner Vorstellung von relativen Entfernungen setzte sich schließlich durch (und gilt auch heute noch), aber ein Problem blieb bestehen: Wie konnte man die Ausgangsentfernung festlegen? Wie groß war ein Siriometer? Dazu bedurfte es der Parallaxe – ein Mechanismus, den die alten Griechen zwar schon gekannt, den sie jedoch beim Nachdenken über die Größe des Universums ignoriert hatten.

Die Rückkehr zur Parallaxe

Wie wir bereits gesehen haben, gehört zur Parallaxe der Blick aus zwei unterschiedlichen Perspektiven auf ein entferntes Objekt. Je weiter das Objekt entfernt ist, das man betrachtet, desto weniger bewegt es sich, wenn man seine Position verändert. Astronomen können eine großmaßstäbliche Version der Beobachtung wählen. Man schaut von einander gegenüberliegenden Punkten der Erdumlaufbahn auf ein Objekt am Himmel. Das geht natürlich nicht unmittelbar nacheinander – man muss schon sechs Monate warten, bis sich die Erde zu dieser Position hin bewegt hat –, aber dann liegen 300 Millionen Kilometer zwischen den beiden Beobachtungen. Nicht schlecht für ein wissenschaftliches Instrument und eine viel größere Hebelwirkung als die zehn Zentimeter Abstand zwischen den Augen.

Der Ansatz mit der Parallaxe trug zur Verwirrung bei, weil die Astronomen es nun mit einer zweiten Entfernungseinheit zu tun hatten, mit dem «Parsec», der Abkürzung für «Parallaxe in Bogensekunden». Es ist die Entfernung eines Sterns, die aus einer Parallaxenverschiebung von einer Bogensekunde, dem 3600-sten Teil eines Grads, über die Hälfte der Erdumlaufbahn hinweg resultiert. Die entsprechende Entfernung beträgt rund 3,25 Lichtjahre.

Obwohl die Astronomen aus Bequemlichkeit gern die Parallaxe benutzen, ist das Parsec eine unnötige zusätzliche Maßeinheit. In fast allen anderen Bereichen der Wissenschaft gibt es ein Standardmaß, das in allen Fällen angewandt wird (das Standardmaß der Entfernung ist das Meter). Mit der Verwendung dieser beiden Maßeinheiten hinken die Astronomen noch hinter ihren Wissenschaftlerkollegen her, zumal keine von beiden internationalen Standards genügt. Zu allem Überfluss benutzen sie auch noch die «Astronomische Einheit» oder AE, die mit rund 150 Millionen Kilometern eine Annäherung an die Entfernung zwischen Erde und Sonne ist. Unter Fachkollegen bevorzugen die Astronomen das Parsec, während sie Lichtjahre für die Kommunikation mit der Öffentlichkeit verwenden, aber ich finde, sie sollten sich schon am Riemen reißen!

Die Sterne in Schwung bringen

Der erste praktische Versuch, die Parallaxe auf Sterne anzuwenden, wurde von Friedrich Wilhelm Bessel unternommen, einem Zeitgenossen von Herschels gleichermaßen talentiertem Sohn John und ein bedeutender deutscher Astronom jener Zeit. Mathematikern und Physikern ist Bessel vor allem wegen der Besselfunktionen bekannt. Das sind Gleichungen, die eingesetzt werden, um das Verhalten von Wellen und Wärmeleitung zu verstehen, aber für Astronomen ist Bessel der Mann, der ein Metermaß an die Sterne anlegte.

Bessel wurde 1784 im westfälischen Minden geboren. Mit 14 Jahren verließ er die Schule und begann eine Laufbahn als Buchhalter, doch in seiner Freizeit lebte er seine Leidenschaft für Astronomie und Mathematik aus und beschäftigte sich mit interessanteren Anwendungen als Zahlenkolonnen in einem Rechnungsbuch. Im Alter von 22 Jahren und nach maßgeblicher Betreuung durch den Paradoxmann Wilhelm Olbers nahm Bessel den Posten eines Assistenten in der privaten Sternwarte Lilienthal bei Bremen an. Bessel nahm seine erste Entfernungsmessung am Stern 61 Cygni vor. Er stützte sich auf Messungen einer winzigen Positionsverschiebung im Lauf der sechsmonatigen Verlagerung von einer Seite der Erdumlaufbahn zur anderen, um die Entfernung dieses Sterns zur Erde auf 100 Billionen Kilometer festzulegen, was 10,5 Lichtjahren entspricht (heute wissen wir, dass es eher 11,4 Lichtjahre sind. Aber für einen ersten Versuch war das erstaunlich akkurat).

Bei relativ nahen Sternen kann die Abstandsmessung durch Parallaxe sehr präzise sein. Unglücklicherweise wird die der Parallaxe geschuldete Verschiebung immer kleiner. Schon bald – lange bevor wir die Entfernung zu einer anderen Galaxie überbrückt haben – funktioniert diese Methode nicht mehr. Und so kommen wir jetzt mit den «Standardkerzen» zu einem berühmten astronomischen Schätzungsverfahren. Sollte Ihnen dieser Begriff überraschend verschwommen und altmodisch erscheinen, dann lassen Sie mich sagen, es ist zwar nicht ganz so schlimm, wie es klingt, aber es ist schon ziemlich vage.

Eine Kerze in die Sterne halten

Die Theorie lautet etwa so: Wenn ich ein helles Objekt nehme, sagen wir eine Kerze, und halte sie in finsterer Nacht in die Höhe, leuchtet sie umso schwächer, je weiter sie von mir entfernt ist. Wenn ich also eine Möglichkeit habe, die Helligkeit einer Kerze zu messen, die ich in einer bestimmten Entfernung sehe, und weiß, wie hell die Kerze von nahem ist, kann ich ausrechnen, wie weit entfernt eine Lichtquelle ist. Wir haben äußerst präzise Instrumente zur Helligkeitsmessung: Manche können sogar individuelle Photonen oder «Lichtteilchen» messen. (Das ist gar nicht so eindrucksvoll, wie es klingt. Es ist nur etwa ein Dutzend Photonen nötig, um den Sehnerv im menschlichen Auge zu aktivieren. In einer klaren, dunklen, von Umweltverschmutzung freien Nacht lässt sich eine Kerze mit bloßem Auge in 14 Kilometern Entfernung erkennen. Aber ein Photonendetektor sieht das Licht nicht so, wie Ihr Auge es sieht. Er misst, wie oft diese Photonen eintreffen, und liefert dadurch eine klarere Vorstellung von Helligkeit.)

Wenn wir also wüssten, wie hell ein spezieller Stern in Wirklichkeit wäre, und ihn damit verglichen, wie hell er zu sein scheint, könnten wir leicht ausrechnen, wie weit er von uns entfernt wäre. Der Haken an der Sache ist, dass wir nicht wissen, wie hell ein beliebiger Stern ist. Die Theorie der Standardkerze ist trotzdem anwendbar, vorausgesetzt, es gäbe ein paar eindeutig identifizierbare Sternentypen, deren Helligkeit auffällig konstant bliebe. Angenommen, alle Sterne dieser Kategorie seien gleich hell, dann könnten wir anhand der Identifizierung dieses speziellen Sternentyps und anhand seines Helligkeitsgrads seine Entfernung berechnen. Dieses Verfahren geht zwar einen Schritt über Herschels Ansatz hinaus – der vermutete, alle Sterne seien gleich hell –, aber es bleibt immer noch eine grobe Annahme. Wir wissen nicht mit Bestimmtheit, ob diese Sternentypen alle gleich hell sind. Wir können es nur hoffen.

Es könnte so aussehen, als sei die Identifizierung des Sternentyps in großer Distanz genauso schwierig, aber tatsächlich lässt sich trotz der Entfernung eine ganze Menge über die Beschaffenheit von Sternen entdecken. So wissen wir zum Beispiel, welche Elemente in ihnen enthalten sind. Im Lichtspektrum der Sterne gibt es schwarze Lücken zwischen den Farben. Sie entsprechen den Energien der Photonen, die von den unterschiedlichen Elementen, aus denen der Stern zusammengesetzt ist, absorbiert werden. Mit Hilfe der Spektroskopie, einer Technik zur Analyse der abgegebenen Farben und damit der Energien, kann man herausfinden, woraus die verschiedenen Sterne bestehen. Die Ergebnisse lassen sich zur Einordnung von Sternen in Familien mit ähnlichen Eigenschaften benutzen. Interessanterweise gibt es einige Sterne, die obendrein sehr merkwürdige und spezielle Eigenschaften haben, die ihre Identifikation aus großer Entfernung erleichtern. Eine der am häufigsten benutzten Standardkerzen ist genau so ein Stern, der sogenannte Cepheiden-Stern. Das sind veränderliche Sterne.

Veränderliche Sterne sind, wie der Name nahelegt, Helligkeitsschwankungen unterworfen. Sie pendeln in einem Zeitraum, der Stunden oder ein Jahr und mehr umfassen kann, ständig vom Dunkleren zum Helleren. Veränderliche Cepheiden sind nach dem Sternbild Cepheus benannt. Der britisch-niederländische Amateurastronom John Goodricke entdeckte 1784, zwei Jahre vor seinem Tod mit 21 Jahren, den ersten wirklich veränderlichen Stern Delta Cephei (daher die Bezeichnung Cepheiden). Zuvor hatte er mit Algol (Beta Persei) bereits einen anderen Stern mit veränderlicher Intensität beobachtet. Aber in diesem Fall tauchten die Variationen, so behauptete er, deshalb auf, weil es ein Sternenpaar sei, das sich gegenseitig umkreist. Einer von beiden ist dunkler, also ist der Stern selbst nicht direkt veränderlich. Aufgrund der Beobachtungen einer großen Zahl von veränderlichen Cepheiden, aus denen wir eine Parallaxen-Entfernung gewinnen können, ist es sehr wahrscheinlich, dass die Geschwindigkeit, mit der diese veränderlichen Sterne blinken, unmittelbar mit ihrer Helligkeit zu tun hat.

Die Anwendung von veränderlichen Cepheiden als Standardkerzen ergab sich geradewegs aus der Arbeit einer der ersten bedeutenden Frauen in der Astronomie. Henrietta Swan Leavitt war eigentlich nie eine ausgesprochene Beobachterin. Sie sollte aber die Bedeutung der Verbindung zwischen der Geschwindigkeit des Blinkens und der Helligkeit eines Sterns aufspüren. Sie wurde 1868 in Lancaster, Massachusetts, geboren und bekam zunächst als «computer» mit der Wissenschaft zu tun. Das war damals kein Gerät, sondern eine Person, die auf der Grundlage fotografischer Platten Messungen und Berechnungen vornahm. Trotz ihrer Krankheitsanfälligkeit wurde sie die Leiterin der Sternenphotometrie-Abteilung der berühmten Sternwarte des Harvard College. Kurz bevor sie 1921 im Alter von 53 Jahren starb, formulierte sie die Theorie, die die Geschwindigkeit der Veränderung eines Sterns mit dessen Helligkeit verknüpfte. Ihr verdanken wir also die wertvolle Anwendung der veränderlichen Cepheiden.

Sie pulsieren periodisch, von Tagen bis mehrere Monate, und es wird vermutet, dass die Helligkeitsschwankungen auf Schrumpfen und Wachsen zurückzuführen sind. Man glaubt, ihnen fehle ein vernünftiges Gleichgewicht zwischen den beiden großen Kräften eines Sterns: die nach innen wirkende Gravitation und der nach außen wirkende Druck der Kernreaktionen, die den Stern mit Energie versorgen. In einem Cepheiden-Stern gelingt es der Gravitation, die Sternenmasse nach innen zu ziehen; das erhöht den Druck, sodass sie wieder nach außen getrieben wird. Dann ist wieder die Gravitation am Zug und so weiter. Wenn der Stern sich zusammenzieht, gibt er weniger Licht ab und bringt die Helligkeitsschwankungen hervor – das Markenzeichen der Cepheiden. Spüren wir also einen solchen Kandidaten an einem fernen Ort auf, wissen wir mit großer Wahrscheinlichkeit auch, wie weit entfernt er ist.

Obwohl Standardkerzen die Arbeitspferde der kosmologischen Entfernungsmessung sind, gibt es eine modernere Technik, mit der eine genauere Messung zustande kommen sollte. Als Einstein vorschlug, die Krümmung des Raums durch einen massereichen Körper bewirke eine Lichtablenkung, erkannte er auch, dass ein derart schwerer Körper genau dasselbe vollbringt wie eine Linse: Er krümmt die verschiedenen Lichtstrahlen aus einer kleinen Lichtquelle zurück – weiter weg, als wir sonst sehen könnten –, sodass wir ein klareres Bild von ihr bekommen.

Manchmal lässt uns dieser Gravitationslineneffekt mehr als ein Exemplar desselben Himmelskörpers sehen. Stellen Sie sich ein sehr helles, fernes Objekt vor wie zum Beispiel die unglaublich hellen Protogalaxien, die auch Quasare genannt werden. Während ihr Licht viele Milliarden Lichtjahre bis zur Erde unterwegs ist, durchdringt es Regionen, die den Raum krümmen, sodass wir mehr als ein Exemplar desselben Körpers im Weltraum sehen können. Da Quasare nicht dieselbe Helligkeit beibehalten, lässt sich die schwankende Intensität des Paares durch die Zeit zurückverfolgen.

Schließlich läuft es auf Folgendes hinaus: Obwohl ihr Licht im gleichen Rhythmus gedämpft und verstärkt wird, kommen sie wegen der unterschiedlichen Strecken, die das Licht genommen hat, aus dem Takt. Wenngleich das Verfahren zur Berechnung der veränderten Strecke anspruchsvoll ist, bedeutet es im Prinzip, dass man mit diesen Daten herausfinden kann, wie weit ein Quasar entfernt ist, ohne mit Standardkerzen hantieren zu müssen. Die Informationen lassen sich sogar benutzen, um die Eichung dieser Kerzen zu überprüfen.

Aber wir sind hier schon etwas vorausgeeilt. Durch Bessels Messungen von Sternenparallaxen im frühen neunzehnten Jahrhundert konnten wir die Entfernung zu den näheren Sternen bereits erahnen, ohne dabei eine wirkliche Vorstellung von der Größe des Universums zu bekommen. Obwohl das Universum der alten Griechen, das eigentlich nur aus dem Sonnensystem bestand, im frühen 20. Jahrhundert längst abserviert worden war, nahmen die meisten Forscher immer noch an, dass die Milchstraße – unsere Galaxie, die etwa 100 000 Lichtjahre umfasst – das ganze Universum war. So waren wir vom Universum als Sonnensystem zum Universum als Sternenhaufen übergegangen. Aber nicht alle teilten diese Meinung.

Welteninseln

Bemerkenswerterweise war es William Herschel, der der Meute voraus war, als er vorschlug, die Milchstraße könnte nur eine von vielen Galaxien sein. Es gibt Äußerungen, Herschel habe geglaubt, alles befinde sich innerhalb der Milchstraße, aber das ist völlig falsch und verwechselt dies mit seinen Beobachtungen unterschiedlicher Nebeltypen, jenen verschwommenen Lichtflecken im Weltall. Im zweiten seiner beiden Artikel «Über den Aufbau des Himmels» schloss Herschel aus seinen Beobachtungen, dass die Milchstraße selbst ein Nebel sei wie viele andere, die er mit Hilfe seiner Teleskope katalogisiert hatte. Er gab immer mehr Sternenkataloge heraus, denn mit seinen unvergleichlichen Teleskopen gelang es ihm zu zeigen, dass ein Nebel nach dem anderen in Wirklichkeit eine Ansammlung von Sternen war, ähnlich wie unsere Milchstraße, aber losgelöst von uns wie Inseln im Weltall.

Herschel hatte sich bereits für eine Reihe unterschiedlicher Galaxientypen entschieden (die er weiterhin Nebel nannte). Einige waren kugelförmig und manche flach wie ein Pfannkuchen. In diese Kategorie gehört auch die Milchstraße (die er als einen Nebel III. Klasse bezeichnete). Nebel, die dem im Sternbild Orion aufgespürten Nebel glichen, nannte er «teleskopische Milchstraßen». Sie enthielten eine Vielzahl von Sternen. Allerdings wies er später darauf hin – und das war auch die Quelle des Missverständnisses –, nicht jeder Nebel sei ein umfassender Sternenhaufen. Manche schienen wie Wolken aus glühendem Staub zu sein, die einen Stern umhüllten. Und diese Nebelklasse hielt er (korrekterweise) für den möglichen Geburtsort eines Sterns.

Mancher Kollege hat also Herschels Vorschlag, die Milchstraße sei nur einer von vielen Nebeln, nicht mitbekommen. Und ähnlich verhält es sich mit der Bedeutung des Ansatzes, den Herschel wählte. Viele Jahre später gab der große britische, in Neuseeland geborene Physiker Ernest Rutherford den Kommentar ab: «Jede Wissenschaft ist entweder Physik oder Briefmarkensammeln.» Auch wenn dieser Spruch offenbar darauf abzielte, andere Wissenschaftler zu irritieren (und noch immer sehr gut funktioniert, um Biologen zu ärgern, die mehr als ein bisschen empfindlich sind, wenn es um den Ursprung ihrer Wissenschaft geht), machte dieser Kommentar in gewisser Weise Sinn.

Bis vor kurzem ging es in den Wissenschaften außerhalb der Physik – vor allem in der Biologie – fast ausnahmslos um Katalogisierung und Klassifizierung. Es fanden keine Erklärungsversuche statt, warum oder wie die Dinge geschahen. Das Vorhandene wurde lediglich detaillierter erfasst. Eine solche Anhäufung von Informationen ist notwendig, wenn die anspruchsvollere Wissenschaft der

Erklärung funktionieren soll, dennoch traf Rutherford wohl den Nagel auf den Kopf, als er diese Arbeit als «Briefmarkensammeln» bezeichnete.

In Herschels Tagen und noch eine Zeitlang danach war die ganze Astronomie eine Variante der Wissenschaft des Briefmarkensammelns. Sogar Herschel selbst leistete eine enorme Katalogisierungsarbeit und ist genau deswegen berühmt geworden, vor allem als er der kleinen Anzahl von Planeten, die seit dem Altertum bekannt waren, Uranus hinzufügte. Als er jedoch über die Nebel schrieb, ging er darüber hinaus. Er versuchte, den Ursprung der Nebel und die hinter den Beobachtungen stehenden Entwicklungen zu erklären, statt einfach nur zu berichten, was er sah, was damals ziemlich revolutionär war. Damit hatte er die Astronomie in den Rang einer fortschrittlichen Wissenschaft erhoben.

Herschels Theorien verursachten einen ziemlichen Wirbel, da sein Modell der Nebelbildung eine allmähliche Gravitationsanziehung erforderte. Was darauf hinauslief, dass das Universum eine außerordentlich lange Zeit brauchte, um die Form anzunehmen, die es heute hat, während man zu jener Zeit annahm, es sei in wenigen Tagen erschaffen worden, wie die Bibel es nahelegte. Man wollte dieses Thema lieber den Theologen überlassen, statt den Wissenschaftlern zu gestatten, die Bühne zu betreten. Ein Grund, warum Herschels Vorstellungen nicht bekannter sind, liegt womöglich darin begründet: Viele Mitglieder der astronomischen Hierarchie waren Kirchenmänner, die nichts von seinen Theorien hielten und es vorzogen, ihn zu ignorieren.

Herschels Ideen waren nahezu in Vergessenheit geraten. Dann tauchten sie in einem populärwissenschaftlichen Buch über das Universum, das 1905 erschien, wieder auf. Die angesehene britisch-irische Astronomin und Schriftstellerin Agnes Clerke nannte ihr Werk *The System of the Stars* und schrieb: «Die Frage, ob Nebel externe Galaxien sind, bedarf eigentlich keiner weiteren Diskussion … Man kann heute wohl sagen, dass kein fähiger Denker, der alle zugänglichen Beweise vor sich ausgebreitet sieht, mehr daran festhalten kann, irgendein einzelner Nebel sei ein Sternensystem vom gleichen Rang wie die Milchstraße.» Gefährliche Worte.

Verbesserte Technik

Im Lauf der Zeit wurden seit Herschels ersten Versuchen mit relativen Messungen die Teleskope zunehmend besser. Obwohl Herschels eigenes Riesenteleskop mit einem 120-Zentimeter-Spiegel fast als Fehlschlag galt – die Handhabung war schwierig, worunter auch die Beobachtungen litten –, war es keinesfalls das letzte Wort in der expandierenden Welt der Optik. In Irland baute der exzentrische Graf von Rosse das viktorianische Beobachtungsmeisterwerk, das den Spitznamen «Der Leviathan von Parsonstown» erhielt. Heute heißt der Ort, wo sein Landgut lag, Birr. Dieses Instrument hatte einen 180-Zentimeter-Spiegel und war erfolgreicher als Herschels großes Teleskop, was zum Teil daran lag, dass es beschränkter war.

Um es an jeden beliebigen Punkt am Nachthimmel ausrichten zu können, war Herschels Instrument auf ein gewaltiges Holzgerüst montiert worden. Ein enormer Aufwand war nötig, um es in die richtige Position zu bringen. Obendrein fehlte ihm die absolute Stabilität, die für klare Bilder erforderlich war. Im Gegensatz dazu war Ross' Leviathan zwischen zwei Steinmauern aufgestellt. Dadurch hatte es zwar ein eingeschränktes Sichtfeld, war allerdings wesentlich solider und leichter auszurichten. Der Leviathan wurde von 1845 bis ins frühe 20. Jahrhundert hinein auf den Himmel gerichtet, obwohl die Nutzung wegen des feuchten und nebligen Wetters in Irland ständig behindert wurde. So gab es nur relativ wenige klare Beobachtungsnächte im Jahr. Im Gegensatz zu Herschels Teleskop, das demontiert wurde, ist der Leviathan erhalten geblieben und kann in dem Städtchen Birr in seiner ganzen Herrlichkeit bewundert werden.

In Europa sollten noch andere Teleskope gebaut werden, doch als der Leviathan in den Ruhestand versetzt wurde, fanden die astronomischen Großtaten bereits in den USA statt, wo bessere Wetterbedingungen herrschten und wo man mit der Finanzierung der zunehmend teurer werdenden astronomischen Projekte keine großen Schwierigkeiten hatte. 1908 spendete die Carnegie-Stiftung Geld für den Bau eines großen Teleskops für das California Institute of Technology unter der Leitung des Astronomieprofessors George Ellery Hale.

Hale wurde 1868 in Chicago geboren, absolvierte sein Studium am Massachusetts Institute of Technology (MIT) und arbeitete an den Sternwarten in Harvard und Chicago, bevor er Amerikas herausragender Gründer neuer Observatorien wurde. Zwei Berggipfel wurden von Hale für das neue, von Carnegie finanzierte Riesenteleskop in Erwägung gezogen. Beide Berge lagen in Kalifornien: Mount Wilson bei Pasadena und Mount Palomar im Landkreis San Diego.

Die beiden Standorte waren hoch genug gelegen, um die atmosphärischen Störungen zu reduzieren. Palomar war günstiger hinsichtlich der Lichtverschmutzung (er steht mitten im Nichts, während Wilson in der Nähe von Los Angeles liegt), aber man hatte einen besseren Zugang zum Mount Wilson, und deshalb wurde er als Standort für Hales 150-Zentimeter-Gerät ausgewählt. Es war zwar kleiner als das irische Teleskop, war aber mit einem viel besseren Spiegel ausgestattet (versilbertes Glas statt einer Kupfer-Zinn-Legierung), kam unter einem viel klareren Himmel zum Einsatz und war in der Lage, sich in jede Richtung zu bewegen, sodass wesentlich bessere Ergebnisse erzielt wurden als mit dem Leviathan. 1917 wurde Mount Wilson mit einem 2,5-Meter-Teleskop aufgerüstet, das 30 Jahre lang das größte der Welt war und eine entscheidende Rolle beim nächsten Schritt zur Bestimmung der Größe des Universums spielte.

Schon mit dem Leviathan des Grafen Rosse und erst recht mit dem Auftrumpfen der amerikanischen Teleskope war offensichtlich geworden, dass einige Nebel komplexe Strukturen besaßen, zu denen auch Sterne, Gas und Staub gehörten. Herschel hatte das eindeutig erkannt. Dies schloss zwar nicht ihre Existenz innerhalb der Milchstraße aus, verlieh aber der Theorie von Galaxien als Inseln im Weltall (Welteninseln) mehr Glaubwürdigkeit.

Die große Debatte

In den 1920er Jahren war die Frage, wie die Milchstraße und die Nebel nun tatsächlich beschaffen sind, noch nicht geklärt. Eine spezielle Debatte über dieses Thema im April 1920 sollte den schrulligen amerikanischen Astronomen Edwin Hubble dazu bewegen, unser Bild vom Universum zu verändern.

Solche Debatten waren schon lange geführt worden – mit Sicherheit seit Herschels Tagen. Dem bloßen Auge erscheinen die wenigen sichtbaren Nebel wie leicht verschwommene Sterne, aber seit es einigermaßen leistungsfähige Teleskope gab, wurde deutlich, dass sie eine kompliziertere Struktur haben. Einige sind fast kugelförmig, andere haben einen Schweif wie ein Komet, der sich allerdings in zwei Richtungen erstreckt, und um ihren Mittelpunkt bilden sie eine äußerst dramatisch wirkende Spirale – eine strudelähnliche Struktur.

Noch immer war der vorherrschende Gedanke, Nebel seien junge Sterne im Prozess der Entstehung. Sterne bilden sich durch die allmähliche Anhäufung von Materie. Die Gravitation zieht Stück für Stück an, vorwiegend Wasserstoff, der im Weltraum schwebt. Wenn eine bestimmte Masse zusammengekommen ist, übt sie eine stärkere Gravitationsanziehung aus, sodass sie noch mehr Materie anzieht. Schließlich ist die Materiekugel so dicht, dass die Kernfusion einsetzt. So schien der Gedanke vernünftig zu sein, dass es vor der vollständigen Ausbildung eines Sterns Materiewolken geben sollte, die sich zu einem Stern entwickelten, und das, so glaubte man, waren die Nebel. (Das war gar nicht so dumm: Manche Nebel sind tatsächlich entstehende Sterne in unserer Galaxie.)

Allerdings wurde Herschels Alternativansicht, die Nebel seien «Welteninseln», nämlich andere Sternenansammlungen wie die Milchstraße, nur ungeheuer weit entfernt, während der 1920er Jahre weiter diskutiert. Unterstützt wurde diese Vorstellung von Herschels älterem Zeitgenossen, dem Philosophen Immanuel Kant, der offenbar unabhängig von Herschel auf dieselbe Idee gekommen war. Im Endeffekt wäre die Milchstraße also nicht das ganze Universum, sondern nur ein einziger dieser Nebel (die wir heute Galaxien nennen) – Nebel, die über die Weite des Weltalls ausgebreitet sind, so wie die Sterne über die ganze Milchstraße verteilt sind. Hätten Herschel und Kant recht, wären die Schweife, die aus einigen Nebeln zu kommen scheinen, dem Effekt geschuldet, eine Scheibe von der Seite zu betrachten.

Die offizielle Debatte fand im April 1920 statt und wurde von der National Academy of Science organisiert. Teilnehmer waren die Astronomen von Mount Wilson, die an der populäreren Theorie «Die Milchstraße ist überall» festhielten, und ihre Konkurrenten vom Lick Observatory der University of California auf Mount Hamilton, die glaubten, unsere Galaxie sei lediglich ein kleiner Teil eines erheblich größeren Universums. In der Wilson-Ecke stand Harlow Shapley, während Lick von Heber Curtis repräsentiert wurde. Beide waren renommierte Astronomen (Shapley war ein Mittdreißiger, während Curtis Mitte vierzig war) und verteidigten in einer Debatte, die nicht entspannter geworden war, nachdem sie viele Stunden im selben Zug aus Kalifornien gemeinsam verbringen mussten, rigoros ihre Auffassungen. Jeder stellte seinen Standpunkt dar, und keinem gelang es wirklich, die andersdenkenden Kollegen zu überzeugen.

Obwohl die neuen Teleskope interessante Beweise für Komplexität in den Nebeln lieferten, gab es auch Argumente, die offenbar gegen die These sprachen, Nebel seien nichts weiter als Sterne im embryonalen Zustand. Sie schienen immer dort aufzutauchen, wo man es erwartete, falls sie örtliche Gaswolken waren. Einer war kürzlich beim Aufflammen einer Nova um ein Zehntel heller geworden als zuvor, was unverhältnismäßig schien, wenn ein Nebel tatsächlich eine gewaltige, weit entfernte Ansammlung von Sternen sein sollte. Zufällig handelte es sich dabei um den Andromedanebel, der später eine wichtige Rolle spielte, als beim Durchbruch auf Mount Wilson die Größe des Universums nachgewiesen wurde.

Obwohl die meisten Forscher am Observatorium von Mount Wilson weiterhin glaubten, die Milchstraße sei das ganze Universum, gab es eine bedeutsame Gegenstimme. Edwin Powell Hubble hieß der Mann, und er war – wie Herschel – ein Freund Englands. Zur Zeit der großen Debatte war er 31 Jahre alt, war in astronomischen Kreisen hoch angesehen, aber sein großer Coup stand ihm noch bevor.

Wie Hubble groß herauskam

1889 in Marshfield, Missouri, geboren, kam der junge Edwin mit der Astronomie in Berührung, als sein Großvater ihm zu seinem achten Geburtstag ein Teleskop schenkte. Die unmittelbare Begeisterung für seine Beobachtungen mit dem primitiven Instrument entfaltete sich schnell zu einer veritablen Leidenschaft. Sogar schon in diesem frühen Alter verliebte sich Edwin Hubble in eine Idee und blieb ihr treu.

Nur Edwin Hubbles Vater wollte nicht verstehen, dass sein Sohn für eine glänzende Karriere als Astronom prädestiniert war. Hubbles Papa verhielt sich eher wie der Vater eines Möchtegernschauspielers und bestand darauf, sein Sohn müsse eine «reelle» Karriere zur Überbrückung einschlagen, falls sich sein Studium als Sackgasse erweisen sollte. Und so verlangte er von ihm, er solle Jura an der University of Chicago studieren. Hubble senior dachte tatsächlich nur über die Realität nach, mit der er vertraut war. Bis ins 20. Jahrhundert hinein waren die meisten Astronomen Amateure, reiche Privatpersonen, die die Astronomie zum Vergnügen studierten, statt das Fach als ernsthaften Beruf zu betrachten. Selbst heute noch ist die Astronomie eines der wenigen Felder der Wissenschaft, auf dem Amateure noch immer bedeutende Entdeckungen machen können.

Mit einer Kombination aus politischem Durchblick und resoluter Entschlossenheit gelang es Hubble, seinen Juraabschluss zu machen und obendrein Kurse zu absolvieren, die ihm seine ersehnte Zukunft als Astronom sichern sollten. Hubble hatte keine Probleme mit seiner Arbeit als Jurist und hätte vermutlich auch einen ganz passablen Anwalt abgegeben. Es entbehrte daher nicht einer gewissen Ironie, dass er ausgerechnet seiner wissenschaftlichen Nebenbeschäftigung eine Nominierung für einen exklusiven akademischen Preis verdankte, der es ihm ermöglichen sollte, sein Jurastudium zu vertiefen. Es handelte sich um das Rhodes-Stipendium.

Der phänomenal einflussreiche Cecil Rhodes, Gründer der De-Beers-Diamantenminen und des Staates Rhodesien, der sich später in Simbabwe und Sambia aufspaltete, hatte 1903 in seinem Testament verfügt, dass die Stipendien jedes Jahr 32 Amerikanern ein Studium an der Universität Oxford ermöglichen sollten. (Es gibt auch Stipendien für einige ehemalige britische Kolonien und inzwischen, obwohl noch nicht zu Hubbles Zeiten, auch für Deutschland.) Diese Gelegenheit zur Vervollständigung der Ausbildung wird normalerweise Personen zuteil, von denen man erwartet, dass sie ihren Weg als potenzielle Spitzenkräfte und Erneuerer machen. Führende Kongressabgeordnete, Richter am Obersten Gerichtshof, Senatoren und Gouverneure sind Rhodes-Stipendiaten gewesen. Auch der ehemalige amerikanische Präsident Bill Clinton gehört dazu.

Dank der Empfehlung des Nobelpreisträgers Robert Millikan bekam Hubble ein Stipendium und reiste im Herbst 1910 nach Oxford. Fachlich war er noch an die Juristerei gebunden, aber er versuchte auch, wann immer er konnte, sich mit der Astronomie zu befassen. In Oxford machte Hubble eine außerordentliche Verwandlung durch. Ganz bewusst übernahm er die Attitüde des britischen Gentleman, wie er später in Hollywood dargestellt wurde, als der Tonfilm aufkam. Er nahm einen künstlich abgehackten englischen Akzent an und machte Einwürfe wie «Hört, hört!» und dergleichen, was dem britischen Schriftsteller P. G. Wodehouse zur Ehre gereicht hätte. Er entwickelte eine verwegene Vorliebe für Tweedmäntel und rauchte mit großer Begeisterung eine Bruyèrepfeife. Und so, wie er es schon mit der Astronomie erlebt hatte, ließ Hubble sich von den Dingen fesseln, die ihm Spaß machten, und biss sich mit der Hartnäckigkeit eines Terriers in sie fest.

Womöglich wäre Hubble sogar in England geblieben, wenn ihn nicht persönliche Umstände davon abgehalten hätten. Im Januar 1913, kurz nachdem sein Rhodes-Stipendium abgelaufen war, musste er nach Hause eilen, um den finanziellen Ruin seiner Familie nach dem Tod seines Vaters abzuwenden. Er nahm jede Arbeit an, meistens gab er Unterricht, bis das Familienvermögen wiederhergestellt war. Und da er nun nicht mehr unter dem Joch seines Vaters stand, gelang es ihm, sich ganz und gar der Astronomie zu verschreiben.

Ein waschechter Astronom

Seine Leidenschaft für das Thema führte Hubble zunächst an das Yerkes Observatory der Universität Chicago, wo er sich für Nebel interessierte. Um diese verschwommenen Flecken am Himmel klar zu erkennen, brauchte man die höchste Vergrößerungsstufe. Das Yerkes besaß den größten funktionierenden Refraktor – ein traditionelles Linsenteleskop mit mehreren Sammellinsen –, während die Sternwarten auf Mount Wilson oder auf Mount Palomar einen Spiegel benutzten, um die Lichtstrahlen einzufangen und zu bündeln. Mit einem Meter Durchmesser war der Refraktor in der Tat recht groß, hielt aber keinem Vergleich mit den besten neuen Teleskopen stand. 1919 nahm Hubble, nach einer Zeit in den Streitkräften gegen Ende des Ersten Weltkriegs (gefolgt von einer Reise durch England), einen Posten auf Mount Wilson an, wo ihm die Riesenteleskope mit Spiegeln von eineinhalb und zweieinhalb Metern Durchmesser die schiere Leistungsfähigkeit boten, die er brauchte.

In den 1920er Jahren war das Leben der Astronomen auf Mount Wilson schon recht seltsam. Der Standort war, hoch oben am Ende eines engen Pfads mit Haarnadelkurven, nicht nur abgelegen, sondern die Arbeit dort gehorchte einem rigorosen Zeitplan, der nachts die Beobachtungen am Teleskop und tagsüber die Deutung der fotografischen Platten mit den Aufnahmen der Sterne organisierte. In der bescheidenen Unterkunft auf dem Berggipfel, die man das Kloster nannte, durfte man keinen Komfort erwarten. Die Observatorien mussten nachts bei eiskalten Temperaturen benutzt werden, um Störungen durch Dunstschleier zu vermeiden, die jede Art von Heizung verursachen konnte. Hubble gewöhnte sich an, in seinem Armeewintermantel durch die Gegend zu stiefeln, womit er sein Image als Exzentriker bestätigte.

Der Durchbruch für unser Verständnis der Dimension des Universums gelang im Oktober 1923. Hubble entdeckte einen veränderlichen Cepheiden-Stern im Spiralnebel im Sternbild Andromeda, oder M31 nach dem Messier-Katalog. (Der französische Astronom Charles Messier katalogisierte in den 1770er Jahren mehr als hundert Nebel und Sternhaufen, weil ihn die häufigen Berichte ärgerten, in denen Nebel mit neuen Kometen verwechselt wurden. Viele der sichtbarsten Nebel sind auch heute noch unter ihrer Nummer in Messiers Katalog bekannt.)

Heute wissen wir, dass M31 die der Milchstraße nächstgelegene Galaxie ist, aber damals wurde behauptet, es könnte lediglich eine helle Wolke in der Milchstraße sein. Das 2,5-Meter-Teleskop war der einzige Apparat auf der Welt, mit dem man derart weit entfernte Cepheiden aufspüren konnte. Mit seiner Hilfe fand Hubble heraus, dass das Timing des Cepheiden-Sterns im Andromeda-Sternbild mit einer schockierenden Einsicht verbunden war. Aufgrund seiner Periode von knapp über einem Monat berechnete er die Entfernung des Cepheiden-Sterns und kam auf 900 000 Lichtjahre, was weit über die Grenzen der Milchstraße hinausging. Obwohl er ein Mitglied der Mount-Wilson-Gruppe war, die an der Theorie festhielt, die Milchstraße sei das Universum, hatte er seine Kollegen widerlegt.

Ein ganz neuer Maßstab

Hubbles Messungen legten nahe, dass nach traditioneller Ansicht auf Mount Wilson die Größe des Universums enorm unterschätzt wurde. Unsere Galaxie war nur eine von vielen in der riesigen und möglicherweise unendlichen Weite des Weltalls. Wahrscheinlich hätte so mancher Wissenschaftler, vor allem im medienverrückten 21. Jahrhundert, nach einer solchen Entdeckung eine Pressekonferenz einberufen, um der Welt diese bemerkenswerte Entdeckung mitzuteilen. Wir sollten uns darüber im Klaren sein, was Hubble getan hatte. Bevor er seine Arbeit aufnahm, herrschte Konsens darüber, dass die Milchstraße eine Scheibe mit einem Durchmesser von rund 100 000 Lichtjahren war. Jetzt hatte Hubble einen Nebel entdeckt, der fast zehnmal so weit entfernt und, mit bloßem Auge erkennbar, der hellste Fleck am Himmel war. Das Universum war auf einen Schlag enorm viel größer geworden.

Hubble machte jedoch, wie es sich für einen guten Wissenschaftler gehört, noch weitere Aufnahmen des Andromedanebels, statt seine Ergebnisse sofort herauszuposaunen. Er suchte nach zusätzlichen Bestätigungen seiner Resultate und entdeckte dabei einen zweiten veränderlichen Cepheiden-Stern, der seine Ergebnisse untermauerte. Drei Monate nach der ersten Lokalisierung des wegweisenden Sterns ging er an die Öffentlichkeit. Angesichts des Rufs von Mount Wilson als geistige Heimat der Theorie «Die Milchstraße ist das Universum» wollte er hundertprozentig sicher sein, bevor er einen Angriff auf die «Familientradition» von Mount Wilson wagen konnte.

Noch bemerkenswerter war, dass Hubble Beweise fand, die eine Theorie seines Zeitgenossen Willem de Sitter bestätigten, eines niederländischen Astronomen. Nach dessen Vorstellung war die Größe des Universums nicht festgelegt, sondern expandierte kontinuierlich. Auf diese Enthüllung Hubbles kommen wir in Kapitel 5 noch einmal zurück, wenn wir die allmähliche Entstehung des Urknallkonzepts erforschen. Vorläufig hatte Hubble uns also den ersten echten Einblick in die Dimension des Universums verschafft.

Mitte der 1930er Jahre war Hubble so weit, erheblich detailliertere Erklärungen zur Naturgeschichte des Universums selbst abzugeben. In einem Referat vor der National Academy of Science in Washington im April 1934 stellte Hubble einige imponierende und umwälzende Behauptungen auf. So sagte er, das Universum sei eine «endliche Kugel» mit einem Durchmesser von 6 Milliarden Lichtjahren, und es bestünde aus 500 Billionen Nebeln: «Jede Einheit ist 80 Millionen mal heller als die Sonne und 800 Millionen mal so massereich.»

Zwangsläufig waren einige der Behauptungen Hubbles kaum mehr als Spekulationen. Die Anzahl der Galaxien zum Beispiel war schlicht aus der Luft gegriffen. Einzige Anhaltspunkte waren die Häufigkeit ihres vermeintlichen Auftauchens in der jeweiligen Region und die vermutete Größe des Universums. Aber es gab noch eine viel grundlegendere Komponente der Hubble'schen Arbeit, die auf einem gleichermaßen wackligen Fundament stand. Zwar war es ihm gelungen, mit Hilfe von veränderlichen Cepheiden die Entfernung zu der Galaxie im Andromeda-Sternbild zu messen, aber seine Technik war auf weiter entfernte Galaxien nicht anwendbar, weil er in diesem Bereich keine ausreichend hellen Cepheiden ausmachen konnte. Stattdessen musste er eine neue Standardkerze aus dem Ärmel schütteln, die die Anwendung der Cepheiden als vergleichsweise bombensicher erscheinen ließ. Und so griff er auf eine anspruchsvollere Version von Herschels Siriometer zurück.

Automatisch sind die in einer fernen Galaxie entdeckten Sterne auch die hellsten. Das war zweifellos richtig. Also wagte Hubble es, sich weit aus dem Fenster zu lehnen. Was wäre, wenn der hellste Stern in jeder beliebigen Galaxie dieselbe Helligkeit hätte wie jeder andere Stern in jeder beliebigen Galaxie?

Eine solche Verfahrensweise, die auf der Annahme beruht, die Extreme einer Population seien ähnlich, ist unter gewissen Umständen gefährlich. Sie funktioniert nicht, wenn die Strukturen der zu vergleichenden Objekte sehr unterschiedlich sind. So gibt es beispielsweise wenig Ähnlichkeiten zwischen den Werten der höchsten Berge im Vereinigten Königreich, dem Ben Nevis mit 1344 Metern, und dem größten Berg in den Vereinigten Staaten, dem Mount Kinley mit 6194 Metern.

Genauso wenig funktioniert es, wollte man Parallelen zwischen kleinen Bevölkerungen ziehen, denn es könnte einen großen Unterschied zwischen zwei Proben innerhalb der Bevölkerung geben. Wenn ich beispielsweise nach dem Zufallsprinzip einhundert Leute auf einem Gehsteig in New York heraussuche, ist die Wahrscheinlichkeit ziemlich hoch, dass ihre Volkszugehörigkeit für die Gesamtbevölkerung der Vereinigten Staaten nicht repräsentativ wäre. Gibt es aber einen großen Bestand ähnlicher Strukturen, wird der Vergleich realistischer. Betrachten wir das Alter der ältesten Person in Europa und der ältesten Person in den Vereinigten Staaten, wird es zwischen beiden kaum einen Unterschied geben. Mit Sicherheit werden sie sich nicht so stark unterscheiden, wie es bei den Berggipfeln der Fall ist.

In jeder Galaxie gibt es eine riesige Menge von Sternen. Nehmen wir also an, dass wir es miteinander ähnelnden Galaxien zu tun haben, dann ist die Vermutung, die hellsten Sterne seien von ähnlicher Leuchtkraft, nicht ganz und gar unsinnig. Galaxien von gleicher physikalischer Beschaffenheit auszumachen war relativ einfach, obwohl es nicht immer so leicht war, mit ihrem Alter umzugehen (denn das konnte einen Einfluss auf die Lichtstärke des hellsten Sterns ausüben). Immerhin hatte Hubble nun einen Maßstab gefunden, der es ihm erlaubte, plausible Schätzungen vorzunehmen, wenn es sich um Messungen handelte, die weit über die Entfernungsermittlung von veränderlichen Cepheiden hinausgingen.

So weit das Auge reicht

Alle bisher von uns verfolgten Versuche, die Größe des Universums zu messen, beziehen sich ausschließlich auf die sichtbare Größe. Sollte das Universum ein begrenztes Alter haben (dazu gleich mehr), dann können wir immer nur so weit sehen, wie sich das Licht in der verfügbaren Zeit fortbewegen kann. Das bedeutet, wir haben es mit einer Zeitskala für das Alter des Universums zu tun, die wir augenblicklich auf 13,7 Milliarden Jahre schätzen. Die größte Ausdehnung des Universums, die wir heute feststellen können, beläuft sich auf einen Durchmesser von 27 Milliarden Lichtjahren. (In einer Milliarde Jahren wird diese Weite 29 Milliarden Lichtjahre betragen und so weiter.) Was aber nicht heißt, dass das Universum an den Grenzen des Sichtbaren aufhört.

Obwohl dieses beobachtbare Universum zwangsläufig endlich ist, könnte das wahre Universum dennoch unendlich sein. Tatsächlich lässt sich ein unendliches Universum in gewisser Weise besser handhaben. Wenn das Universum eine Grenze hat, steht man immer vor der Frage, was sich jenseits der Grenze befindet. Falls sich das Universum ausdehnt, wie wir glauben, wohin dehnt es sich dann aus? Das lässt sich relativ einfach beantworten, denn mit ziemlicher Wahrscheinlichkeit dehnt es sich in nichts aus. Den Theorien eines expandierenden Universums zufolge ist es nämlich der Raum selbst, der sich ausdehnt, sodass es keinen Raum geben muss, *in* den sich das Universum ausdehnt.

Die Frage, was am Rand geschieht, falls das Universum endlich sein sollte, ist da schon ein wenig heikler. Was geschähe denn, falls man mit einem Raumschiff bis zum Rand des Universums fliegen könnte? Falls der Raum dort buchstäblich aufhörte, wäre eine Barriere denkbar. Sollte dies der Fall sein, würde man gegen eine unsichtbare Wand prallen. Es gäbe eben nur keinen Raum, in den man vordringen könnte, sodass man nicht weiterkäme. (In der Realität wäre die Durchführung dieses Experiments wohl nicht allzu praktikabel, denn da sich das Universum ausdehnt, wird es ja größer, und das mit so großer Geschwindigkeit, dass wir es niemals durcheilen könnten.)

Eine Alternative zu dieser Ansicht ist im Lauf der Zeit immer mal wieder aufgetaucht. Darin faltet sich das Universum in einer vierten Raumdimension in sich selbst zusammen. Nach dieser Theorie würden Sie beim vermeintlichen Flug über den Rand des Universums hinaus in die entgegengesetzte Richtung fliegen. Von Ihrem Standpunkt aus gäbe es keinen Rand, das Universum dauerte ewig, aber Sie kämen schließlich immer wieder am selben Punkt vorbei.

Das ist gar nicht so bizarr, wie es klingen mag. Wir können uns entsprechende Situationen für Wesen mit weniger Dimensionen ohne weiteres vorstellen. Eindimensionale Wesen, die einer kreisförmigen Linie folgten, oder flache Wesen, die die Oberfläche einer Kugel umrundeten, würden genau diese Erfahrung machen. Man bewegt sich auf einer vermeintlich geraden Linie fort, die Reise endet nie, aber man kehrt ständig zum selben Punkt zurück. Ihre Welt ist endlich, Sie können sie beliebig durchqueren, trotzdem hat sie keinen Rand. Sie werden niemals an ein Ende kommen. Die alten Griechen hatten unrecht, als sie sagten, es gäbe nichts Endliches ohne einen Rand.

Ein Origami-Universum

Kosmologen haben jetzt eine Karte des frühen Universums, mit der sie herumspielen können. Sie zeigt die Verteilung der sogenannten kosmischen Mikrowellen-Hintergrundstrahlung. Es ist eine Karte des Lichtmusters, das aus etwas hervorging, was offenbar das frühe Universum gewesen ist. Sollte sich die Vorstellung eines endlichen Universums ohne Rand als wahr erweisen, sollte man erwarten können, dass das Licht, das aus dem Universum heraus in eine Richtung ging, sichtbar war, wenn es aus einer anderen Richtung wieder eintrat. Zwangsläufig sind die Bilder dieser Hintergrundstrahlung, die wir vom WMAP-Satelliten erhielten, ein ziemlich verschwommenes Durcheinander. Aber es herrschte Optimismus, denn falls die Wissenschaftler nur einen Überblick bekämen oder sich auf die Quellen stärkerer Leuchtkraft konzentrierten, konnte es ihnen vielleicht gelingen, einige visuelle Widerspiegelungen eines Teils in einem anderen zu erkennen, verursacht von dem Bild, das auf einer Seite aus dem Universum herausgekommen und von der anderen Seite wieder zurückgekommen war.

Doch es funktionierte nicht. Sie konnten keine entsprechende Wiederholung von Bildern entdecken. 2007 jedoch stießen Boudewijn Roukema und seine Kollegen an der Nicolaus-Copernicus-Universität im polnischen Torun auf einen subtilen Dreh, der dazu führte, dass diese Vorstellung doch noch durch Beweise untermauert werden konnte. Wir neigen zu der Annahme, das Universum habe die Form einer Kugel. Diese Idee geht bis auf die Argumentation von Roger Bacon zurück, alles andere als eine Kugel geriete beim Rotieren in Schwierigkeiten, weil Teile davon sich ins Nichts hinein- und wieder herausbewegten.

Nähmen wir jedoch an, das Universum sei ein Dodekaeder (ein von zwölf gleichen, regelmäßigen Fünfecken begrenzter Körper), dann würde ein aus einer Seite heraustretendes und von einer anderen Seite wieder hereinkommendes Bild um 36 Grad gedreht werden und damit den Unterschied in der Ausrichtung der beiden Seiten reflektieren. Roukema stellte nun Folgendes fest: Schneidet man aus dem WMAP-Bild des frühen Universums Ringe heraus und dreht diese um 36 Grad, ist es möglich, diese Ringe mit entsprechend nicht gedrehten Ringen auf der «gegenüberliegenden» Seite des Universums in Übereinstimmung zu bringen.

Bis heute haben wir allerdings noch nicht genügend Daten zur Verfügung, um beweisen zu können, dass dieser Effekt tatsächlich ins Spiel kommt. Bis es eine detailliertere Karte der kosmischen Hintergrundstrahlung gibt, die man sich von dem im Mai 2009 gestarteten europäischen Planck-Satelliten in den nächsten Jahren erhofft, stehen die Chancen 1:10, dass diese vermeintliche Übereinstimmung nur ein Zufallstreffer ist. Aber es gibt hier noch weitere Beweise für eine endliche Struktur ohne Rand, die eine faszinierende Einsicht in die mögliche Form des ganzen Universums gewähren.

Unser Wissen über die Größe und die großmaßstäblichen Komponenten des Kosmos erweitert sich ständig und beruht auf ziemlich gesicherten Tatsachen. Dennoch ergibt dies allein noch kein hinlänglich vollständiges Bild dessen, was da draußen los ist. Wir müssen noch mehr über das Alter des Universums erfahren.

4. WIE ALT?

> Ich betrat den halb im Dunkel liegenden Raum
> und erspähte augenblicklich Lord Kelvin. Mir
> wurde klar, dass mir für den letzten Teil meines
> Vortrags, wo ich auf das Alter der Erde zu spre-
> chen kommen wollte, Ärger drohte, weil meine
> Auffassungen mit seinen nicht übereinstimm-
> ten ... Dann hatte ich plötzlich eine gute Idee,
> und ich sagte, Lord Kelvin habe das Alter der
> Erde herabgesetzt, *vorausgesetzt, es gäbe keine
> neue Quelle* ... Der alte Junge strahlte mich an.
>
> *Ernest Rutherford (1871–1937), zitiert in
> Rutherford, Being the Life and Letters of the
> Rt. Hon. Lord Rutherford (A. S. Eve)*

Im Altertum wurde das Alter des Universums per Dekret festgelegt. Viele der alten griechischen Philosophen vertraten die Auffassung, es habe das Universum schon immer gegeben; es habe keinen Anfang und würde auch kein Ende haben. Aristoteles zog bei seinen Vorträgen über die Unendlichkeit in Erwägung, die Zeit ticke schon ewig dahin, weshalb das Universum keinen Anfangspunkt haben dürfe. Sollte es einen Anfang gehabt haben, müsste man sich ja schließlich fragen, was davor gewesen war.

Obwohl die Gelehrten des Mittelalters die griechische Philosophie sehr schätzten, wurde dieser Aspekt griechischen Denkens jedoch als Fehlschlag betrachtet, weil es für die Anhänger vieler Religionen – auch jener, die im Nahen Osten aufkamen und die die westliche Welt dominieren sollten – einen Anfang des Universums gab, der in ihren heiligen Schriften beschrieben wurde.

Usshers Berechnung

Bekanntermaßen führten Bibelgelehrte komplizierte Berechnungen auf der Grundlage von Ahnenreihen in der Bibel durch. Sie arbeiteten sich aus historischen Zeiten zurück bis zur Schöpfung, doch diese Zahlen bedurften einer gewissen Interpretationsfreiheit. Und so kamen Zahlen für das Alter des Universums in Umlauf, die zwischen 6000 und 9000 Jahren rangierten. Das bekannteste und dieses Forschungsgebiet dominierende Datum wurde von dem irisch-anglikanischen Bischof James Ussher publiziert.

Ussher verkündete, die Welt sei 4004 vor Christus geschaffen worden. Um nicht der Ungenauigkeit bezichtigt zu werden, bestimmte er den Schöpfungsakt auf den Einbruch der Dunkelheit am Abend vor Sonntag, dem 23. Oktober 4004 v. Chr. (im modernen Kalender ist es der 21. September, denn zu Usshers Zeiten benutzte man noch den römischen Kalender, der die Schaltjahre nicht angemessen berücksichtigte). Dieses Datum wurde im 18. Jahrhundert von der anglikanischen Kirche und von anderen Glaubensgemeinschaften als Tatsache akzeptiert. Es war damals so fest etabliert, dass es als Randbemerkung in das Genesis-Kapitel der King-James-Bibel aufgenommen wurde und sich dort bis ins frühe 20. Jahrhundert hinein hielt.

Allerdings hinderte die Existenz dieses Datums die Wissenschaftler nicht daran, über eine größere Bandbreite von Möglichkeiten nachzudenken. Häufig wird behauptet, dieses Datum 4004 v. Chr. sei erstmals in Frage gestellt worden, als Darwins Evolutionstheorie Zweifel an der allzu wörtlichen Interpretation der biblischen Ahnenreihe aufkommen ließ oder als die Geologen anfingen, Hinweise auf das hohe Alter vorzulegen, das erforderlich war, um die geologischen Schichten zu bestimmen. Aber in Wirklichkeit gab es wissenschaftliche Beweise, die diese Entwicklungen erheblich vordatierten.

Herschels letzte Überraschung

Wie wir bereits gesehen haben, hatte der bedeutende deutschbritische Astronom William Herschel die Größe der Milchstraße geschätzt, aus der deutlich wurde, dass das Universum ziemlich alt sein musste. Die Zeit, die das Licht benötigte, um von den Sternen auf der Erde anzukommen, machte ihm offenbar bewusst, dass er weiter als 6000 Jahre in der Zeit zurückblickte. Herschel wagte es sogar, das Alter des Universums auf einige Millionen Jahre zu schätzen, aber leider wissen wir heute nicht mehr, auf welche Beweise er diese Behauptung stützte. Das war bereits 1813, lange bevor irgendjemand anders so kühn war, solche Vorschläge zu machen.

Am 15. September 1813 berichtete der schottische Dichter Thomas Campbell «einem Freund» über seinen jüngsten Besuch bei dem «großen, einfachen, guten alten Mann» William Herschel (zu diesem Zeitpunkt war Herschel 75 Jahre alt). Campbell zufolge sagte Herschel Folgendes (kursiv Gedrucktes stammt aus der Originalquelle):

Ich habe *tiefer ins Weltall geschaut als jeder Mensch vor mir*. Ich habe Sterne beobachtet, deren Licht nachweislich zwei Millionen Jahre brauchte, um die Erde zu erreichen.

Das war eine bemerkenswerte Beobachtung, denn sie zerstörte ausdrücklich jede Möglichkeit einer Erschaffung des Universums vor lediglich 6000 Jahren, dennoch scheint Herschels Einsicht größtenteils ignoriert oder vergessen worden zu sein, selbst von jenen, die Chroniken über das wissenschaftliche Verständnis vom Alter des Universums verfassten.

Katastrophen und allmählicher Wandel

Herschel mag seiner Zeit voraus gewesen sein, aber im Lauf der nächsten hundert Jahre war die wichtigste Veränderung zur Bildung einer vernünftigen Ansicht über das Alter des Universums nicht unbedingt eine spezielle Theorie, sondern eine andere Auffassung von den Ereignissen, die zu der augenblicklichen Form des Universums und der Erde geführt haben könnten. Die Bibel beschreibt urplötzliche Veränderungen. Der Genesis zufolge geschah der Übergang vom Nichts zur Erde in der Form, wie wir sie heute kennen, in einem einzigen Tag. Die Erdoberfläche sollte mit der Sintflut noch einmal drastisch verändert werden. Das waren katastrophale Veränderungen, kein allmählicher evolutionärer Wandel.

Deswegen hielt sich die Vermutung, dass alles, was wir sehen können, auf gewaltige, plötzliche und dramatische Art und Weise in Erscheinung getreten sein musste. Die Wissenschaft jedoch sammelte immer mehr Hinweise darauf, dass in natürlichen Prozessen allmählicher Wandel vorherrscht. Als die Wissenschaftler erstmals eine Erklärung entwickelten, wie Sedimentgestein sich aufschichtete, entdeckten sie keinen plötzlichen dramatischen Wandel, sondern wie sich ganz allmählich eine Schicht über die andere legte. Charles Darwin, der in seinem Frühwerk sowohl Geologe als auch Biologe war, dachte an denselben allmählichen Prozess, als er seine Evolutionstheorie durch natürliche Selektion formulierte. Bei ihm gab es kein plötzliches und dramatisches Auftauchen von Arten, sondern einen sehr langsamen schrittweisen Wandel über viele tausend oder Millionen Jahre hinweg.

Dieser Wandel in der Einstellung zu dem Prozess, durch den Erde und Universum ihre gegenwärtige Form erhielten, hat auch einen starken Einfluss auf kosmologische Vorstellungen. Hielt man einst die Anfänge für katastrophale Ereignisse, wurden sie jetzt als viel gleichförmiger, langsamer und dauerhafter betrachtet. Obwohl dieser Ansatz nach dem «Gleichförmigkeitsprinzip» die Wissenschaft seither dominiert hat, führte uns in letzter Zeit das Verständnis für den Wandel komplexer Systeme – von Malcolm Gladwell als die «Trendwende» oder als der Umkipppunkt bezeichnet, auch häufig illustriert als der Schmetterlingseffekt aus der Chaostheorie – seltsamerweise zu folgender Erkenntnis: Während ein großer Teil des Wandels allmählich und gleichförmig geschieht, ist es sehr leicht, ein komplexes System in einen Zustand zu bringen, wo äußerst geringfügige Modifikationen der Anfangsbedingungen zu einem umfassenden und rasch sich verändernden Ergebnis führen.

Was war zuerst da? Die Erde oder das Universum?

Wegen der Schwierigkeit, kosmologische Tatsachen genauer zu bestimmen, kam es häufiger vor, dass beim Versuch, das Alter der Erde zu datieren, das Alter des Universums aus dem Blickfeld geriet. Für Geologen, die einen direkten Zugriff auf das Material haben, ist die Aufgabe leichter als für Kosmologen. Dieser Umstand führte gelegentlich zu peinlichen Ergebnissen, die das taxierte Alter des Universums geringer erscheinen ließen als die beste Schätzung des Erdalters.

Anfangs war das kein Problem, weil es mit Ausnahme von Herschels weitblickender Beobachtung nur sehr wenige Daten aus astronomischen Quellen gab, die man nutzen konnte, um das Alter des Universums zu berechnen, während gleichzeitig immer mehr Beweise zusammenkamen, die auf ein Mindestalter der Erde verwiesen. Obwohl dies der Fall war, konnte man nichts falsch machen, wenn man ungeachtet des wahren Alters der Erde behauptete, das Universum müsse mindestens genauso alt sein. Als man aus geologischen Studien schloss, die Erde müsse mindestens eine Milliarde Jahre alt sein, ließ sich der Ursprung des Universums ebenfalls auf dieses Alter beziffern.

Selbst bei der Arbeit an weniger eindrucksvollen Projekten als dem Alter des ganzen Universums hat es Widersprüche bei der Datierung gegeben. Als sich gegen Ende des 19. Jahrhunderts abzeichnete, dass die Erde entgegen früheren Vermutungen sehr viel älter war, gab es keine vernünftige Erklärung für die Funktionsweise der Sonne, weil das Konzept der Kernfusion einfach nicht existierte. Setzte man die Verbrennung von Material voraus, wie etwa ein gigantisches Kohlenfeuer, blieb der Sonne eine maximale Lebensspanne von nur wenigen Millionen Jahren, was für ihre Rolle als Heimatstern einer wesentlich älteren Erde viel zu wenig war.

Ein Vortrag des Astronomen Sir Arthur Eddington über die Ausdehnung des Universums vor der British Association for the Advancement of Science im September 1933 liefert ein gutes Beispiel für einen Zeitpunkt, als das Alter des Universums geringer zu sein schien als das der Erde. Eddington, dem wir noch häufig begegnen werden, war ein enorm einflussreicher Astronom und Anhänger der Einstein'schen Relativitätstheorie. Er gehörte zu den Gründungsmitgliedern der Disziplin, die Astronomie und Physik zur Astrophysik verschmolzen. Er war 1882 in Kendal, im englischen Lake District, geboren und in Manchester und Cambridge ausgebildet worden, wo er sein ganzes Berufsleben verbrachte, sieht man einmal von der kurzen Zeit an der Sternwarte in Greenwich ab. Außerdem war er einer der ersten Forscher, die populärwissenschaftliche Bücher für Laien schrieben und entsprechende Vorträge hielten.

1933 wurde das Alter des Universums bestimmt, indem man die aktuelle Fortbewegung der Galaxien voneinander im Lauf der Zeit hochrechnete. Und so kam, Eddington zufolge, als Ergebnis eine Zahl von «nicht mehr als zwei Milliarden Jahren» zustande. Und das zu einem Zeitpunkt, als die Erde schon mehr als drei Milliarden Jahre alt sein sollte. Aber, wie Eddington ausführte, «setzte dies voraus, dass die Geschwindigkeit der Nebelsysteme immer gleich groß gewesen sein musste. Berücksichtigte man jedoch die Gravitationsanziehung für das Auseinanderstreben gegenüber der Anziehung mit größeren Geschwindigkeiten in der Vergangenheit als heute, verringerte das die Zeit noch weiter auf, sagen wir, [eine Milliarde] Jahre.»

Mit anderen Worten: Nehmen wir an, die Ausdehnung des Universums verlangsamte sich, was wahrscheinlich zutraf, weil ja die Galaxien eine gegenseitige Gravitationsanziehung ausüben, muss das Universum am Anfang noch schneller auseinandergeflogen sein als heute. Und das heißt, das Universum ist sogar noch jünger, als wir glauben. Vergleicht man unter dieser Voraussetzung das Alter von Universum und Erde, verschärft sich die Krise noch.

Schon 1933 wurde eine frühe Version der später so genannten «Dunklen Energie» in Umlauf gebracht. Diese «kosmische Abstoßungskraft» sollte bewirken, dass sich die Galaxien beschleunigt voneinander fortbewegten. Das bedeutete, die Bewegung war anfangs langsamer, sodass das Universum mehr Zeit hatte, ins Dasein zu treten. Eddington schätzte, dieser Kunstgriff verlängerte das Alter des Universums auf bis zu 10 Milliarden Jahre, was wiederum der Erde genügend Zeit zur Entwicklung ließe. Aber einige Astrophysiker äußerten ihre Bedenken und meinten, es sei immer noch nicht genügend Zeit, um alle Sterne entstehen zu lassen, sodass zu diesem Zeitpunkt die kosmische Abstoßungskraft als ein allzu verrücktes Konzept betrachtet wurde.

RR Lyrae eilt zu Hilfe

Mitte der 1940er Jahre war die Ansicht, das Universum sei nur halb so alt wie die Erde, noch immer weit verbreitet, taugte aber nicht mehr als vertretbare Position. Seltsamerweise ging zumindest die Einsicht, es möglicherweise nicht mit dem wahren Alter des Kosmos zu tun zu haben, aus einer Studie hervor, in der es um die Bestimmung der Größe des Universums ging. Erinnern wir uns an die veränderlichen Sterne, die Cepheiden genannt und als Standardkerzen für Entfernungsmessungen eingesetzt werden. Und weil der Gebrauch von Standardkerzen eben nur eine Mutmaßung war, wäre es ideal gewesen, ein anderes Maß zu finden, mit dem man die veränderlichen Cepheiden überprüfen konnte. Es gab noch andere Arten veränderlicher Sterne, und deshalb hoffte man darauf, sie in derselben Galaxie zu finden, in der man die Cepheiden aufgespürt hatte, denn dadurch wäre man in der Lage gewesen, die damit verbundenen Entfernungen zu bestätigen. Noch immer hieß es «Daumen drücken und hoffen», dass veränderliche Sterne derselben Frequenz auch genauso hell waren. Eine Bestätigung hätte diese wesentliche Unsicherheit kaum beenden, aber den Zahlen zumindest ein gewisses Gewicht verleihen können. Man wählte die veränderlichen RR-Lyrae-Sterne aus (die ebenfalls nach dem Ort benannt wurden, an dem sie erstmals identifiziert worden waren). Es gab eine ganze Palette veränderlicher Sterne. Manche ließen sich aus verschiedenen Gründen gegen die an- und abschwellenden Cepheiden abgrenzen und von wieder anderen Sternen mit abweichendem oder unregelmäßigem Pulsieren unterscheiden. Die veränderlichen RR-Lyrae-Sterne sind den Cepheiden sehr ähnlich, leuchten aber deutlich schwächer.

Der merkwürdige Name «RR Lyrae» passt eher zu einem Dampfschiff als zu einem Himmelskörper und bezieht sich auf einen besonderen Stern. Traditionellerweise werden Sterne in einer Konstellation nach ihrer «Bayer-Bezeichnung» benannt – ein Ansatz, der auf den deutschen Astronomen Johann Bayer aus dem 17. Jahrhundert zurückzuführen ist. Er begann damit, den Sternen Namen zu geben, und benutzte dafür jeweils einen Buchstaben des griechischen Alphabets, dem (verwirrenderweise) der Genitiv der lateinischen Version des Sternbilds folgte.

So wurde beispielsweise aus dem Sternbild Zentaur der lateinische Centaurus. Der Genitiv (mit der Bedeutung: «des Zentauren») heißt Centauri, und der erste Stern ist α Centauri (Alpha Centauri), der, abgesehen von der Sonne, zufällig der erdnächste Stern ist. (Um den Fall noch komplizierter zu machen, besteht Alpha Centauri eigentlich aus drei Sternen, die einander umkreisen, und Proxima Centauri, der Stern mit der schwächsten Leuchtkraft der drei, ist uns am nächsten.) Wie genau der «erste» in einem Sternbild bestimmt wird, ist eine ziemlich vertrackte Angelegenheit. Obwohl die Rangfolge eigentlich nach der Helligkeit aufgestellt werden soll, hatte sich dieses Verfahren im 17. Jahrhundert noch nicht so gut durchgesetzt, sodass Bayer häufig nur annähernde Helligkeitswerte mit dem jeweiligen Ort verknüpfen konnte.

Die Namen marschierten durchs griechische Alphabet, anschließend durch das moderne Alphabet der Kleinbuchstaben. Gelegentlich kam es vor, dass Bayer mehr brauchte, dann fügte er noch die Großbuchstaben des modernen Alphabets hinzu, kam aber nie über Q hinaus. Als es zur Benennung der veränderlichen Sterne kam (wobei wir annehmen, dass sie nicht schon einen Namen erhalten hatten), fing man mit R an und hörte mit Z auf, dann von RR bis RZ, von SS zu SZ und so weiter. Als die Astronomen schließlich von AA bis QZ gegangen waren (und dabei das J wegen seiner Ähnlichkeit mit dem I unberücksichtigt ließen), hielten sie sich an eine modernere Konvention und verwendeten das V für Veränderliche, gefolgt von einer Zahl, die mit 335 anfing, weil es bereits 334 Buchstabenvarianten gegeben hatte. Niemand hat je behauptet, dass Astronomen die Einfachheit lieben.

RR Lyrae ist also der zehnte veränderliche Stern im Sternbild der Leier (Lyra), aber er ist der maßgebende Stern für diesen speziellen Typ von veränderlichen Sternen. Obwohl die veränderlichen RR-Lyrae-Sterne den Cepheiden ähneln, lassen sie sich dennoch als die Sterne unterscheiden, die weniger massereich sind und eine kürzere Pulsrate haben. Wie gut, dass es diese Unterscheidung gibt, sonst wäre es nicht möglich, herauszufinden, ob ein schwächerer Stern ein naher RR-Lyrae-Stern wäre oder ein weiter entfernter Cepheiden-Stern. Bis Mitte der 1940er Jahre waren RR-Lyrae-Sterne noch in keiner anderen Galaxie entdeckt worden, noch nicht einmal in der relativ nahen Andromedagalaxie.

Der fehlende Stern

Allerdings verbessert die Astronomie auch ständig ihre Instrumente, sodass 1948 der amerikanische Triumph des 2,5-Meter-Teleskops auf Mount Wilson von einem neuen Instrument auf Mount Palomar übertroffen wurde. Auch hierfür war das California Institute of Technology, erneut unter der Schirmherrschaft der Carnegie-Stiftung, verantwortlich. Die Leitung hatte George Hale, nach dem das Teleskop auch benannt wurde. Es hatte einen beeindruckenden Spiegel von 5 Metern Durchmesser. Darüber hinaus war das neue Teleskop weiter vom einschränkenden Lichtschein der Großstädte entfernt, was ihm einen mächtigen Vorsprung vor seinem älteren Verwandten gab.

Für Amerika war dies ein bedeutender Schritt. Als ich in den 1960er Jahren anfing, mich für Astronomie zu interessieren, war das Palomar-Teleskop noch immer das leistungsstärkste der Welt, ein wunderschönes Ungeheuer, das allergrößte der traditionellen Rieseninstrumente, das nur durch die Umstellung auf neue Technologien, ermöglicht durch Computer und Entwicklungen in der Optik, geschlagen werden sollte. Die schiere Größe des Spiegels, hergestellt aus 65 Tonnen Glas, ist phänomenal. Es dauerte 15 Jahre, bis es fertig war, unterbrochen vom Zweiten Weltkrieg. Und als 1948 Spiegel und Teleskop mit einer 500 Tonnen schweren Montierung ihrer Bestimmung übergeben wurden, war Hale schon zehn Jahre tot.

Der Astronom Walter Baade war bereits ein Experte für veränderliche RR-Lyrae-Sterne, als er das gewaltige Hale-Teleskop auf Mount Palomar regelmäßig benutzte. Baade, 1893 im deutschen Schröttinghausen geboren, emigrierte 1931 in die Vereinigten Staaten und lebte dort bis zum Ende seiner Laufbahn. Er war von der glänzenden Idee inspiriert, Hubbles Entfernungsdaten zu überprüfen, auf denen das Alter des Universums beruhte, indem er veränderliche RR-Lyrae-Sterne in der Andromedagalaxie finden und ihre Periode messen wollte – das Tempo, mit dem sich die Helligkeit des Sterns verändert. So weit, so gut. Aber sosehr er sich auch bemühte, er konnte keine finden.

Außerhalb der Wissenschaft ließ sich diese Art des Scheiterns als ein Desaster betrachten – und selbst in der Wissenschaftlergemeinde kann das Misslingen eines Experiments die Karriere ruinieren –, manchmal aber führt ein Fehlschlag zu Daten, die nützlich sind und für sich selbst sprechen. Als es beispielsweise den amerikanischen Physikern Michelson und Morley nicht gelang, einen Beweis für die Existenz von Äther zu finden, lösten sie damit eine Kette von Ideen aus, die schließlich zu Einsteins spezieller Relativitätstheorie führten. Und als Baade keine veränderlichen RR-Lyrae-Sterne in der Andromedagalaxie fand, konnte er mit einer Schlussfolgerung aufwarten, die unsere wissenschaftliche Perspektive verändern sollte.

Es ist natürlich möglich, dass es mit der Andromedagalaxie etwas Besonderes auf sich hatte, was zu der Erkenntnis führte, es gäbe dort keine RR-Lyrae-Sterne. Doch wie Hubbles Arbeit gezeigt hatte, gab es Cepheiden und keinen Anhaltspunkt dafür, dass Andromeda so viel anders beschaffen ist als unsere eigene Galaxie. Es blieb offenbar nur noch eine einzige andere Möglichkeit übrig: dass die veränderlichen RR-Lyrae-Sterne zwar da waren, Baade sie aber nicht sehen konnte.

Angesichts der relativen Stärke des Hale-Teleskops und seiner Vorgänger hätte es eigentlich diese veränderlichen Sterne aufspüren müssen. Sofern also nicht die ganze Andromedagalaxie von einer das Licht abschwächenden Staubwolke eingehüllt war (was gemäß früheren Beobachtungen nicht der Fall zu sein schien), erhöhte sich damit die Wahrscheinlichkeit, dass die Andromedagalaxie weiter entfernt war, als Hubble es vermutet hatte. Sehr viel weiter.

Die falsche Art von Cepheiden

Zuerst schlug Hubble mit der Hilfe von Cepheiden als Standardkerzen 900 000 Lichtjahre für die Entfernung zur Andromedagalaxie vor – ein Wert, den er später ein wenig nach unten korrigierte. Sollte Baade recht haben, waren diese 900 000 Lichtjahre viel zu kurz. So beschäftigte er sich mit Hubbles ursprünglicher Vermutung und fand dort einen entscheidenden Messfehler, der aufgrund des damals nicht vorhandenen Wissens unbemerkt geblieben war.

Das ganze Konzept, die Cepheiden als Standardkerzen zu benutzen, beruht auf der fehleranfälligen Vermutung, alle veränderlichen Cepheiden ähnelten sich, sodass man aus der Frequenz ihres Pulsierens auf ihre Helligkeit schließen könne. Seit den 1920er Jahren hatten die Astronomen jedoch ein besseres Verständnis der Naturgeschichte von Sternen gewonnen. Sterne bilden sich aus der Verschmelzung von Gas und Staub. Während der Sternenkörper immer größer wird, nimmt auch die Gravitationsanziehung zu, die die Materie zusammendrückt. Sterne bestehen aus den Trümmern, die sich in der Gegend befinden, in der sich der Stern bildet.

Im frühen Universum gab es kaum etwas anderes als Wasserstoff und Helium (sowie viel kleinere Mengen Lithium und Beryllium) – Elemente, die vermutlich aus dem Urknall und dem ihm folgenden Feuerball stammten. Also hatten die ältesten Sterne nicht viel mehr als das zu bieten. Jüngere Sterne wie unsere Sonne entstanden erst, nachdem die schwereren Elemente in der ersten Sternengeneration geschmiedet und nach den Explosionen von Supernovae im ganzen Universum verbreitet worden waren. Deshalb gibt es in diesen jüngeren Sternen, zu denen auch die Sonne gehört, erheblich mehr schwerere Elemente. Solche Sterne scheinen heller und gehören zur Kategorie Population I, während die älteren Sterne mit viel weniger schweren Elementen zur Population II zählen.

Obwohl stufenweise Abweichungen auftreten, gibt es zwischen ähnlichen Sternen der Population I und II eindeutige Helligkeitsdifferenzen, was auf veränderliche Cepheiden genauso zutrifft wie auf jeden anderen Stern. Der von Baade entdeckte Fehler Hubbles bestand in dessen Vermutung, die veränderlichen Cepheiden, die er in der Andromedagalaxie gesehen hatte, seien die gleichen wie die lichtschwächeren, älteren veränderlichen Sterne der Population II, die anfangs benutzt worden waren, um die zuerst in der Milchstraße aufgespürten Standardkerzen zu eichen. In Wirklichkeit waren es aber Population-I-Sterne, die erheblich heller waren, als es Hubbles Mutmaßungen entsprach. Diese Helligkeit erleichterte es Hubble zwar, die Sterne auszumachen, ließ ihn jedoch falsche Schlüsse über die damit verbundenen Entfernungen ziehen.

Sobald sich die Astronomen über die Unterschiede zwischen Sternen der Populationen I und II klar geworden waren, war es relativ einfach, die Abweichungen aus der spektroskopischen Analyse abzuleiten. Deshalb fing Baade jetzt an, die veränderlichen Cepheiden zu überprüfen, und sie fielen auch entsprechend eindeutig in zwei Klassen, von denen die eine rund viermal so hell war wie die andere.

Die Helligkeit des Lichts gehorcht dem sogenannten Gesetz des umgekehrten Quadrats. Sie lässt mit dem Quadrat der Entfernung des Beobachters von der Quelle nach. Warum das so ist, lässt sich leicht erklären. Aus dem Geometrieunterricht erinnern Sie sich vielleicht, dass man die Oberfläche einer Kugel durch die Formel $4\pi r^2$ erhält. Sie hängt also vom Quadrat des Kugelradius ab. So erhöht sich die Fläche um einen Stern, die dadurch definiert ist, wie viel Licht aus ihm hervorgeht, um das Quadrat des Radius, was der Entfernung von der Quelle entspricht. Ist ein Stern viermal heller, als man anfangs glaubte, ist er doppelt so weit entfernt, wie man zunächst vermutete.

Mit dieser neuen Erkenntnis schien die Andromedagalaxie doppelt so weit entfernt zu sein, nämlich 1,8 Millionen Lichtjahre. Und das war jetzt der neue Maßstab, mit dem andere galaktische Messungen vorgenommen wurden. Deshalb wuchs das ganze Universum plötzlich um den Faktor Zwei. Da die meisten Astronomen Eddingtons kosmische Abstoßung ignorierten – schließlich war es ja ein wirklich groteskes Konzept –, konnte das Universum jetzt immerhin 3,6 Milliarden Jahre alt sein. Das ließ die Erde im Vergleich zum Universum zwar immer noch recht alt aussehen, aber zumindest war jetzt die Peinlichkeit vom Tisch, dass das Kind älter war als die Mutter.

Die Entdeckung des Geburtstags der Erde

Zufällig war damals auch das Alter der Erde falsch bestimmt worden. Geologen mochten es leichter haben als Astronomen, da sie die Erde unmittelbar berühren und untersuchen können. Dennoch war selbst die Beurteilung des Alters bestimmter Steine nicht gerade eine Aufgabe, die man nebenbei erledigen konnte, ganz zu schweigen davon, wenn es um den ganzen Planeten ging. Erst ein Durchbruch in der Physik erlaubte es, das Alter der Erde präzise zu ermitteln.

Der Mann, der den Stein buchstäblich ins Rollen brachte, gehörte zu den überragenden Persönlichkeiten der experimentellen Physik. Ernest Rutherford haben wir bereits durch seinen Spott über das «Briefmarkensammeln» kennengelernt. Er hatte schottisch-englische Eltern und wurde 1871 in Nelson, Neuseeland, geboren. Den größten Teil seiner Laufbahn absolvierte er an den englischen Universitäten Manchester und Cambridge. Doch zur Jahrhundertwende arbeitete er an der McGill-Universität in Montreal. 1902 schrieben er und sein Kollege Frederic Soddy einen Artikel, in dem sie vorschlugen, das neuentdeckte Konzept des radioaktiven Zerfalls könne genutzt werden, um das Alter von Steinen festzustellen.

Marie Curie in Frankreich und andere Forscher hatten entdeckt, dass unterschiedliche Materialien ihre Struktur im Lauf der Zeit verändern. So durchläuft beispielsweise Uran einen radioaktiven Zerfall, der es in Blei umwandelt. Das Tempo der Umwandlung war so beständig, dass man den Zerfall als eine Uhr einsetzen konnte.

Hatte man einen Stein, der zur Zeit seiner Entstehung etwas Uran enthielt, ließ sich sein Alter schätzen, indem man prüfte, wie viel Uran sich in Blei verwandelt hatte.

Auf dem Weg zur präzisen Altersbestimmung tauchten einige Probleme auf. Schaute man in die Vergangenheit, musste man sich auf Vermutungen stützen, wie radioaktive Materialien in der Vergangenheit vorhanden gewesen waren. Einige der Methoden zur kurzfristigen Datierung benutzten zum Beispiel radioaktiven Kohlenstoff. Sie waren nur dann akkurat, wenn sie an die Ringe in sehr alten Bäumen angeglichen wurden. Doch heute können wir mit einiger Gewissheit sagen, dass die Erde 4,53 Milliarden Jahre alt ist. Dieses Alter scheint auch auf den Rest des Sonnensystems zuzutreffen. Bisher ist noch nichts gefunden worden, das älter ist.

Gegenseitige Kontrolle

Im Vergleich zur zeitgenössischen Auffassung vom Alter der Erde war Baades Universum immer noch viel zu jung. Aber dank eines weiteren wichtigen wissenschaftlichen Grundsatzes sollte es nicht so bleiben. Einmalige Beobachtungen und Messungen sind nützlich, wenn man ein Signal setzen möchte, aber man sollte sie nie als endgültig betrachten. Damit ein Experiment anerkannt werden kann, muss es wiederholbar sein. Ein anderer sollte in der Lage sein, dieselben Ergebnisse in einem anderen Labor zu erzielen. Ebenso muss eine astronomische Beobachtung wiederholt werden, idealerweise von jemandem, der einen anderen Standpunkt vertritt, um sicherzugehen, dass die Beobachtung den Anforderungen entspricht.

Mit diesem Grundsatz im Hinterkopf beauftragte Baade seinen Assistenten Allan Sandage, seine Messungen durch neue Beobachtungen zu überprüfen, was erneut Verwirrung über das Alter des Universums stiftete. Sandage fand keine Fehler bei Baades Messungen innerhalb der Andromedagalaxie, dafür aber in der Art und Weise, wie diese Messungen anschließend auf fernere Galaxien ausgeweitet wurden, um die Größe des Universums zu berechnen und es somit zeitlich bis zu seinem Anfang zurückzuverfolgen.

Erinnern wir uns, dass Hubble die einzig verfügbare Methode angewandt hatte, entfernte Galaxien zu vermessen. Da draußen waren keine Cepheiden sichtbar (womit auch Baade konfrontiert war), deshalb wurde der hellste Stern in der Andromedagalaxie als Maßstab benutzt. Man nahm an, dass diese Sterne im Vergleich mit dem hellsten Stern in einer fernen Galaxie tatsächlich gleich hell waren. Wenn sie offenbar, sagen wir, ein Sechzehntel der Helligkeit besaßen, waren sie viermal so weit entfernt.

Der große Vorteil, den Sandage gegenüber Hubble hatte, war die Fototechnik der 1950er Jahre, die eine höhere Auflösung bot. Viele Jahre lang hatten Astronomen schon nicht mehr durch Linsen in den Himmel geschaut. Sie hatten ihre Messungen auf fotografischen Platten vorgenommen, weil dadurch eine längere Belichtung möglich war, was die von einem fernen Stern eingefangene Lichtmenge erhöhte. Obwohl Sandage meistens am selben Teleskop auf dem Mount Wilson arbeitete wie Hubble, war die Technik der Fotografie rasch vorangekommen und brachte viel detailgetreuere Bilder hervor. Anfangs mag Sandage erschrocken gewesen sein, doch dann wandelte sich die Reaktion auf seine ursprüngliche Entdeckung wahrscheinlich in Freude, denn die «hellsten Sterne» in vielen dieser Galaxien waren überhaupt keine Sterne.

Viele Galaxien enthalten riesige Wasserstoffgaswolken, die nicht genügend zusammengewachsen sind, um Sterne zu bilden. Allerdings haben diese Wolken, Jahrmilliarden ununterbrochen dem Sternenlicht ausgesetzt, Energie gewonnen und sind dabei heiß genug geworden, um aus eigener Kraft zu erstrahlen, auch wenn ihnen die Kernreaktionen eines Sterns fehlen, die die Energie für das Leuchten liefern. Dieser Vorgang lässt sich mit der Erhitzung eines Stücks Metall bis zur Rotglut in einem Schmiedeofen vergleichen. Das Metall selbst hat keine Wärmequelle, aber die von außen gewonnene Energie lässt es leuchten. Mit der zusätzlichen Auflösung, die Sandage zur Verfügung stand, konnte er erkennen, dass diese «hellsten Sterne» häufig ebenjene glühenden Wolken und nicht etwa einzelne Sterne waren.

Als die Wolken erst einmal aussortiert waren, erwiesen sich die hellsten Sterne viel leuchtschwächer als anfangs angenommen. Und das hieß wiederum: Jede Galaxie, in der dies geschah, war weiter entfernt, als Hubble und Baade vermutet hatten. Obwohl unser nächster Nachbar in der Andromedagalaxie sich nicht verschob, wurden plötzlich die Lücken zu den weiter entfernten Galaxien größer. Das Universum war jetzt mindestens 5,5 Milliarden Jahre alt, was sogar dem aktuellsten Alter der Erde entgegenkam. Diese Suche entwickelte sich für Sandage zur Lebensaufgabe. Er sammelte fleißig bessere Daten, die offenbar die Grenzen des Universums immer weiter nach außen schoben. Gegen Ende der 1950er Jahre lagen die Schätzungen für das Alter zwischen 10 und 20 Milliarden Jahren.

Viele Jahre lang sollte – allen Verfeinerungen dieser Schätzung zum Trotz – der Wert regelmäßig schwanken. Erst im 21. Jahrhundert konnte man einer ziemlich genauen Zahl vertrauen, die auf einer ganz anderen und eher theoretisch begründeten Methode beruhte.

13 Milliarden Jahre

Noch zu Beginn des 21. Jahrhunderts schwankten die Zahlen zwischen 16 und 12 Milliarden Jahren auf der Grundlage des radioaktiven Zerfalls von Elementen und dem offensichtlichen Alter der ältesten beobachtbaren Sterne, aber der WMAP-Satellit wird von vielen als das Instrument betrachtet, das die nähere Bestimmung mit ziemlicher Gewissheit auf 13,73 Milliarden plus minus 0,12 Milliarden Jahre ermöglichte. Es sollte jedoch betont werden, dass es kein wundersames Kennzeichen in den vom WMAP-Satelliten gesammelten Daten gibt, das diese Zahl mit Bestimmtheit festlegen kann. Die Datierung beruht auf einem Modell des Universums mit der Bezeichnung «Lambda-CDM-Modell» (Lambda steht für die kosmologische Konstante und CDM für cold dark matter – Kalte Dunkle Materie). Mit seiner Hilfe lassen sich maßgebliche Vermutungen über die Beschaffenheit des Universums anstellen.

Es ist ein überraschend einfaches Modell mit nur sechs Parametern – Zahlen wie die Hubble-Konstante, die das Tempo der Expansion des Universums beschreibt, und die kosmologische Konstante, die den Einfluss der Dunklen Energie berücksichtigt, dieser geheimnisvollen Kraft, die die Ausdehnung des Universums beschleunigt. Stützt man sich bei der Messung auf dieses Modell, bedeutet das Folgendes: Falls einige der anderen Modelle des Universums, denen wir später noch begegnen werden, besser als das Lambda-CDM-Modell sind, dann sind die 13,7 Milliarden Jahre, die Sie häufig als Tatsache aufgeführt sehen, nicht substanziell begründet, sodass wir auf die vagen, aber besser untermauerten Zahlen zurückgreifen müssen, die früher für die Rückverfolgung der Zeitspanne bis zum Urknall (oder seiner Entsprechung in unterschiedlichen Modellen) benutzt wurden.

Manche Forscher jedoch betrachteten den Streit um das Alter des Universums als Zeitverschwendung. Für sie war die bloße Vorstellung, das Universum könnte zu einem bestimmten Zeitpunkt entstanden sein, wissenschaftliche Ketzerei. Sie waren der Meinung, das Universum könne schlicht unmöglich aus dem Nichts entstanden sein, insbesondere falls ein religiöser Beigeschmack damit verbunden sei. Und wie wir ja bereits gesehen haben, war es wenig hilfreich, dass George Lemaître, der Urheber der Gedanken, die schließlich zur Urknalltheorie führten, ein katholischer Priester war. Als Hubbles Werk die Vorstellung von der Expansion des Universums nahelegte, die sich bis zum Anfangspunkt zurückverfolgen ließ, bestanden diese Wissenschaftler darauf, dieses Konzept stimme nicht mit dem Universum überein, wie sie es verstünden. Daher müsse eine Fehlinterpretation der Daten vorliegen.

In diesem Stadium gab es noch viele Ungereimtheiten, was die

Beschaffenheit des Universums betraf. Die größte Ungewissheit war mit der Frage nach seinem Ursprung verbunden. Immerhin blicken wir einige Milliarden Jahre zurück. Wie können wir sicher sein, dass es so etwas wie den Urknall überhaupt jemals gegeben hat?

5. EIN KNALL ODER EIN WINSELN?

> Die Einrichtung des Weltgebäudes ist gewiss sehr
> viel leichter zu erklären als die einer Pflanze.
>
> *Georg Christoph Lichtenberg (1742–1799)*

Obwohl der Urknall das bei weitem anerkannteste Modell des Ursprungs des Universums ist, wirft es einige nicht zu unterschätzende Probleme auf. Es ist eine zusammengewürfelte Theorie, deren Grundgedanke nicht mit den späteren Beobachtungen übereinstimmt. Deshalb mussten zusätzliche Bestandteile hinzugefügt werden, damit die Theorie an die bereits bekannten Daten angepasst werden konnte. Und wie es sich nun einmal mit jeder Kosmologie – dem Studium der Beschaffenheit des Universums – verhält, leidet sie darunter, dass sie auf Indizienbeweisen beruht, die zum Teil so dünn sind, dass sie selbst vor Gericht kaum eine Chance darauf hätten, standzuhalten.

Eine spekulative Wissenschaft

Im Vergleich zu den meisten Wissenschaften leidet die Kosmologie am fehlenden experimentellen Ansatz. Es wird nie möglich sein, Experimente durchzuführen, jedenfalls nicht mit dem Universum als Ganzem unter kontrollierten Bedingungen und mit verwertbaren Ergebnissen. Stattdessen muss man Beobachtungen anstellen. Dabei geht es häufig um Objekte, die so weit entfernt sind in Raum und Zeit, dass man sie höchstens indirekt studieren kann und anschließend versuchen muss, Schlussfolgerungen abzuleiten. Dabei kommen dann unausweichlich auch ziemlich viele Schätzungen ins Spiel.

Zu Recht oder zu Unrecht tragen Wissenschaftler zu der Verwirrung bei, indem sie sich auf die Bestandteile der aktuellen populären kosmologischen Theorien so beziehen, als wären sie absolute Wahrheiten. Wir können nie wirklich etwas beweisen. Ich kann nicht beweisen, dass die Sonne morgen aufgehen wird. Ich kann nur behaupten, dass es erfahrungsgemäß so sein wird. Das Gleiche gilt für jede wissenschaftliche Theorie von Newtons Bewegungsgesetzen bis zu den Gasgesetzen von Boyle. Ich kann beweisen, dass sie mit allen bisherigen Beobachtungen übereinstimmen, aber ihre absolute Richtigkeit kann ich nicht beweisen.

Deshalb ist es so seltsam, wenn diejenigen, die eine Abneigung gegen die Evolutionstheorie haben, lamentieren, es sei ja «nur eine Theorie». Denn die gesamte Wissenschaft ist ja nur eine Ansammlung von Theorien. Einigen wird zwar die Bedeutung von Gesetzen zugestanden, in Wirklichkeit aber nehmen sie alle augenblicklich nur den Rang bester Theorien ein und werden in der Zukunft vermutlich modifiziert oder ersetzt werden. Dies geschah natürlich auch mit Newtons Gesetzen. Die Relativitätstheorie zeigte, dass sie nur Spezialfälle sind, die zufällig dann gelten, wenn ein Objekt sich nicht mit annähernder Lichtgeschwindigkeit fortbewegt, was auf uns Menschen wohl in den meisten Fällen zutrifft.

In der Wissenschaft kann ich also nichts beweisen, aber ich kann leicht etwas widerlegen. Wenn ich sage, die Sonne wird morgen nicht aufgehen, und sie tut es dann trotzdem, ist meine Theorie gründlich ruiniert. Sollte ich etwas finden, das den Newton'schen Gesetzen nicht gehorcht, dann trifft die Theorie unter diesen besonderen Umständen nicht zu. Nur wenn wir etwas widerlegen können, liegt ein absolut sicherer wissenschaftlicher Beweis vor. Allerdings werden viele wissenschaftlichen Theorien von einer großen Menge experimenteller Daten gestützt, sodass sie äußerst nützlich sind. Da die Kosmologie aber nicht auf solche Daten zurückgreifen kann, stehen einige der Vorhersagen und Hypothesen auf wackliger Grundlage.

So sind einige Dinge, auf die wir gleich zu sprechen kommen

Volker Sdun
Frankenstraße 5
63828 Kleinkahl

werden – Schwarze Löcher, Dunkle Materie, Dunkle Energie, Wurmlöcher im Weltall und sogar der Urknall selbst –, ausnahmslos Ableitungen und Schlussfolgerungen. Es gibt Theorien, die die Existenz dieser Phänomene unnötig machen. Gut möglich, dass es sie da draußen gibt, aber es muss nicht unbedingt so sein. Die beliebtesten Theorien der Kosmologen und die uns augenblicklich zur Verfügung stehenden Daten sprechen für ihre Existenz. Allerdings haben wir es hier mit einem anderen Grad der Gewissheit zu tun im Vergleich zu der Bestimmtheit, mit der wir beispielsweise sagen können, die Sonne existiere oder die Erde drehe sich um sie.

Manchmal kommt uns der Begriff «die wissenschaftliche Methode» zu Ohren, als gebe es nur einen einzigen Weg, Wissenschaft zu betreiben. Ohne experimentelle Bestätigung muss die Kosmologie einen geringfügig anderen Ansatz wählen. Angesichts der Urknallhypothese versuchen Wissenschaftler zu beschreiben, was die Auswirkungen einer solchen Annahme sind, und suchen anschließend nach Beweisen, die mit diesen Folgen übereinstimmen. Falls die Beobachtungen zu anderen Ergebnissen führen, dann stimmen womöglich die Beobachtungen nicht. Auch könnten die Ableitungen falsch sein, die zur Folgerung führten, oder die ursprüngliche Hypothese war nicht korrekt.

Im Fall des Urknalls sieht es so aus, als sei die Chance äußerst gering, irgendetwas Messbares zu finden, das uns Einsicht verschaffen könnte, ob er tatsächlich stattfand. Sollte er sich in der Tat ereignet haben, geschah dies vor vielen Milliarden Jahren in einem Universum, das mit unserem Universum keinerlei Ähnlichkeit hatte – ein winziger und heißer Klumpen Raum, der keine Materie enthielt, wie wir sie kennen.

Die Herkunft des Urknalls

Als der Kosmologe und Priester Georges Lemaître erstmals das Konzept des Urknalls vorschlug, berief er sich auf eine logische Rückverfolgung der Ereignisse. Der russische Physiker Alexander Friedmann hatte bereits 1922 aus der allgemeinen Relativitätstheorie abgeleitet, dass es wahrscheinlich der Raum selbst sei, der sich ausdehne oder zusammenziehe. Auf dieser Grundlage gelang es Lemaître, die Vorstellung eines expandierenden Universums als einen möglichen Ausgangspunkt zu nehmen. Lemaître wurde 1894 in Charlesroi im französischsprachigen Süden Belgiens geboren und wollte ursprünglich Ingenieur werden, aber sein Studium an der Universität Löwen wurde vom Ersten Weltkrieg unterbrochen, in dem er mit einem Tapferkeitsorden ausgezeichnet wurde. Als er in den akademischen Betrieb zurückkehrte, sattelte er auf Physik um, entwickelte ein besonderes Interesse für die Kosmologie und wurde ein paar Jahre später katholischer Priester.

1927 nahm er Friedmanns größtenteils ignorierte Anregung auf, es könne der Raum sein, der sich ausdehnt. Sollte dies tatsächlich der Fall sein, wäre das Universum in einem früheren Stadium kleiner gewesen: Noch früher hieße noch kleiner und so weiter, bis es schließlich nur noch so groß wie ein Samenkorn gewesen sein konnte – das urzeitliche kosmische Ei eines Universums. Diese Vorstellung passte hervorragend zu seinem katholischen Glauben, obwohl es keinen Hinweis darauf gibt, dass sein Glaube einen unmittelbaren Einfluss auf die Formulierung der Theorie hatte. Aber Lemaître fand die Theorie durch die erst kurz zuvor entdeckten kosmischen Strahlen bestätigt.

Kosmische Strahlen sind Schauer hochenergetischer Teilchen, die aus den Tiefen des Alls ins Sonnensystem hereinprasseln. Gäbe es die Sonne nicht, würden diese Teilchen eine ernsthafte Gefahr für uns darstellen, doch der magnetische Einfluss der Sonne schützt uns weitgehend vor ihrem Aufprall und lenkt viele Teilchen so ab, dass sie nicht in die Erdumlaufbahn eindringen. Die Mehrzahl wird von der Erdatmosphäre abgeschirmt. Entdeckt wurden kosmische Strahlen rund 15 Jahre bevor Lemaître sein «Uratom» vorschlug, gefunden von einem Höhenballon. Da in der Stratosphäre die schutzbietende Atmosphäre weniger wirksam ist, war der Ballon einer größeren Menge kosmischer Strahlen ausgesetzt als auf der Erdoberfläche.

Lemaître stellte sich den Urknall als den Zusammenbruch eines ungeheuer großen Atoms vor, das alle Materie enthielt, die inzwischen das Universum erfüllt – so wie ein Atomkern in einem modernen Reaktor gespalten wird: Und so schien ihm der Gedanke vernünftig zu sein, dass nach dem Urknall Teilchen und Energie in alle Richtungen fortgeschleudert würden. Ein Teil der Materie, so nahm er an, würde von der Gravitation zusammengezogen, um Sterne und Planeten zu bilden. Doch die Teilchen mit höherer Energie hätten der relativ schwachen Gravitationsanziehung standgehalten und würden noch immer als Nachwirkung des grandiosen Anfangs umherfliegen.

Probleme auf der Solvay-Konferenz

Mit 39 Jahren war Lemaître wahrhaftig kein Jungspund mehr, doch in akademischen Kreisen gehörte er noch immer zum Nachwuchs. Er war ganz und gar von der Richtigkeit seiner Theorie überzeugt. Wissenschaftler sprechen von der «Eleganz» einer Theorie, von dem Gefühl, sie entspreche der Wahrheit. Für den Ursprung des Universums schien dies aus Lemaîtres Perspektive eine wahrhaft elegante Theorie zu sein. Sie ging nicht nur als eine Möglichkeit aus Friedmanns Lösungen für Einsteins Relativitätstheorie hervor, sondern schien nun auch durch die Existenz kosmischer Strahlen abgesichert zu sein. Auf der fünften Solvay-Konferenz 1927 bot sich Lemaître die Gelegenheit, seine Idee Einstein persönlich vorzustellen. Es waren Zusammenkünfte der ganz großen Wissenschaftler, die der belgische Industrielle Ernest Solvay ins Leben gerufen hatte.

Ursprünglich war es Solvays Absicht gewesen, den Großen und Besten ein Forum zu bieten, auf dem sie über seine eigenen exzentrischen wissenschaftlichen Vorstellungen diskutieren sollten, doch Solvay wurde höflich, aber schleunigst von den teilnehmenden Prominenten an den Rand gedrängt.

Die Konferenz von 1927 ist wegen des Durchbruchs der Quantenmechanik in Erinnerung geblieben. Erstaunlicherweise waren mehr als die Hälfte der Anwesenden Nobelpreisträger oder sollten die Auszeichnung für ihre originelle Arbeit künftig noch erhalten. Hier waren großartige Denker versammelt. Und so schien es, als könnte Lemaître dieses Forum nutzen, um seine Theorie bekannt zu machen. Unglücklicherweise war Einstein jedoch hauptsächlich damit beschäftigt, die Vorstellungen des dänischen Physikers Niels Bohr über die neue Quantentheorie anzugreifen, eine Theorie, die Einstein verabscheute. Einstein hatte also nur wenig Zeit für Lemaîtres Theorie und kam zu dem Ergebnis, dass er dessen Spekulationen nicht mochte. Wie wir noch zeigen werden, war Einstein über das Konzept eines expandierenden Universums so unglücklich, dass er versuchte, die Resultate der allgemeinen Relativität zu frisieren, um es aus dem Weg zu räumen. Gleichwohl legte dieser Priester eine Theorie vor, die auf der Expansion beruhte.

Das war aber nicht das einzige Problem. Bezog man sich auf Friedmanns ursprüngliche Arbeit über das expandierende Universum, hätte es zu Beginn allen Daseins, im Augenblick des Urknalls, null Volumen eingenommen. Dabei wären die Werte von Energiedichte und Temperatur ins Unendliche hochgeschraubt worden. Es ist nicht ungewöhnlich, dass sich Unendlichkeiten in physikalische Berechnungen einschleichen, aber wenn es dann geschieht, liegt die Vermutung nahe, dass etwas schiefgelaufen oder bestenfalls die Wissenschaft, wie wir sie kennen, zusammengebrochen ist und nun ein anderes wissenschaftliches System angewandt werden muss. Das hieß: Erweiterte man die Urknalltheorie bis an ihre logische Grenze, wäre man gleich zu Beginn mit einem unlösbaren Rätsel konfrontiert gewesen.

Einstein ging nicht nur entschlossen gegen Lemaîtres Ideen vor («korrekte Kalkulationen», bemerkte er, aber «grässliche Physik»), sondern sorgte auch dafür, dass sie beim wissenschaftlichen Establishment jener Zeit keine Chance hatten. Für Lemaître war es ein vernichtender Schlag, und wenngleich er die Vorstellung nicht ganz fallen ließ, versuchte er nicht weiter, Unterstützung dafür zu bekommen, bis Edwin Hubble in den USA überraschende Entdeckungen machte.

Die Farbe der Geschwindigkeit

Hubble sollte seine im vorangegangenen Kapitel beschriebenen Demonstrationen, die meisten Nebel seien keine Gaswolken in der Milchstraße, sondern ferne Galaxien, mit einer bemerkenswerten Entdeckung krönen: Je weiter eine Galaxie von uns entfernt ist, desto schneller bewegt sie sich von uns fort. Der scheinbar majestätische und unbewegliche Nachthimmel wurde also in Wirklichkeit mit phänomenaler Geschwindigkeit auseinandergesprengt. Und diese Tatsache sollte sich als bedeutsamer Schub erweisen, der Lemaître half, seine Theorie wiederzubeleben und die Vorstellung vom Urknall bekannt zu machen.

Die Technik, die diese Beobachtung möglich machte, war auf Farben angewiesen und war erstmals mit bemerkenswerter Genauigkeit eingesetzt worden, um die in Sternen vorhandenen Elemente zu entdecken und um dann ein Gefühl dafür zu bekommen, wie sich Sterne und Galaxien im Verhältnis zu uns bewegen.

Diese Fähigkeit, weit ins Weltall hinauszuschauen und zu entdecken, woraus ein Stern besteht, war das Ergebnis eines quantenmechanischen Effekts. Aber er ging auf einige Entdeckungen zurück, die im siebzehnten Jahrhundert von dem britischen Wissenschaftler und Genie Isaac Newton gemacht worden waren. Er wurde 1642 in dem Dorf Woolsthorpe in der Grafschaft Lincolnshire geboren und hatte eine schwierige Kindheit, bevor ihm seine

Mutter widerwillig erlaubte, als «Sizar» an die Universität von Cambridge zu gehen – eine Position, in der er einem wohlhabenderen Studenten als Diener zur Verfügung stehen musste, um sich seinen Lebensunterhalt zu verdienen.

Anfangs verhielt sich Newton nicht unbedingt wie ein Student, aber im Lauf einer zweijährigen Unterbrechung, als die Pest im Winter 1664 Cambridge heimsuchte, machte Newton ein paar bemerkenswerte Fortschritte bei seinen Vorstellungen über Licht, Mathematik, Mechanik, Gravitation und einiges mehr. Seine Beschäftigung mit dem Licht wurde von einem Spielzeug inspiriert, das er auf einem Jahrmarkt gekauft hatte. Der Jahrmarkt von Stourbridge fand auf Gemeindeland flussabwärts von Cambridge statt. Das war knapp außerhalb der Gerichtsbarkeit der Universitätspolizei und der Aufsichtsbeamten, was den Studenten ein wenig Spaß bescherte, der ihnen in der Stadt selbst verwehrt wurde. Hier kaufte Newton ein primitives Prisma.

Als er damit in einem verdunkelten Raum herumspielte, konnte er als Erster zeigen, dass weißes Licht aus einer Mischung der Farben im Regenbogenspektrum zusammengesetzt war. Und es war ebenfalls Newton, der daraus die Einsicht gewann, warum ein spezielles Objekt eine bestimmte Farbe hat. Wenn wir zum Beispiel einen knallroten Hydranten sehen, trifft ihn das weiße Licht der Sonne. Der Hydrant absorbiert die meisten Farben im Spektrum, sodass er nur das Rot wieder abgibt. Deshalb nehmen wir den Hydranten als rot wahr.

Was Newton nicht wusste, war der Grund, warum dies geschah. Heute wissen wir, dass das einstrahlende Licht eine Mischung aus Photonen mit unterschiedlicher Energie ist, vom Rot mit relativ niedriger Energie bis zum hochenergetischen Blau. Wenn ein Photon auf die Elektronen trifft, die die Materieatome umgeben (in unserem Beispiel die rote Farbe des Hydranten), absorbiert ein Elektron die Energie des Photons und springt auf eine höhere Ebene. Der größte Teil dieser Energie wird allmählich als Wärme in dem Objekt zerstreut, aber ein wenig davon wird verwendet, um neue

Photonen hervorzubringen, und diese werden dann eine charakteristische Energie haben, die mit dem Material in Verbindung gebracht wird. Im Fall der Hydrantenfarbe ist es die Energie, die eine Rotfärbung verursacht.

Wenn wir daher Licht auf ein gefärbtes Objekt richten, lässt es effektiv einen oder mehrere Abschnitte des Lichtspektrums hervortreten und gibt dieses Licht wieder ab. Aber wir sehen ja nicht nur beleuchtete Objekte. So leuchten Sterne zum Beispiel aus sich selbst heraus. Wenn das geschieht, ist die Temperatur des Objekts so hoch, dass Elektronen durch die Wärmeenergie gezwungen werden, auf ein höheres Niveau zu springen. Manchmal fallen sie wieder hinunter, und die dabei frei werdende Energie bestimmt die Farbe, die mit dem abgegebenen Photon verbunden ist.

In einem Stern ist die Temperatur so beschaffen, dass es eine breite Energiepalette in den produzierten Photonen gibt. Aber auf dem Weg aus dem Stern heraus müssen diese Photonen die äußeren Schichten des Sterns passieren. Dabei werden einige Frequenzen absorbiert, und das Ergebnis ist eine Reihe schwarzer Linien im Farbspektrum. (Wenn das Licht durch die Erdatmosphäre dringt, müssen wir sorgfältig hinschauen, da andere Linien hervorgerufen werden.) Jedes Element hat seine eigenen, charakteristischen schwarzen Linien, und daraus lassen sich die Elemente ableiten, aus denen der Stern besteht. Diese Linien werden mit Hilfe eines Spektroskops festgestellt, eines Instruments, das in seiner einfachsten Form ein Prisma wie das des jungen Newton ist, das die unterschiedlichen Farben des Lichts aufspaltet, verbunden mit einem Mikroskop, mit dem man die Unterteilungen detaillierter untersuchen kann.

Die Spektroskopie wurde erstmals benutzt, um die Bestandteile der äußeren Schichten eines Sterns zu analysieren, aber als Hubble seine zweite große Entdeckung gemacht hatte, sollten Spektroskope auf andere Art und Weise ins Spiel kommen. Jetzt wurden die Instrumente nicht eingesetzt, um die chemischen Inhalte zu identifizieren, sondern um eine Verschiebung in der Farbe des Lichts zu verfolgen. Es lohnt sich, einen Augenblick darüber nachzudenken, was bei der optischen Verschiebung passiert, die wir beobachten, wenn sich eine ferne Galaxie bewegt. Wie wir bereits gehört haben, hat dieses Phänomen mit dem vertrauten Dopplereffekt zu tun. Wenn ein Zug an einem Eisenbahnübergang vorbeifährt, verrutscht der Pfiff der Lokomotive auf eine niedrigere Frequenz und macht dabei ein charakteristisches, abstürzendes Geräusch. Während der Zug auf uns zukommt, hören wir einen hohen Ton, der tiefer wird, wenn der Zug an uns vorbeigefahren ist. Dasselbe gilt für die Sirenen von Polizeiautos und Krankenwagen.

Etwas sehr Ähnliches geschieht mit dem Licht. Bewegt sich ein Objekt auf uns zu, erhöht sich die Frequenz des Lichts, die es abgibt. Man kann sich das vorstellen, indem man an eine Lichtwelle denkt, die aus dem Objekt hervorgeht. Bevor die nächste Welle kommen kann, wird das Objekt ein Stück näher gekommen sein als im Augenblick davor, sodass die Welle zusammengedrückt wird (was eine kürzere Wellenlänge und eine höhere Frequenz zur Folge hat). Sie wird ins Blaue hinein verschoben. Sie erfährt eine Blauverschiebung.

Wenn Sie, wie ich, lieber die Perspektive des Photons einnehmen, dann ist eine Blauverschiebung nur eine Energiezunahme des Photons. Die Bewegung des Wellen abgebenden Körpers auf uns zu gibt den Photonen einen Energieschub, so wie ein aus einem fahrenden Auto geworfener Tennisball uns mit mehr Energie trifft, als hätte ihn jemand geworfen, der am Straßenrand steht. Im Fall des Tennisballs bewirkt die zusätzliche Energie eine höhere Geschwindigkeit, während das Licht nicht beschleunigt werden kann. Es kann nur mit einer einzigen Geschwindigkeit unterwegs sein, nämlich mit Lichtgeschwindigkeit. Stattdessen gewinnt jedes Photon mehr Energie – eine Verschiebung entlang des Energiespektrums hin zu höheren Werten.

Dies bedeutet, dass sichtbares Licht, das von Objekten abgegeben wird, die sich auf uns zu bewegen, ans blaue Ende des Spektrums verschoben wird: Das Licht wird also blauer oder energiereicher.

Bewegt sich ein Objekt von uns fort, wird das abgestrahlte Licht zum roten, niedrigfrequenten Ende des Spektrums verschoben. Es besitzt weniger Energie. Gäbe es keine Spektroskope, wäre die Messung einer solchen Blau- oder Rotverschiebung nicht möglich. Nehmen wir an, Sie sehen einen roten Stern. Wie können Sie wissen, ob es nicht einfach nur ein Stern ist, der zufällig rot leuchtet, oder ob es ein rotverschobener Stern ist?

Die Antwort liegt in jenen Mustern aus schwarzen Linien im Spektrum des ausgestrahlten Lichts. Das Muster dieser Linien ist wie ein Fingerabdruck. Das voraussichtliche Muster für jedes Element ist gut bekannt und kann auch dann identifiziert werden, wenn das Licht blau- oder rotverschoben ist. Deshalb können wir uns das Licht eines Sterns oder einer Galaxie ansehen und feststellen, wie stark es verschoben ist. Daher ist es nicht schwer, die Geschwindigkeit des Himmelskörpers zu berechnen, mit der er sich im Verhältnis zu uns bewegt.

Diese Technik war nicht neu, als Hubble sie anwendete. Der britische Astronom William Huggins erkannte, gemeinsam mit seiner Frau Mary, als Erster, wie viel sich über Sterne und über unsere Sonne in Erfahrung bringen ließ, als man anfing, die Spektroskopie in der Astronomie einzusetzen. Er war auch der Erste, dem 1868 bei der Entdeckung einer Rotverschiebung in dem Stern Sirius auffiel, dass jede Positionsverschiebung jener fest umrissenen Linien benutzt werden konnte, um die relative Geschwindigkeit eines lichtproduzierenden Körpers im Weltall zu identifizieren.

Hubbles Gesetz

Noch sind wir nicht bei Hubbles Entdeckung angekommen. Mit seinem neuen Vertrauen in die Größe des Universums war Hubble darauf vorbereitet, einige Daten zu übernehmen, die der in Indiana geborene Astronom Vesto Slipher vor dem Ersten Weltkrieg gesammelt hatte. Slipher hatte weiträumige Rotverschiebungen in einer breiten Palette von Nebeln gefunden sowie Blauverschiebungen in ein paar anderen Bereichen. Seine Zahlen ließen erkennen, dass diese Objekte, die man für Bestandteile unserer eigenen Galaxie hielt, mit unglaublichen Geschwindigkeiten durch die Gegend schossen. Wie sollte man dieses Phänomen eigentlich interpretieren? Es bedurfte nur noch eines letzten Impulses von Hubble, um überraschenderweise das Konzept eines Universums vorzulegen, das nicht einfach nur unermesslich groß war, sondern obendrein noch expandierte.

Mit seinem Assistenten Milton Humason, der von Grund auf anders war als er, machte sich Hubble daran, das Geheimnis der ultraschnellen Galaxien zu lüften. Während Hubbles Erfolg bei der Bestimmung der Größe des Universums und sein enormes Selbstbewusstsein ihm zu einer Prominenz verholfen hatten, die der eines Albert Einstein nahekam, war der in Minnesota geborene Humason mit 14 Jahren von der Schule abgegangen und hatte als Eseltreiber am Mount Wilson angefangen, Vorräte und Gerätschaften zur Sternwarte hinaufzuschleppen. Fasziniert von dem, was er an diesem exotischen Ort sah, gelang es ihm, sehr viel im Observatorium aufzuschnappen, sodass man ihm im Lauf der Zeit immer mehr Beobachtungen anvertraute. Hubbles pathetische Art und sein englisches Gebaren sowie Humasons Hartnäckigkeit und seine wahrhaft amerikanische Charakterstärke waren die ideale Kombination, um die Geheimnisse des Universums in Angriff zu nehmen.

Das Ergebnis unzähliger nächtlicher Beobachtungen und Berechnungen war eine Sensation. Die meisten Galaxien bewegten sich nicht nur von uns fort, sondern entfernten sich umso schneller, je weiter sie entfernt waren. Und das war noch nicht alles. Innerhalb der Messfehlertoleranz gab es eine prägnante lineare Beziehung zwischen Entfernung und Geschwindigkeit. Bei doppelter Entfernung verdoppelte sich auch das Tempo, mit dem die Galaxie von uns forteilte. Dieses wunderschöne, überraschend einfache Verhältnis wurde als das Hubble'sche Gesetz bekannt.

Wenn wir ins Weltall schauen, ist die überwiegende Mehrheit der Galaxien rotverschoben. Sie bewegen sich von uns fort, und je weiter man nach draußen sieht, desto schneller werden sie. Das bringt nicht unbedingt eine Rückkehr zu der besonderen Position im Zentrum des Universums mit sich, die der Erde im Altertum zuerkannt wurde. Da es der Raum ist, aus dem das expandierende Universum besteht, und nicht die sich von uns fortbewegenden Galaxien innerhalb des Raums, entfernt sich jeder Teil von jedem anderen Teil. Das bedarf wohl einer kurzen Klarstellung.

Das einfachste Denkmodell ist eine zweidimensionale Entsprechung. Stellen Sie sich eine flache Gummiplatte vor, auf der Pailletten angebracht sind. Jede Ecke der Gummiplatte wird von jemandem festgehalten, und dann ziehen alle das Gummi gleichzeitig in alle Richtungen. Suchen Sie sich jede beliebige Paillette aus, die die Erde darstellen soll. Jede andere Paillette wird sich von Ihnen fortbewegen. (Dies wird manchmal auch als Oberfläche eines sich aufblähenden Luftballons beschrieben, aber ich halte das für verwirrend, da sich die Expansion in diesen Beispielen in den beiden Dimensionen des Gummis abspielt und keine Expansion des dreidimensionalen Raums darstellt, wie es beim Universum der Fall ist.) Beachten Sie außerdem, dass die Pailletten sich nicht im Verhältnis zum Raum (Gummi) bewegen. Es ist der Raum selbst, der expandiert. Eine Paillette bewegt sich nicht, verglichen mit dem Stück Gummi darunter.

Immerhin fand Hubble noch ein paar Galaxien, wie etwa die M 31 im Sternbild Andromeda, die sich nicht von uns entfernen, sondern sich auf uns zu bewegen. Wie Slipher es vorausgesagt hatte, waren sie blauverschoben. Sie erwiesen sich als die uns am nächsten gelegenen Galaxien, bei denen die Expansion des Universums die geringsten Auswirkungen hatte und durch die Gravitationskraft überwunden werden konnte. Zwar expandiert das Universum weiterhin zwischen ihnen und uns, aber diese Galaxien rasen durchs

All schneller auf uns zu, als die Ausdehnung des Raums sie fernhalten könnte.

Für Hubble waren die Auswirkungen seiner Entdeckung nicht so schrecklich bedeutsam. Er folgte dem Beispiel des größten englischen Wissenschaftlers, Isaac Newton, der zwangsläufig so etwas wie ein Held für Hubble war. In seinem Meisterwerk *Principia Mathematica*, das 1688 veröffentlicht wurde, hatte Newton in Bezug auf die Gravitation gesagt: «*hypotheses non fingo*», was so viel heißt wie: «Ich lasse mich nicht auf Hypothesen ein.» Im Grunde wollte Newton damit sagen: «Ich will keine Erklärungen vortäuschen.» Newton sagte, er habe Messungen vorgenommen und mit einer Beschreibung eine Anregung geben wollen, wie die Gravitation funktionieren könnte. Vermutungen über den Mechanismus, der hier am Werk sein könnte, wollte er allerdings nicht äußern. Auf ähnliche Weise freute sich Hubble, mit der Geschwindigkeit den Bezugspunkt zwischen den Galaxien hergestellt zu haben. Aber er war nicht darauf vorbereitet, dieses Phänomen weiter zu verfolgen und vorzuschlagen, alles könnte in einem Urknall begonnen haben.

Hubbles Vorstellung vom Universum war jedoch richtig, wie wir aus heutiger Sicht bestätigen können. Und so war es nur vernünftig, anzunehmen, der Kosmos sei aus einem einzigen Ort in Raum und Zeit in einem Augenblick universeller Schöpfung hervorgegangen – aus dem Urknall. Verfolgte man diese Galaxien zurück, führten die Spuren an denselben Ort zurück, was auch für die Spur unserer eigenen Galaxie galt. Ein einziger Ort stellte also den Anfang von allem dar.

Deshalb können wir übrigens auch nicht auf irgendeinen Punkt im Universum zeigen und sagen: «Das ist das Zentrum von allem. Dort fand der Urknall statt, und alles expandiert seitdem von dort aus.» Weil die Gesamtheit des Raums von diesem Punkt aus expandierte, sind wir alle an dem Punkt, wo der Urknall geschah. Was heute der gesamte Raum ist, entspricht dem Punkt, an dem der Urknall geschah. Er hat sich lediglich wie ein dreidimensionales Karamellbonbon in alle Richtungen ausgedehnt.

Eddingtons Richtungswechsel

Zunächst war die Möglichkeit eines Anfangs an einem bestimmten Ort nicht gerade beliebt. Lemaîtres Vorstellung eines Uratoms war gründlich ruiniert gewesen, als Einstein ihn ablehnte. Obwohl es uns heute offensichtlich erscheint, dass die Expansion des Universums irgendeine Art von Anfang voraussetzt, war dies vorerst keine geläufige Interpretation der Hubble'schen Befunde.

Vorläufig gab sich die astronomische Gemeinde damit zufrieden, die Ergebnisse als ein Rätsel zu betrachten – so wie man sich auch bei Sliphers ursprünglicher Entdeckung der galaktischen Rotverschiebungen verhalten hatte. Für Lemaître jedoch war dies eine Rechtfertigung seiner Theorie, und so bemühte er sich um Unterstützung für die Wiederbelebung seiner bevorzugten Vorstellung. Das Universums sollte mit einer Explosion, ausgehend von einem einzigen Punkt, angefangen haben. Zu Beginn seiner Karriere war es der große britische Astronom Arthur Eddington gewesen, der seine Ideen eines expandierenden Universums unterstützt hatte. Und so wandte er sich jetzt mit Hubbles Daten, die seine Theorie vom Uratom bestätigten, erneut an Eddington.

Ein großer Wissenschaftler benötigt viele Fähigkeiten, doch eine der wichtigsten ist das Geschick, von heute auf morgen die Richtung zu wechseln. Das mag übrigens auch der Grund sein, warum die meisten Politiker daran scheitern, die Wissenschaft zu verstehen und zu fördern. In der Politik wird ein Richtungswandel als ein Zeichen für Schwäche erachtet. Wenn Politiker sich vom Gedankengut des Mainstreams entfernen, werden sie angegriffen, weil sie angeblich nicht mehr wüssten, was sie einmal gesagt hätten. In der Wissenschaft verhält es sich umgekehrt. Dort wird die Unfähigkeit, die Richtung zu ändern, wenn die Beweise es erfordern, als Schwäche betrachtet. Den besten Wissenschaftlern fällt es leicht, zu akzeptieren, dass sie unrecht hatten, und dann weiterzumachen. Eine Theorie (im Grunde jede Theorie, egal wie viel man schon in sie investiert hat) ist nur so gut wie die Daten, die sie aufrechterhalten.

Eddington zeigte mit seiner Reaktion auf Lemaîtres Verknüpfung der Uratom-Theorie mit Hubbles Expansionsbeweis genau den Charakter des guten Wissenschaftlers. Damit war Eddingtons ursprüngliche Ablehnung der Theorie überholt. Er war großmütig genug, um zuzugeben, er habe nicht nur Lemaîtres Theorie damals verworfen, sondern sie auch ganz und gar vergessen und deshalb auch die Bedeutung von Hubbles neuen Daten nicht erkannt, bis Lemaître ihm erneut geschrieben habe.

Nun aber zeigte Eddington nicht nur die Fähigkeit des großen Wissenschaftlers, die Richtung zu ändern, sondern setzte auch seine Reputation und seinen Enthusiasmus für die neue Theorie ein. Er schrieb an *Nature*, das führende Wissenschaftsjournal, und stellte die Bedeutung dieser neuen Information heraus. Er machte auf die Tragweite aufmerksam, die sie Lemaîtres Theorie verlieh, übersetzte dessen Artikel aus dem Französischen und veröffentlichte ihn in einer britischen Astronomiezeitschrift.

Blicken wir heute auf Eddington zurück, erscheint er uns wie ein spießiger, archetypischer Engländer alten Stils, doch seine große Popularität zu dieser Zeit hatte er zum größten Teil seiner für einen Wissenschaftler ungewöhnlichen Fähigkeit zu verdanken, wissenschaftliche Angelegenheiten so zu erklären, dass der Laie sie verstehen konnte. Er hatte die Gabe, stets die richtige Redewendung zu finden. Die Legende will, dass Eddington einmal einem Journalisten eine Kostprobe seiner Kommunikationsfähigkeit zeigte. Der fragte ihn nämlich, ob es stimme, dass er einer von nur drei Menschen sei, die Einsteins allgemeine Relativitätstheorie verstünden. Da Eddington nicht antwortete, wies der Interviewer ihn darauf hin, es gebe keinen Grund, bescheiden zu sein. Eddington widersprach umgehend. Sein Schweigen habe gar nichts mit Bescheidenheit zu tun, er überlege nur gerade, wer dieser Dritte sein könnte.

Ob authentisch oder nicht, diese Geschichte zeigte die hohe Meinung, die die Öffentlichkeit über Eddingtons Wissen hatte, wenngleich manch einer zu bezweifeln schien, ob selbst ein Eddington die Relativität tatsächlich begreifen könne. Als er nämlich im Dezember 1919 vor der Royal Astronomical Society einen Vortrag über die allgemeine Relativitätstheorie hielt, soll sich, dem Korrespondenten von *The Times* zufolge, der Physiker Oliver Lodge «gewundert haben, dass Professor Eddington glaubte, sie verstanden zu haben». Die Zeitung merkt an, es habe an dieser Stelle Gelächter im Publikum gegeben.

Eddingtons Ironie scheint auch in seiner unmöglich genauen Bemerkung zum Ausdruck zu kommen, die er Jahre später bei einem Vortrag zum Besten gab: «Ich glaube, es gibt 15 747 727 136 275 002 577 605 653 961 181 555 458 044 717 914 527 116 709 366 231 025 076 185 631 031 296 Protonen im Universum und die gleiche Anzahl von Elektronen.» Gegen Ende seiner Karriere jedoch konzentrierte sich Eddington nachdrücklich auf Beweise, die ihn auf mathematischem Weg zu dieser bemerkenswert präzisen Zahl führten, sodass er seine Behauptung womöglich gar nicht ironisch gemeint haben muss.

Als es um den Urknall und die Expansion des Universums ging, war es Eddington, der als Erster ein Bild anbot, das diese Ausdehnung dem interessierten Laien verständlich machte, nämlich die Vorstellung von Punkten auf der Oberfläche eines sich aufblähenden Ballons statt meiner Pailletten auf einer Gummiplatte.

Wie wir bereits gesehen haben, liegt der Nachteil von Eddingtons Bild darin, dass unser Universum kein zweidimensionales Objekt ist, das im dreidimensionalen Raum verzerrt wird, wie es beim Ballon der Fall ist. Die Oberfläche des Ballons hat keine Tiefe, sie dehnt sich nur in zwei Dimensionen aus, aber wir haben ihn in einer dritten Dimension verzerrt, damit er eine Kugel enthält, und wir blasen ihn in drei Dimensionen auf. Im Gegensatz zum Ballon beginnt das Universum mit drei Dimensionen, sodass es schwieriger wird, sich die stattfindende Expansion vorzustellen. Aber wir müssen bedenken, dass es der Raum ist, der sich ausdehnt, nicht etwa die Galaxien, die sich innerhalb des Raums bewegen (mit Ausnahme der Orte, wo die Gravitationsanziehung die Resultate verfälscht, wie es etwa zwischen der Milchstraße und der Galaxie im Andromeda-Sternbild geschieht).

Schneller als das Licht

Ein seltsamer Effekt kommt ins Spiel, damit diese Expansion des Raums stattfinden kann. Er kann einen vermeintlichen Widerspruch zu Einsteins spezieller Relativitätstheorie hervorrufen. Der speziellen Relativität zufolge kann nichts schneller als das Licht sein. Allerdings ermöglicht die Expansion des Raums dem Licht – oder realen Objekten –, die Grenze der Lichtgeschwindigkeit von 300 000 Kilometern pro Sekunde zu durchbrechen. Denn sie gilt innerhalb des Raums. Dehnt der sich nun aus, können sich Objekte im Verhältnis zueinander schneller als das Licht fortbewegen, was aus der Verzerrung des Raums selbst resultiert. Während sie sich innerhalb des Raums gar nicht bewegen müssen, wie die Pailletten auf der Gummiplatte.

Ein ähnlicher Effekt wird sichtbar, wenn man mit dem Flugzeug den Atlantik Richtung Osten überquert. Wegen der Hochgeschwindigkeitswinde, aus denen der Jetstream besteht, kann das Flugzeug, in Bezug auf den Erdboden, erheblich schneller unterwegs sein, als es relativ zu seiner Umgebungsluft ist. Ein konventionelles Flugzeug kann nicht schneller als der Schall fliegen, ohne schwer beschädigt zu werden, aber ich bin einmal mit einer 747 geflogen, die in Bezug auf den Erdboden schneller als der Schall flog, wenn auch ihr Tempo hinsichtlich der Luft, die das Flugzeug umgab, nur die übliche Reisegeschwindigkeit war. Auf vergleichbare Weise überschreiten die Galaxien im expandierenden Universum niemals die Lichtgeschwindigkeit hinsichtlich des Raums, während sie jedoch in Bezug auf andere Galaxien durchaus schneller als das Licht unterwegs sein können.

Jetzt wuchs die Gefolgschaft. Ein Jahr später sprang Einstein, der ursprünglich Lemaîtres Vorstellungen in der Luft zerrissen hatte, an Bord, unterstützte das expandierende Universum und akzeptierte, Eddington folgend, dass er mit seinem Beharren auf einer statischen, unveränderlichen Raumzeit falsch gelegen hatte. Dennoch sollte man nicht glauben, Lemaître hätte nun alle Wissenschaftler überzeugt. Als er 1933 in einem Seminar in der Nähe von Mount Wilson Einstein begegnete, gab es noch eine stattliche Menge von Leuten, die an der Vorstellung eines nicht expandierenden Universums festhielten, während für noch mehr Forscher das Konzept eines dramatisch explosiven Anfangs allen Daseins einfach nicht zu ihrem Bild von der Realität passte.

Damit ließ sich leben. Die Wissenschaft akzeptiert alternative Theorien. Aber um eine Existenzberechtigung zu haben, müssen solche Theorien die Beobachtungsdaten erklären können. Ein einziges fundiertes negatives Faktum kann genügen, um eine wissenschaftliche Theorie platzen zu lassen. Wer die Idee vom Urknall für falsch hielt und noch immer glaubte, wir lebten in einem statischen Universum, musste erklären können, warum unter solchen Umständen die Galaxien rotverschoben waren.

Den scharfsinnigsten Vorschlag äußerte der Kosmologe und Hitzkopf Fritz Zwicky. Er wurde 1898 in Bulgarien geboren. Seine Eltern waren schweizerische Staatsbürger. Zwicky arbeitete an der Eidgenössischen Technischen Hochschule Zürich, bevor er 1925 in die USA emigrierte, wo er am Caltech und an der Sternwarte auf dem Mount Wilson beschäftigt war. Zwickys Version der Geschehnisse lässt sich am besten verstehen, indem man das Licht aus der Sicht eines Photons betrachtet, wo eine Rotverschiebung eine Reduzierung der Photonenenergie ist.

Seine Argumentation gründete auf der Gravitationsanziehung, die vom Rest des Universums auf die Photonen ausgeübt wird, die auf uns zu eilen und dabei eine Abschwächung ihrer Energie erfahren und rotverschoben werden. Je weiter sie entfernt waren, umso größer war die Chance, dass sich der Gravitationseinfluss verstärkte, und entsprechend größer fiel auch die Rotverschiebung aus. Es stimmt natürlich, dass die Gravitation aus genau diesem Grund das Licht ans rote Ende des Spektrums verschiebt, aber es gab einfach keine Erklärung für die Ursache eines derart gewaltigen Energieverlusts. Die Gravitation ist, verglichen mit den anderen Naturkräften, eine äußerst schwache Kraft.

An dieser Stelle überschritt Zwicky die Grenze zwischen guter und schlechter Wissenschaft. Wie wir bereits gesehen haben, ist es die hervorstechendste Eigenschaft eines guten Wissenschaftlers, aus dem Stand umschalten und von einer Theorie zu einer anderen wechseln zu können, wenn die Daten es verlangen. Zwicky hingegen hielt an seiner Theorie fest und stellte stattdessen die Daten in Frage, die nicht mit ihr übereinstimmten. Die Anfechtung der Genauigkeit von Daten ist völlig in Ordnung. Aus diesem Grund verlangt die Wissenschaft Experimente, die wiederholbar sind, weil man sich sonst womöglich auf zweifelhafte Zahlen verlassen müsste. Aber in diesem Fall hätte Hubble wirklich grobe Messfehler gemacht haben müssen, damit Zwickys Theorie noch funktionierte. Und dafür gab es nicht nur keine Anhaltspunkte, sondern Hubbles Ergebnisse wurden zunehmend bestätigt.

Wird eine Theorie erstmals formuliert, findet sie häufig zunächst nicht genügend Unterstützung, sodass man den Eindruck gewinnt, es lohne sich nicht, ihre Auswirkungen zu untersuchen. Doch sobald sie die Art von Anerkennung genießt, wie es bei der Urknalltheorie der Fall war, lassen sich die Wissenschaftler darauf ein und testen sie hinsichtlich verschiedener Beobachtungen über das Universum, die bereits gemacht worden sind, um zu sehen, ob die Theorie den Beobachtungen standhält. Eine bot sich dabei spontan an.

Die sonderbare Verteilung der chemischen Elemente im Universum war stets mit einem gewissen Unbehagen verbunden gewesen. Es gibt erheblich mehr Wasserstoff und Helium im Universum als jedes andere Element: Lediglich rund 0,1 Prozent aller existierenden Atome sind etwas anderes als Wasserstoff und Helium. Dazu gehört alles, was wir als Teil der dreidimensionalen, sichtbaren Welt betrachten, die wir bewohnen. Die vorherrschende Idee eines unbeweglichen und unveränderlichen Universums bietet keine Erklärung für das Vorhandensein solcher erstaunlich großen Mengen von Wasserstoff und Helium an.

Irgendeinen Wert musste es natürlich geben. Aber er würde dazu beitragen, die Theorie zu unterstützen, die voraussagen würde, dass die beobachteten Werte stimmen sollten. Nähme man den Urknall erst einmal ernst – auch wenn er noch nicht ganz allgemein akzeptiert wäre –, schien es vernünftig zu sein, wenn man herauszufinden versuchte, ob er mit einer Erklärung für diese seltsame Zusammensetzung der Materie im ganzen Universum dienen konnte. Der Mann, der darauf eine Antwort finden sollte, war George Gamow.

Der Wasserstoffsee

Gamow war einer der überschwänglichsten Typen unter den Physikern. Er wurde 1904 im ukrainischen Odessa geboren und begann seine Physikerlaufbahn an der Novorossia-Universität seiner Heimatstadt, war aber bald enttäuscht vom sowjetischen System, das wissenschaftliche Theorien nicht deshalb für wahr hielt, wenn es Beweise dafür gab, sondern wenn sie politisch akzeptabel waren. Nach zwei gescheiterten Fluchtversuchen aus der Sowjetunion (einmal versuchte er, gemeinsam mit seiner Frau in einem Kanu über das Schwarze Meer zu paddeln, um in der Türkei unterzutauchen) gelang es ihm schließlich, sich auf einer der Solvay-Konferenzen in die USA abzusetzen.

Befreit von den Fesseln, die das alte Sowjetsystem dem freien wissenschaftlichen Denken anlegte, sollte er sich, wie Eddington, als einer der wenigen großen Wissenschaftler erweisen, die sich auch für Laien verständlich ausdrücken konnten. Gamow schrieb einige Bücher über einen fiktiven Mr. Tomkins, der in Traumwelten lebt, in denen andere Naturgesetze herrschen als in unserer Welt. In diesem Rahmen erklärte er einem jungen Publikum einen großen Teil der grundlegenden Physik. Diese Bücher sowie ein weiteres über die Chemie des Lebens sollten einer ganzen Generation jüngerer Wissenschaftler als Inspirationsquellen dienen.

Es war auch Gamow, der in einer berühmt-berüchtigten Aktion den bekannten Physiker Hans Bethe dazu überredete, seinen Namen über einen Artikel zu setzen, den Gamow gemeinsam mit Ralph Alpher publizieren wollte. Einziger Grund war die so zustande kommende Autorenliste Alpher, Bethe, Gamow, was so ähnlich klingt wie die ersten drei Buchstaben des griechischen Alphabets: Alpha, Beta und Gamma. Alpher, der weit weniger bekannt war als die beiden anderen Kollegen, war entsetzt über diesen Gag, da er nun offenbar von zwei Prominenten in den Hintergrund gedrängt wurde, von denen einer nicht einmal etwas zu der Forschung beigetragen hatte. Ich fürchte, dass ich Alpher nun ebenfalls ausgrenze, weil ich mich häufig auf ihre gemeinsame Arbeit beziehe und dabei nur Gamows Namen nenne. Deshalb bitte ich Sie, den armen Alpher nicht zu vergessen. Es war genau dieser Artikel, der zu zeigen versuchte, woher die Fülle von Wasserstoff und Helium im Universum stammte.

Selbst in ihrer Erklärung stellten Gamow und Alpher eine gewagte These auf: Das Universum habe als ein See aus Wasserstoff begonnen. Das war fast das genaue Gegenteil von Lemaîtres Uratom. Lemaître stellte sich den Anfang als ein gewaltiges Atom vor, das all die Kernteilchen enthielt, aus denen jedes künftige Atom zusammengesetzt sein sollte. Bei Gamow fing alles mit den einfachsten Bausteinen überhaupt an, mit einem See aus den grundlegendsten Atomen: Wasserstoff.

Das ist hübsch und simpel und findet Resonanz im Gefühl des Wissenschaftlers, dass eine gute Lösung auch elegant sein sollte. Aber das macht es noch nicht zu einer richtigen Lösung. Gamow hatte noch nicht erklärt, woher der Wasserstoff kam. Er setzte das

Fragezeichen lediglich eine Stufe zurück von einem aus Wasserstoff und Helium zusammengesetzten Universum zu einem, das aus reinem Wasserstoff bestand.

Wie Helium entsteht

Falls das Dasein, so erkannte Gamow, als reiner Wasserstoff begonnen hatte, dann waren die ersten Verdächtigen für die Herstellung des Heliums, das ebenfalls in großen Mengen auftrat, die vielen Milliarden Sterne da draußen. Man wusste bereits, dass die meisten Sterne Wasserstoff in Helium umwandeln. Allein unsere Sonne produziert eine halbe Milliarde Tonnen Helium pro Sekunde. Dennoch reichte die Gesamtproduktion aller Sterne einfach nicht aus. Stellte die Sonne das ganze Helium, das sie bereits enthält, auf diese Weise her, müsste sie mehr als 26 Milliarden Jahre lang brennen (doppelt so lange wie das heute geschätzte Alter des Universums). Dabei hält man das Universum heute für zehnmal älter als zu der Zeit, als Gamow sich mit diesem Thema beschäftigte.

Stattdessen stellte sich Gamow vor, das meiste Helium im Universum sei beim Urknall selbst entstanden. (Das Helium erhielt seinen Namen, weil es zuerst in der Sonne entdeckt worden war. Vielleicht sollte man es deshalb umbenennen. Knallium wäre ein treffender Name.) Er stellte sich die Temperatur in diesem frühen Existenzstadium des Universums so vor, dass Kernfusionsprozesse, die wir in der Sonne sehen, stattfanden. Die Fusion ist eine grundsätzlich andere Form der Kernkraft im Vergleich zum Kernspaltungsprozess, der Kernkraftwerke antreibt. Dort werden Atomkerne von hochenergetischen Teilchen auseinandergesprengt, wobei Wärme entsteht, mit der wiederum Elektrizität gewonnen wird. Zusätzlich werden dabei weitere Teilchen mit hohem Energiegehalt produziert, die in einer Kettenreaktion noch mehr Kerne spalten. Die Fusion ist ein ganz anderer Vorgang.

Die majestätische Kraft der Sonne entsteht aus der Umwandlung von Wasserstoff in Helium durch den Prozess der Kernfusion, bei dem die Verschmelzung von Teilchen zur Bildung eines neuen Elements zur Freiwerdung von Energie führt. Um fusionieren zu können, müssen die positiv geladenen Protonen, die den Wasserstoffkern bilden, unglaublich dicht zusammengedrückt werden. Aber selbst die Druck- und Temperaturverhältnisse in der Sonne bringen noch nicht genügend Energie auf, um die Abstoßungskraft zu überwinden, die die Protonen auf Distanz voneinander hält. Sie sind positiv geladen, und da sich hier zwei identische magnetische Pole einander nähern, stoßen sie sich gegenseitig ab.

Nur einer Eigentümlichkeit der Quantenphysik ist es zu verdanken, dass Sterne überhaupt funktionieren. Quantenteilchen wie die Protonen haben keinen genauen Aufenthaltsort, wenn sie nicht direkt beobachtet werden. Jedes Teilchen kann über einen gewissen Bereich von Positionen verbreitet sein und weist unterschiedliche Wahrscheinlichkeiten für seine Anwesenheit an einem dieser Orte auf. Das heißt, sie können «tunneln», also von einem Ort zum anderen springen. Selbst wenn es ein Hindernis dazwischen gibt, *müssen sie diese störende Barriere nicht direkt durchqueren.*

Genau das geschieht in der Sonne. Nur weil Protonen die Entfernung, die sie aufgrund ihrer Abstoßungskraft von anderen Protonen trennt, durch Tunneln überwinden können. Sie tauchen augenblicklich so nahe bei einem anderen Proton auf, dass sie miteinander verschmelzen können, bevor sie voneinander abprallen. Und deshalb scheint die Sonne. Die Wahrscheinlichkeit für ein solches Tunneln ist zwar gering, aber es gibt so viele Protonen in der Sonne, dass es ständig in großem Maßstab passiert. Wenn Kerne fusionieren, geht ein wenig Masse verloren, die in Energie umgewandelt wird. Dies ist ein Ansatz zur Kernenergie, der viel sauberer ist. Er ist bei weitem sicherer und umweltfreundlicher als die Kraftwerke von heute, in denen Kernspaltungsprozesse ablaufen. Aber Generationen von Regierungen haben es versäumt, genügend Mittel in die praktische Möglichkeit von Fusionskraftwerken zu investieren. In einem Stern jedoch oder im frühen Universum des Urknallmodells sind keine Investitionsfonds nötig: Da findet die Fusion einfach statt.

Gamow stellte sich vor, dass in den allerersten Momenten des Daseins nach dem Urknall in der gewaltigen Hitze und unter dem enormen Druck Wasserstoffionen (Atome, die Elektronen verloren haben) miteinander verschmolzen und die Quelle für eine große Menge des Heliums im Universum darstellten. Um die Bedingungen des frühen Universums zu erforschen, benutzte er die gleiche auf Zeitumkehr beruhende Berechnung, die bei der Suche nach dem Alter des Universums angewandt worden war.

Stellen Sie sich vor, das Universum rückwärtslaufen zu lassen. Statt zu expandieren, wird alles immer dichter zusammengedrückt. Mit größerem Druck steigen auch die Temperaturen, was nur ein Maß für die Energie der beteiligten Atome ist. Wenn Sie weit genug zurückgehen, werden Druck und Temperatur so hoch, dass dieselbe Art der Fusion, die in Sternen vorherrscht, auch hier stattfinden könnte. Das ganze Universum wäre wie ein riesiger Stern. (Ich habe mich, der Kürze halber, auf Gamow bezogen, aber es war sein Juniorpartner Alpher, der die Hochleistungsmathematik meisterte, während Gamow sich auf die großen Ideen konzentrierte.)

Noch heute wird daran festgehalten, obwohl Gamow sich erhofft hatte, zeigen zu können, dass all die unterschiedlichen Elemente aus dem Urknall entstanden, aber das erwies sich als unhaltbar. In dieser Ursuppe waren die Bedingungen nicht heftig genug: Es braucht schon die gewaltigen Temperaturen und den immensen Druck eines kollabierenden Sterns, um die schweren Elemente zusammenzubrauen, die anschließend ins Weltall hinausgesprengt wurden. Die schwersten Elemente wie beispielsweise Uran wurden erst gebildet, als Sterne explodierten und sich in Supernovae verwandelten. Ohne diese uralten Sterne, die älter waren als die Sonne, gäbe es keine Erde, keinen Sauerstoff zum Atmen, keinen Kohlenstoff für den Aufbau lebendiger Moleküle und kein Silizium als Baustoff für unsere heutige, von der Elektronik geprägte Welt. Das Einzige, was man sich vom Urknall im Wasserstoffsee erhoffen konnte, war die Erzeugung von drei weiteren Elementen: Helium, Lithium und Beryllium.

Urknall und Schwarzkörper

Der Heliumreichtum war nicht die einzige Vorhersage, mit der man die Urknalltheorie auf ihre Standfestigkeit überprüfen konnte. Gamow hatte noch ein weiteres Ass im Ärmel. Genauer gesagt hatte Ralph Alpher gemeinsam mit einem anderen Physiker namens Robert Herman eine Idee. Alpher jedoch blieb lange von der Bildfläche verschwunden, was er wohl Bethes Einbeziehung in den Artikel mit Gamow zu verdanken hatte. Deshalb mussten Alpher und Herman so lange warten, bis sie auch Gamow an Bord hatten. Erst dann konnten sie sicher sein, dass die wissenschaftliche Gemeinde ihre Theorie prüfen würde.

Das Trio hatte eine Ahnung, dass der Urknall von Anfang an die sogenannte Schwarzkörperstrahlung abgeben würde. Das klingt viel grandioser, als es in Wirklichkeit ist. Denn es geht dabei lediglich darum, wie ein Objekt Licht absorbiert und abstrahlt. Um zu verstehen, worum es geht, müssen wir kurz darauf zurückkommen, warum unterschiedliche Objekte andersfarbig erscheinen. Warum ist zum Beispiel ein amerikanischer Schulbus gelb? Man könnte sagen, weil er eben gelb lackiert wurde, aber das meine ich jetzt nicht. Was meinen wir, wenn wir sagen, er sei gelb?

Wie wir bereits gesehen haben, war Isaac Newton als der vielseitigste unter den frühen Wissenschaftlern derjenige, der als Erster diese Frage beantwortete. Er hatte schon herausgefunden, dass gewöhnliches weißes Licht komplizierter aufgebaut ist, als es scheint. Wenn weißes Licht durch ein Prisma geht (oder durch Regentropfen, die einen Regenbogen bilden), erhalten wir ein ganzes Spektrum unterschiedlicher Farben. Und jede einzelne dieser Farben ist in diesem weißen Licht vorhanden. Stellen wir uns also vor, wie all diese verschiedenen Regenbogentöne im Licht auf unseren Schulbus treffen. Zoomen wir in die Farbatome des gelben Anstrichs hinein.

Newton konnte es noch nicht wissen, aber der große amerikanische Physiker Richard Feynman sollte es erklären: Trifft Licht auf ein Atom, werden die winzigen Energiepakete im Licht (die Photonen) vom Atom absorbiert, was den Elektronen außerhalb des Atomkerns zusätzliche Energie verleiht. Aber Atome sind pingelig und akzeptieren Energie nur in bestimmten Mengen. Die Photonen mit der falschen Energie werden hinausgeworfen. Und die Photonenenergie kommt als Farbe zum Ausdruck. Die verschiedenen Farben, die wir sehen, werden von Photonen unterschiedlicher Energie verursacht.

Zufällig absorbiert die Farbe auf dem Schulbus klaglos Photonen mit der richtigen Energie, die als Rot, Blau oder Grün zu unseren Augen zurückkommt, ist aber nicht interessiert an gelben Photonen. (In Wirklichkeit kann es sogar noch etwas komplizierter sein, da unterschiedliche Photonenmischungen von unseren Augen als verschiedene Farben wahrgenommen werden, aber wir wollen es hier einfach halten.) Die nicht absorbierten Photonen sind also diejenigen, die unsere Augen veranlassen, Gelb zu sehen. Deshalb sagen wir, der Bus sei gelb.

Stellen Sie sich jetzt vor, wir hätten es stattdessen mit einem Bus zu tun, der jedes einzelne Photon absorbiert, das auf ihn trifft. Nichts kommt zu unseren Augen zurück. Dann wäre der Bus in physikalischen Begriffen ein Schwarzkörper. Das ist mehr als nur ein schwarz gestrichenes Objekt. Die Farbe mag noch so gut sein, ein paar Photonen entweichen immer, aber wir sagen ja, jedes einzelne Photon, das auf unseren Schwarzkörperbus trifft, verschwindet. Dann wäre er wahrhaftig schwarz, eine Leere und ein unsichtbares Nichts.

Schwarze Strahlung

Das ist also ein Schwarzkörper, aber was ist eine Schwarzkörper*strahlung*? Wir sprechen hier nicht über Strahlung im furchterregenden Zusammenhang atomarer Strahlung. Diese Strahlung hier ist die des Lichts. Sichtbares Licht macht nur einen geringen Teil des riesigen Spektrums elektromagnetischer Strahlung aus – Photonen mit unterschiedlichen Energiewerten –, die von energiearmen Radio- bis zu den energiereichen Röntgen- und Gammastrahlen reicht. Die «Strahlung» in der Schwarzkörperstrahlung ist reines Licht. Aber die Strahlung eines Schwarzkörpers scheint keinen Sinn zu machen. Wir haben bereits gesagt, dass ein Schwarzkörper jedes bisschen Licht, das auf ihn trifft, absorbiert und nicht wieder herauslässt. Wie kann er dann Licht abstrahlen?

Weil es zwei unabhängige Gründe gibt, warum Materie eine Farbe zu haben scheint. Einer ist die Behandlung eintreffender Photonen. Aber eine andere Möglichkeit, eine Farbe zu haben, ist die selbständige Erzeugung von Photonen. Beim Erhitzen eines Atoms stößt man Energie in seine Elektronen, sodass hin und wieder eines dieser erregten Elektronen ein kleines Energiepaket in Form eines Photons herauspumpt. Das Objekt beginnt zu glühen. Und je heißer das Objekt ist, desto mehr Energie haben die Photonen. Wenn also etwas immer heißer wird, glüht es erst rot, dann gelb und schließlich weiß. Schwarzkörperstrahlung ist die reine Abgabe dieser Art von Glühen. Wir beginnen mit einem Gegenstand, der kein auf ihn treffendes Licht wieder herauslässt, sodass es keine Verwechslung mit reflektiertem Licht gibt und wir lediglich die Photonen sehen, die von der Wärme des Körpers abgegeben werden.

Stellen Sie sich also einen unglaublich heißen Urknall vor. Anfangs wäre das Universum, wenn alles sich so weit abgekühlt hätte, dass Atome sich bilden könnten, ein Plasmasee. Ein Plasma ist einer der Aggregatzustände der Materie. Um eine potenzielle Verwechslung auszuräumen: Dies hat nichts mit Blutplasma zu tun. (In Wirklichkeit trifft keine der beiden Anwendungen des Wortes seinen ursprünglichen Sinn, denn ursprünglich bedeutete «Plasma» etwas Geformtes oder Modelliertes, und beiden Plasmatypen mangelt es offensichtlich an Form.) Blutplasma ist die farblose Flüssigkeit, in der Blutkörperchen schwimmen; es ist der flüssige Bestandteil des Blutes. Im physikalischen Sinn ist Plasma der vierte Aggregatzustand der Materie, eine energiereichere Materieform als ein Gas.

Um zu zeigen, wie wenig Plasma verstanden wird: Mein Wörterbuch definiert Plasma als ein Gas, in dem es eher Ionen statt Atome oder Moleküle gibt. Im Augenblick sollten wir uns keine Sorgen um diese Ionen machen, aber festhalten, wie nachlässig das Wörterbuch diesen Begriff behandelt. Eine solche Definition käme der Erklärung nahe, eine Flüssigkeit sei «ein sehr dichtes Gas mit flüssigen Eigenschaften». Ein Plasma ähnelt eher einem Gas als einer Flüssigkeit, so wie ein Gas eher eine Flüssigkeit als ein Festkörper ist. Aber es ist immer noch etwas anderes, nämlich ein anderer Zustand der Materie.

In der Praxis neigen wir zu einer eher direkten visuellen Erfahrung mit Plasma, als uns dies mit Gasen vergönnt ist. Die Sonne ist ein riesiger Plasmaball. Jede bescheidene Kerzenflamme enthält ein wenig Plasma, obwohl diese für Plasmaverhältnisse ziemlich kühl ist. Flammen sind daher normalerweise eine Mischung aus Plasma und Gas. So wie ein Gas das ist, was einer Flüssigkeit passiert, wenn man sie kontinuierlich erhitzt, so ist ein Plasma das, was einem Gas passiert, wenn man es stark genug erhitzt.

Während das Gas immer heißer wird, werden die Elektronen in den Gasatomen zu immer höheren Energiezuständen hinaufgetrieben. Schließlich haben einige genügend Energie, um als unabhängige Teilchen davonzufliegen. Im Allgemeinen neigen Atome, je nachdem, wie viele Elektronen am weitesten von ihrem Kern entfernt sind, dazu, entweder ein Elektron oder mehrere zu verlieren oder hinzuzugewinnen. Atome, die leicht Elektronen verlieren, tun dies und werden zu positiv geladenen Ionen. Atome, die wiederum leicht Atome hinzugewinnen, saugen die überschüssigen Elektronen der positiven Ionen auf und enden als negativ geladene Ionen. Das ist ein Plasma.

Plasmen sind recht geläufig, wenn man das Universum als Ganzes berücksichtigt. Immerhin sind Sterne ziemlich große Objekte. Bis zu 99 Prozent der sichtbaren Materie des Universums sind Plasma. Obwohl Plasmen gasähnlich und dabei nicht besonders dicht sind, unterscheiden sie sich von Gasen. So sind Gase zum Beispiel recht gute Isolatoren, während Plasmen hervorragende Leiter sind.

Wenn wir in der Zeit zurückblicken, war das Universum kurz nach dem Urknall mit Plasma gefüllt. Wie wir gesehen haben, sind Plasmen (im Gegensatz zu Gasen) gute Leiter. Und gute Leiter neigen dazu, lichtundurchlässig zu sein, weil Materie mit all diesen freien, in einer Ionensuppe schwimmenden Elektronen großartig mit den Photonen des Lichts reagiert. Das trifft auch auf Plasmen zu: Sie streuen das Licht.

Durchsichtig werden

Dieser Begriff des «Streuens» hinterlässt den Eindruck, das Licht pralle vom Elektron ab. In Wirklichkeit prallen Photonen im Streuungsprozess nicht ab, nicht mehr jedenfalls, als Licht von einem Spiegel abprallt. Eigentlich passiert Folgendes: Ein streuendes Elektron (wie eines der Elektronen auf der Spiegeloberfläche) absorbiert die Energie des Photons, von dem es getroffen wird. Dabei wird das Photon zerstört. Und weil das Elektron jetzt Energie gewonnen hat, macht es einen sogenannten Quantensprung, indem es sich von einem Energieniveau auf ein anderes begibt.

Allerdings neigen Elektronen auf hohen Energieniveaus zur Instabilität. Sehr schnell ist die gesamte Energie oder ein Teil davon herausgeschossen, sodass sie auf ein tieferes Niveau sinkt. Ein neues Photon kommt heraus und fliegt in eine andere Richtung. Das Licht ist gestreut worden. Sind die Elektronen mit den Kernen im Plasma verbunden, wird es schwerer, sie zum Wechsel des Energieniveaus zu bewegen. Die Photonen lassen sich nicht so leicht streuen. Während sich also das Plasma nach dem Urknall abkühlte, um ein Gas zu bilden, streuten die Elektronen die Photonen nicht mehr, und das Universum wurde durchsichtig.

Erst als das Plasma nach dem Urknall ausreichend abgekühlt war, sodass sich vollständige Atome bilden konnten, wurde es durchsichtig, und die gesamte Lichtenergie, die am Anfang erzeugt worden war, konnte schließlich freigesetzt werden. Alpher und Herman rechneten aus, dass dies rund 300 000 Jahre nach dem Urknall geschah. Für den Zeitpunkt, als sich das Plasma in Gas umwandelte, schätzten sie die Temperatur auf ungefähr 3000 °C. Dadurch geriet das Licht der Schwarzkörperstrahlung knapp aus dem sichtbaren Bereich heraus und ins nahe Infrarot hinein.

Abkühlendes Licht

Mehrere Milliarden Jahre lang sank die scheinbare Temperatur dieses Lichts. Auf den ersten Blick ist dies ein schräges Konzept: Licht hat eigentlich keine Temperatur und «kühlt» auch nicht «ab», während es sich fortbewegt. Was das Licht zu etwas Besonderem macht, ist der Umstand, dass es viele Millionen Lichtjahre unverändert zurücklegen kann. Es verliert nur Energie, wenn es mit irgendetwas in Wechselwirkung tritt, aber dann heißt es: alles oder nichts. Aber wie wir gesehen haben, würde die Expansion des Universums eine Rotverschiebung des Lichts bewirken, was seine Wellenlänge verlängerte oder seine Energie verringerte. Die scheinbare Temperatur, die nur das Energiemaß eines Materials ist, würde wegen dieses Energieverlusts sinken.

Gamow, Alpher und Herman berechneten daraufhin die Energie, die die vom Ursprung des Universums übrig gebliebenen Photonen heute vermutlich noch haben. Die Rotverschiebung drückte sie ziemlich weit jenseits des sichtbaren Lichts in die Region der elektromagnetischen Strahlung, die wir Mikrowellenstrahlung nennen. Das ist derselbe Stoff, der die Mahlzeiten in Ihrem Mikrowellenherd erhitzt.

Die Temperatur ist nur ein Maß für die Energie in dem Körper, von dem die Strahlung ausgeht. Die entsprechende Temperatur der Mikrowellen, die Gamow annahm, belief sich auf ungefähr 5 Kelvin. Kelvin sind Temperatureinheiten von der gleichen Größe wie die Celsiusgrade, allerdings fangen sie bei $-273,16\,°C$ an. Das ist der absolute Nullpunkt, die kältestmögliche Temperatur und das Äquivalent zu null Wärmeenergie. Die von Gamow vorausgesagte Strahlung, die uns vom Urknall noch erreicht, wäre also 5 Grad über dem absoluten Nullpunkt.

Ließe sich diese Strahlung entdecken, könnte sie der Theorie vom Urknall mehr Gewicht verleihen. Diese Strahlung sollte, Gamow zufolge, Schwarzkörperstrahlung sein, deren Energie auf charakteristische Weise verteilt ist. Außerdem müsste sie von überall her kommen, denn ganz gleich, in welche Richtung man schaut: Reicht der Blick nur weit genug hinaus, müsste man bis zum Anfang zurückblicken können. Zu diesem Zeitpunkt jedoch wusste noch niemand, wie man diese Form von Energie aufspüren sollte, sodass Gamows Idee beiseitegelegt und vergessen wurde.

Das universelle Saatkorn

Obwohl Gamows Vorstellungen damals nicht weiterentwickelt werden konnten, wurde reichlich über den Ursprung des Universums und über die möglichen Anfangsbedingungen des Urknalls nachgedacht. Selbst wenn die Vorstellung, alles ströme aus einem winzigen kosmischen Ei ins Dasein, aufregend ist, stimmt diese Theorie nicht mit unseren Beobachtungen des Universums überein. Für den gelegentlichen Beobachter ist das naheliegendste Problem, dass es viel zu viel Universum da draußen gibt. Nie hätte es in einem winzigen «Superatom» Platz finden können. Obwohl der größte Teil des

Weltalls leer ist, lässt sich nicht alles immer dichter zusammendrücken.

Wir wissen, dass es selbst bei einem nach universellem Maßstab kleinen Körper wie der Sonne ein Limit gibt, wie viel Materie verdichtet werden kann. Vor der Entdeckung des Quantentunnelns glaubte man zunächst, in der Sonne könne es keine Kernfusion geben. Angesichts der Tatsache, dass nicht einmal die ganze Materie in der Sonne beliebig zusammengepresst werden kann, fiel es schwer, sich vorzustellen, wie die Kosmologen die gesamte Materie des Universums mit ihren mindestens 100 Milliarden Galaxien, von denen wiederum jede einzelne mindestens 100 Milliarden Sterne enthält, auf so winzigem Raum zusammenquetschen wollten.

Bei Lemaîtres ursprünglichem Bild trat dieses Problem nicht auf, weil sein «Uratom» ein gewaltiges Objekt war, das jedes einzelne Proton, Neutron und Elektron, das heute existiert, schon enthielt. Es war zwar ein Atom, aber ein (relativ) riesiges. Je größer ein Atom ist, desto instabiler ist es. Deshalb wäre es sehr rasch in zunehmend kleinere, stabilere Atome zusammengefallen. Dennoch passte dieses Bild nicht zu einem Universum wie unserem, das zum größten Teil aus Wasserstoff und Helium besteht. Lemaîtres frühes Universum hätte mit schweren Atomen angefüllt gewesen sein müssen. Aus diesem Grund wurde ein anderes Bild eines kosmischen Saatkorns entwickelt, das tatsächlich mit einem winzigen Flecken begann, der faktisch null Größe hatte.

Bevor wir jedoch den Anfang betrachten werden, wie er nach der heutigen Urknalltheorie ausgesehen hat, sollten wir kurz noch eine Alternative erwähnen, die Lemaîtres ursprünglichem Bild näher kam. Diese Idee stammt von dem Physiker Ernest Sternglass und ist den meisten modernen Kosmologen gar nicht bekannt. Sternglass war – das sollte betont werden – ein seriöser Physiker und kein Spinner, aber seine Theorie hat sich nie durchgesetzt und ist wahrscheinlich nie ausreichend überprüft worden, um feststellen zu können, ob sie mit absoluter Sicherheit falsch ist.

Wie Lemaître stellte sich auch Sternglass den Anfang als ein «Uratom» vor, aber Sternglass konnte mit seinem fortgeschrittenen Wissen über Relativität und Quantentheorie dieses unglaublich massereiche Teilchen aus zwei normalerweise kaum wahrnehmbaren Teilchen zurechtzimmern: aus einem Elektron und seinem Antimaterie-Pendant – einem Positron.

Antimaterie

Obwohl Antimaterie gern als Energiequelle in Science-Fiction-Filmen zum Einsatz kommt, basiert sie auf einem soliden Konzept. Antimaterie ist dasselbe wie normale Materie, nur haben die Teilchen, aus denen sie besteht – verglichen mit den Teilchen in konventioneller Materie –, die entgegengesetzte elektrische Ladung.

Wenn zum Beispiel ein Elektron eine negative Ladung hat, ist das antimaterielle Gegenstück, das Antielektron, auch Positron genannt, positiv geladen. Es gibt ähnliche Entsprechungen aus Antimaterie für alle geladenen Teilchen. Werden zwei gegensätzliche Teilchen zusammengebracht, sagen wir, ein Elektron und ein Positron, ziehen sie sich gegenseitig an, krachen zusammen und werden zerstört, wobei sie ihre gesamte Masse in Energie umwandeln. Dies geschieht allerdings nicht, wenn ein negatives Elektron auf ein positives Proton trifft, weil dabei Kernkräfte zum Einsatz kommen, um die Vernichtung zu verhindern, aber keine derartige Kraft schützt die Begegnung von Materie und Antimaterie.

Sternglass stellte sich eine Art primitives Atom vor, bestehend aus diesen beiden Teilchen, wobei Elektron und Positron einander mit sehr hohen relativistischen Geschwindigkeiten umrundeten und ein einzelnes, unglaublich massereiches Teilchen hervorbrachten. Dieses Teilchen würde sich sodann spalten, um zwei noch immer außerordentlich massereiche Superteilchen zu produzieren. Diese würden sich dann erneut teilen und so weiter – so wie eine einzelne Zelle sich immer weiter teilt, bis ein menschlicher Fötus entstanden ist. Eine der frühen Teilungen der universellen Urzelle wäre verantwortlich für die Galaxienhaufen und die Galaxien, wie wir sie heute sehen. Spätere Teilungen würden die augenscheinlich elementaren Teilchen hervorbringen, wie wir sie heute kennen.

Sternglass stellte sich sogar einige verspätete Mini-Urknallereignisse vor, die aus den Aufspaltungen hervorgingen und zu gewaltigen Gammastrahlenausbrüchen führten – ein Phänomen, das in weit entfernter Raumzeit beobachtet worden ist. Diese Theorie hat gegenüber vielen anderen Vorstellungen den Vorteil, äußerst einfach zu sein. Hier haben wir wirklich grundlegende Bausteine, aus denen sich letztlich alles andere entwickeln kann. Es sollte jedoch betont werden, dass die Theorie trotz ihrer Einfachheit nicht simplifizierend war. Sie hatte nichts von einem unwissenschaftlichen Ansatz nach dem Motto: «Hey, alles muss mit einem einfachen Teilchenpaar begonnen haben.» Sternglass gründete seine Ideen auf guter Physik, und bis in die 1990er Jahre hinein, als er zuletzt daran arbeitete, stimmte seine Theorie sowohl mit der physikalischen Theorie als auch mit den beobachteten kosmologischen Daten überein.

Sternglass' Vorstellungen sind nicht weitergeführt worden. Wahrscheinlich waren sie eine Sackgasse. Und er bot keine Erklärung für die Herkunft des energiereichen Elektron / Positron-Paars zu Beginn des Universums an. Dennoch wollte ich seine Ideen vorstellen, nur um zu zeigen, wie sehr unsere akzeptierten Konzepte für den Urknall oder für seltsamere Dinge, denen wir später noch begegnen werden, zum großen Teil lediglich die Theorien sind, denen nachgegangen worden ist. Wir könnten immer noch auf die Idee warten, die den ganzen Rest fortfegt, oder es könnte sich sogar herausstellen, dass Sternglass recht hatte. Letztlich wird die Wissenschaft an genau diesen Punkt gelangen, aber es muss nicht unbedingt eine schnelle und eindeutige Weiterentwicklung unseres Status quo sein. Echte Wissenschaft ist viel chaotischer und umständlicher als die Wissenschaft, die uns in Filmen präsentiert wird.

Zurückgeworfen auf das Bild vom Urknall, entwarfen die Astrophysiker einen raffinierten Plan, um das Problem zu lösen, alles in diesen winzigen Raum zu stopfen. Zwar konnten sie ganz und gar nicht alles darin verstauen, aber stattdessen griffen sie auf eine Annahme zurück, die womöglich an Schummelei grenzte, die sie allerdings zu dem Vorschlag befähigte, das ursprüngliche Universum habe überhaupt aus sehr wenig Materie bestanden. Dieser Taschenspielertrick, offenbar etwas aus dem Nichts zu erschaffen, gelang ihnen dank einer seltsamen Methode, die Gravitation zu interpretieren. Sie lässt sich nämlich als Form negativer Energie betrachten.

Sollte das tatsächlich möglich sein (und wir werden es gleich erklären), dann ließe sich die ganze Gravitation im Universum nutzen, um den größten Teil der Materie aufzuheben. Wenn Sie auf dem Standpunkt stehen, Materie sei nichts weiter als positive Energie (und Einstein lehrte uns mit $E = mc^2$ die Austauschbarkeit von Masse und Energie), dann ließe sich vorstellen, dass Materie praktisch aus dem Nichts ins Dasein gelangen kann, indem sie die negative Energie der Gravitation ausgleicht.

Sollten Sie vom Konzept der Gravitation als Entsprechung negativer Energie nicht überzeugt sein, denken Sie einmal darüber nach, einen Satelliten in die Umlaufbahn zu schicken. Wir müssen Energie in das System stecken. Sie wird von der Rakete erzeugt, die den Satelliten von der Erde fortträgt und in einen stabilen Orbit schickt, wo die Gravitationsanziehung geringer ist. Um also von einem stabilen Zustand in einen anderen zu gelangen, haben wir Energie investiert. Die Anziehung der Gravitation, gegen die wir angekämpft haben, lässt sich als negative Energie betrachten, die die positive Energie ausgleicht, die wir mit Hilfe der Rakete ins System eingeführt haben. Das Ergebnis ist die Erhaltung der Energie, ein Gesetz, das uns die Physik auferlegt.

In den wissenschaftlichen Schulfächern haben Sie womöglich etwas über potenzielle Energie gelernt. Wenn ich ein Gewicht über

Ihren Kopf halte, dann hat dieses Gewicht aufgrund seiner Position eine potenzielle Energie. Wenn ich es anschließend loslasse, fällt es auf Ihren Kopf herunter. Seine potenzielle Energie hat sich jetzt verringert und in die kinetische Energie der Bewegung umgewandelt, die dann im Augenblick der Berührung Ihres Kopfes in schmerzhafte mechanische Energie übersetzt wird. Sagt man daher, das Gewicht habe positive potenzielle Energie, ist das nur eine Spiegelung der Aussage, das Herabfallen habe die auf die Gravitation zurückführbare negative Energie erhöht.

Die Probleme mit dem Urknall

Die gesamte Materie im Universum praktisch aus dem Nichts bekommen zu wollen ist nicht die einzige Herausforderung, der sich diejenigen stellen müssen, die die Urknalltheorie als gültige Erklärung durchsetzen wollen. Hinzu kommt das Problem, dass das Universum zu gleichförmig ist. Insgesamt gesehen gibt es im Universum keine großen Temperaturunterschiede, und großmaßstäblich betrachtet, ist die Materie ziemlich gleichförmig im ganzen Universum verteilt. Um jedoch Gleichförmigkeit zu haben, müssten unterschiedliche Teile des Universums miteinander kommunizieren. Entweder müssten sie in direktem Kontakt stehen, oder sie müssten die Informationen von einem Ort zum anderen übermitteln, um diese Ähnlichkeit hervorzurufen. Doch das Universum ist so riesig, dass im Lauf seiner bisherigen Existenz keine Zeit gewesen ist, diesen Ausgleich vorzunehmen, jedenfalls nicht, wenn das Universum in der Vergangenheit sich so ausdehnte, wie es heute der Fall ist.

Auf ähnliche Art und Weise ist das Universum zu flach. Das mag vielleicht seltsam klingen für einen dreidimensionalen Raum, aber wir sprechen hier über den gekrümmten Raum, wie Einstein ihn sich vorgestellt hat. Einstein zufolge wird der Raum durch angrenzende Materie gekrümmt, so wie eine Gummiplatte gekrümmt wird, wenn man eine Bowlingkugel hineinlegt (nur der Raum ist dreidimensional gekrümmt im Gegensatz zur zweidimensionalen Gummiplatte). Es ist diese Krümmung, die die Gravitationsanziehung verursacht, wenn Objekte die Krümmung hinabrutschen. Wenn jedoch das ganze Universum als winziges Uratom begonnen haben soll, wäre die ursprüngliche Krümmung enorm gewesen. Rechnete man jetzt erneut bis zum Anfang zurück, würde das aktuelle Expansionstempo den Raum wesentlich faltenreicher und holpriger erscheinen lassen, als es in Wirklichkeit mit der fast vollständigen Flachheit des Universums der Fall ist.

Mit diesen Themen musste man sich also auseinandersetzen, sodass es in der Frühzeit der Urknalltheorie eine alternative Theorie relativ einfach hatte, sie herauszufordern. Und die drei Wissenschaftler, die die erste große Gegenkandidatin vorstellten, waren von einem Kinoerlebnis beeinflusst.

6. STEADY STATE

> Dies [die Fotografie einer großen Gänseschar] ist
> unsere Auffassung vom konformistischen Ansatz
> zur Standardkosmologie (des heißen Urknalls).
> Wir haben der Versuchung widerstanden, die
> Namen einiger Leitgänse zu nennen.
>
> *Fred Hoyle, Geoffrey Burbridge und*
> *Javant V. Narlikar,*
> *A Different Approach to Cosmology*

In der Frühzeit der Urknalltheorie stellten drei Astrophysiker, selbstverständlich von Fred Hoyle angeführt, eine Alternativthese auf. Hoyle war der schroffe britische Wissenschaftler, der später erklärte, wie die schwereren Atome in Sternen und Supernovae entstehen, und der den Namen «Urknall» erfand. Hoyle war ein merkwürdiger Akademiker, der nicht so recht in seine Zeit passte. Er war in Gilstead geboren worden, einem in den Hochmooren gelegenen Dorf über der nichtssagenden Stadt Bingley, und besaß viele der Eigenschaften, die man typischerweise den Leuten aus Yorkshire zurechnet.

Yorkshire wird gelegentlich das Texas des Vereinigten Königreichs genannt, es ist die größte englische Grafschaft und leidenschaftlich auf Unabhängigkeit bedacht, eine Tendenz, die durch den verlorenen Rosenkrieg (den Kampf des Hochadels um die englische Thronherrschaft) mit seinem Erzrivalen Lancashire noch verschärft wurde. Hoyle kam 1915 auf die Welt, und wie manche anderen namhaften Wissenschaftler lehnte er sich gegen das Schulsystem auf und verbrachte mehr Zeit damit, direkt von der Welt zu lernen als von seinen Lehrern im Klassenzimmer. Allerdings scheint ihn sein Interesse an der Astronomie, angeregt durch einen Freund seines Vaters, der ein Teleskop besaß, zu der Einsicht geführt zu haben, er müsse zur Ruhe kommen, falls er etwas erreichen wollte. Als er ins Highschoolalter kam, hatte er sich mit dem Bildungssystem arrangiert, sodass er auf die beste Universität des Landes gehen konnte, die es für einen künftigen Wissenschaftler gab: Cambridge.

Abgesehen von einem Ausflug in die Radarforschung während des Zweiten Weltkriegs, blieb Hoyle viele Jahre lang in Cambridge. Er war alles andere als ein typischer Akademiker. Wie Richard Feynman in den USA bewahrte er sich einen rabiaten Unabhängigkeitsgeist, der ganz und gar nicht zum guten Ton an einer Elitehochschule passte. Während die meisten Cambridge-Akademiker eine geschliffene Aussprache und steife Manieren vorweisen konnten, verlor Hoyle nie seinen starken Yorkshire-Akzent und sprach unumwunden und freimütig. Für Feinsinnigkeit brachte er wenig Zeit auf, und selten nahm er Rücksicht auf die Gefühle anderer.

Der Vorfall mit den kleinen grünen Männern

Einen guten Einblick in Hoyles Persönlichkeit und in sein Denken bietet der Aufruhr, den er bei der Entdeckung des astronomischen Phänomens namens Pulsar verursachte. 1974 wurde der Physik-Nobelpreis an Anthony Hewish vom Institut für Radioastronomie an der Universität Cambridge verliehen. Hewish teilte den Preis mit seinem Dezernenten Martin Ryle für allgemeine Entwicklungen in der Radioastronomie, während Hewish der Preis ausdrücklich für die Entdeckung des Pulsars zuerkannt worden war.

Pulsare sind außerordentlich dichte Sterne – Neutronensterne –, die sich mit enormer Geschwindigkeit drehen und dabei Pulse aussenden, sozusagen die Radiowellenversion eines Leuchtturms. Diese Pulse können alle paar Sekunden auftauchen oder auch nur durch wenige tausendstel Sekunden voneinander getrennt sein. Es war Thomas Gold – dem wir gleich begegnen werden, wie er zusammen mit Fred Hoyle eine Alternative zum Urknall entwickelt –, der eigentlich erkannte, was ein Pulsar ist, aber als Hewish und seine

Doktorandin Jocelyn Bell (heute Jocelyn Bell Burnell) diese seltsamen Himmelskörper entdeckten, gab es nichts, womit sie sie vergleichen konnten. Sie hatten es mit einem regelmäßigen, pulsierenden Radiosignal zu tun, das aus den Sternen selbst kam.

Bell und Hewish nannten das im Juli 1968 entdeckte Signal LGM-1, wobei LGM ein ironischer Verweis auf die Möglichkeit war, ein regelmäßiges Signal könnte die Botschaft einer fremden, intelligenten Lebensform sein, «little green men» – kleine grüne Männer –, wie man die Außerirdischen damals gern nannte. Obwohl man sich in den Swinging Sixties befand, präsentierte sich das akademische Milieu noch als ziemlich spießig. Man legte öffentlich Wert darauf, zu betonen, Bell und Hewish hätten niemals an eine intelligente außerirdische Quelle für dieses Signal gedacht, doch die Nachricht verbreitete sich wegen des Wortwitzes sehr rasch. In Wirklichkeit scheint es recht unwahrscheinlich, dass sie nicht wenigstens kurz in Betracht zogen, ob das Signal nicht tatsächlich der erste Beweis für die Anwesenheit außerirdischen Lebens da draußen im All sein könnte.

Die Kontroverse, die Hoyle auslöste, hatte allerdings nichts mit irgendwelchen Gedanken an die Einmischung von Aliens zu tun. Als Hewish seinen Nobelpreis bekam, wurde Bell nicht erwähnt. Hier gibt es eine interessante Parallele zum Medizin-Nobelpreis von 1962, der ebenfalls zu einer Kontroverse führte. Der Preis ging damals an Crick, Watson und Wilkins «für Entdeckungen, die die molekulare Struktur von Nukleinsäuren und deren Bedeutung für die Informationsübermittlung in lebender Materie betreffen». Die Struktur der DNS war entdeckt worden. In diesem Fall wurde ebenfalls eine Wissenschaftlerin, Rosalind Franklin, ausgeschlossen. Aber hier hatte das Nobel-Komitee eine Ausrede. Man berief sich auf die Statuten. Der Preis konnte weder an mehr als drei Leute noch postum verliehen werden, und Franklin war zum Zeitpunkt der Entscheidung bereits gestorben.

Aber keiner dieser Gründe traf bei Bell zu, sodass 1974, als die Preisträger verkündet wurden, Hoyle angriffslustig eine Lanze für

Bell brach. In einem Presseinterview zu einer Vortragsreihe an der McGill University in Montreal (bei der es nicht um Pulsare ging) wurde Hoyle gefragt, was er von den Umständen hielt, die zur Entdeckung der Pulsare geführt hatten. Er ließ durchblicken, Hewish habe die Auszeichnung nicht verdient. (Später umschrieb er seine Äußerung als «Umgangston, und ich hatte erwartet, dass der fragliche Reporter das tun würde, was ich die normale amerikanische Praxis nenne, nämlich mir das brisante Material vor der Veröffentlichung zur Überprüfung vorzulegen».)

Hoyle zufolge hatte Bell die Entdeckung gemacht, wurde anschließend allerdings in dem Artikel, der in *Nature* erschien, von den Leitern ihrer Gruppe vereinnahmt und «zur Seite gedrängt». (Bell selbst bestritt, ausgegrenzt worden zu sein.) Hoyle stellte klar: Wäre man der gängigen Praxis gefolgt und hätte die Entdeckung zuerst veröffentlicht, statt sie geheim zu halten und erst im Anschluss an eine Nachuntersuchung unter Hewishs Regie zu publizieren, wäre Bell die Ehre der ursprünglichen Entdeckung sicher gewesen, nun aber sei es Hewishs Nachkontrolle gewesen, die das Nobelpreis-Komitee abgelenkt habe. Diese unverblümte Schützenhilfe (obwohl Bell sie offenbar gar nicht wollte) war typisch für Hoyles Denken.

Die Steady-State-Männer

Mit Thomas Gold und Hermann Bondi, zwei Kollegen aus Wien, die ebenfalls in Cambridge arbeiteten, schlug Hoyle vor, das Universum befinde sich in einem «steady state» (Gleichgewicht) kontinuierlicher Schöpfung und Expansion. Wenngleich diese Theorie, wie auch eine Reihe weiterer Alternativen zum Urknall, ein gutes wissenschaftliches Fundament besaß, scheint sie zum Teil aus einer Abneigung gegen den Urknall hervorgegangen zu sein, weil die Vorstellung eines Anfangs von Zeit und Raum zu sehr nach biblischer Schöpfung klang. Stephen Hawkings Kommentar dazu lautete: «Vielen Menschen gefällt die Vorstellung nicht, dass die Zeit einen Anfang hat, wahrscheinlich, weil sie allzu sehr nach göttlichem Eingriff schmeckt.»

Jedenfalls traf dies mit Sicherheit auf Hoyle zu, der als Atheist damals so bekannt war, wie Richard Dawkins es heute ist.

Dem Steady-State-Modell zufolge entstand immer mehr Materie, während das Universum ausströmte, sodass es als Ganzes in einem gleichbleibenden Zustand verharrte. Es gab keinen Anfang, es gab kein Ende, das Universum dauerte einfach ewig und wuchs beständig und blieb dabei gleich, da sich auch immer mehr Materie über den ganzen Weltraum verteilte.

Das waren nicht einfach nur grundlose Seitenhiebe auf den Urknall. Vor der Formulierung der Steady-State-Theorie gab es nur die Wahl zwischen dem Urknall oder einem statischen Universum. All die Beweise, die sich aus Hubbles Beobachtungen und aus der anschließenden Forschung ergaben, ließen die Expansion des Universums als Tatsache erscheinen. Wollte man daher die Urknalltheorie herausfordern, musste der Expansionseffekt in einer neuen Theorie enthalten sein. Und Hoyle glaubte, die Urknalltheorie in Frage stellen zu müssen, einerseits weil damit die unbequeme Frage verbunden war, von der dieses Buch handelt – wenn das Universum einen Anfang hatte, was geschah dann davor? –, und andererseits weil die besten damals verfügbaren Daten den ältesten Sternen ein Alter von rund 20 Milliarden Jahren zubilligten, aber ein expandierendes Universum auf höchstens zehn Milliarden Jahre begrenzten.

Diese kontinuierlich fließende Beschaffenheit des Steady-State-Modells wurde von seinen Befürwortern mit dem damals äußerst populären Film *Traum ohne Ende* (Dead of Night) von 1945 verglichen. Er gehört zu den Lieblingsfilmen der drei Wissenschaftler und ist einer der besten Episodenfilme, die sich mit dem Übersinnlichen auseinandersetzen. Im Grunde sind es mehrere Kurzgeschichten, die durch die Menschen, die sich in einem alten Haus auf dem Land treffen, verknüpft werden. Der Film endet mit den Ereignissen unmittelbar vor der ersten Szene. Das Ganze verläuft also kreisförmig ohne einen wirklichen Anfang oder ein Ende, was vor allem in jenen Tagen einleuchtend war, als Filme in den Kinos kontinuierlich gezeigt wurden ohne genau definierte Anfangszeiten.

Laut Hoyle war *Traum ohne Ende* die eigentliche Inspiration für die Steady-State-Theorie. Er erzählt, wie Gold an dem Abend, als die drei den Film gesehen hatten, in die Runde fragte: «Könnte nicht das Universum genauso funktionieren?» Hoyle sagt, dadurch seien sie für die Vorstellung sensibilisiert worden, dass etwas sowohl dynamisch als auch gleichzeitig unveränderlich sein könnte wie ein gleichmäßig fließender Fluss. Thomas Gold, der die Idee als Erster äußerte, stimmt Hoyles Erinnerung an die Geburt der Theorie nicht ganz zu. Er behauptet, sie hätten einfach nur gesagt, das Konzept sei «wie *Traum ohne Ende*». Wie auch immer, der Film erwies sich für sie immerhin als eine Metapher für etwas, das sich entwickeln und dennoch am selben Ort enden könnte.

In Wirklichkeit ist der geschlossene Kreis von *Traum ohne Ende* nicht das Idealbild, um sich die Steady-State-Theorie zu vergegenwärtigen. Ein besserer Vergleich wäre eine Schokoladenfabrik, in der rund um die Uhr produziert wird. Schokoladentafeln werden über das Fließband befördert, verlassen die Fabrik und werden in alle Welt ausgeliefert. Das «Schokoladenuniversum» expandiert von der Fabrik in die Welt hinaus. Und so ähnlich stellen wir uns die Expansion des Universums vor. Das heißt aber nicht, dass unser Fließband einmal stillstünde, denn es wird kontinuierlich neues Material ins System gepumpt, sodass der Nachschub an Schokoladentafeln das Fließband am Laufen hält.

Schöpfung in den Lücken

In der Steady-State-Theorie dehnt sich das Universum ständig aus, so wie Hubbles Daten es nahelegten, doch anstatt mit immer größeren Lücken zwischen den Galaxien auszudünnen, wie es im Urknallmodell vorgesehen ist, wird in den Lücken kontinuierlich neue

Materie geschaffen. Gemessen an der ungeheuren evolutionären Zeitskala des Universums, verdichtet sich schließlich diese Materie und bildet neue Galaxien.

Die auf der Hand liegenden Fragen, die die Theorie aufwirft, lauten: Woher kommt die ganze neue Materie? Und wie weiß sie, wo sie hinmuss? Die Befürworter des Steady-State-Modells hatten auf die erste Frage eine Antwort parat. Immerhin sollte ja – glaubte man an die Urknalltheorie – jedes bisschen Materie in einem Augenblick in der Zeit ohne einen besonderen Grund für dieses Ereignis geschaffen worden sein. Da nahm sich die Vorstellung, Materie könnte stetig ins Dasein tröpfeln, kaum überraschender aus.

Hoyle stellte sich ein hypothetisches «C-Feld» vor, das für die Erschaffung von Materie verantwortlich war, aber das war nur ein Hilfsmittel. Es gab keinen speziellen Beweis für dieses Feld. Er sagte einfach nur: «Materie tritt ins Dasein, und das C-Feld sorgt dafür, dass es geschieht.» Genauso gut könnte man sagen: «Die Gravitation, die uns auf der Erde hält, wird vom Gravitationsfeld verursacht.» Es ist eine vernünftige Aussage, die uns allerdings nichts Neues über die Gravitation erzählt. Im Gegensatz zum Urknall, der an einem bestimmten Zeitpunkt stattfinden musste und dafür auch eine Erklärung brauchte, war eine Erklärung für das «Warum jetzt?» beim Steady-State-Modell nicht nötig, weil es ja ständig geschah. So lief es nun mal.

Und was die zweite Frage betrifft: Woher weiß die neue Materie, wo sie erscheinen muss?, bot das Modell des Steady State offenbar eine logische Erklärung an. Selbst die Befürworter des Urknalls akzeptierten zwei Schlüsselelemente, wenn es um die Beschaffenheit des Universums ging. Diese Vermutungen waren sogar nötig gewesen, damit Einsteins allgemeine Relativitätstheorie überhaupt funktionierte. Das Universum musste homogen und isotrop sein.

Homogen und isotrop

Diese Begriffe sind ein klassisches Beispiel dafür, wie Wissenschaftler unergründliche Worte für absolut einfache Konzepte verwenden. Ein isotropes Universum sieht immer gleich aus, egal, in welche Richtung man schaut. Mit Homogenität ist einfach nur gemeint, dass es gleichmäßig zusammengesetzt ist, sodass es nicht darauf ankommt, von wo aus man schaut. Welche Messungen man auch vornimmt, man kommt überall zu den gleichen Ergebnissen, ob es um die Lichtgeschwindigkeit geht oder um die Dichte der Materie. In der Praxis gibt es natürlich gewaltige Unterschiede in der Dichte, zum Beispiel zwischen einem fast leeren Raum und einem Neutronenstern, aber wenn man den Durchschnitt dieser kleinen lokalen Abweichungen auf den Maßstab von Galaxienhaufen überträgt, sieht das Universum ziemlich einheitlich aus.

Bedenken Sie, dass diese beiden wesentlichen Mutmaßungen keinesfalls eine Gewissheit darstellen, obwohl es keinen guten Grund gibt, anders zu denken. Wenn also das Universum homogen und isotrop ist, fällt die Antwort auf die Frage nach dem Steady-State-Modell ziemlich selbstverständlich aus. Materie tritt in den Lücken in Erscheinung, weil sie dort den Raum vorfindet, um ins Dasein zu treten. Und das geschieht überall, weil das Universum homogen und isotrop ist. Darüber hinaus bewältigt Steady State damit ein ernstes Problem, das dem Urknallmodell noch immer anhaftet.

Wenngleich wir die allgemeine Relativität nicht auf das Universum anwenden können, es sei denn, wir vermuten, es sei homogen und isotrop, sagt die Urknalltheorie voraus, es sei vor allem in einer Richtung nicht isotrop, nämlich in der Zeit. Der Urknalltheorie zufolge hat die Dichte des Universums im Lauf der Zeit rapide abgenommen. Die Vergangenheit ähnelt also nicht der Gegenwart. Wenn daher die Dichte im Lauf der Zeit anisotrop ist (das heißt, sie verändert sich, während wir uns durch die Zeit bewegen), warum sollten dann nicht auch andere grundlegende Aspekte des Universums Schwankungen unterworfen sein? So könnte beispielsweise die Lichtgeschwindigkeit zu Beginn des Universums anders gewesen sein (eine Theorie von João Magueijo, die später noch detaillierter beschrieben wird. Er hat vorgeschlagen, die Lichtgeschwindigkeit sei anfangs anders gewesen). Sollte dies der Fall sein, sind alle unsere Vermutungen beim Blick zurück in der Zeit zunichtegemacht, und die zerbrechliche Grundlage für unsere indirekten, die Geschichte des Universums betreffenden Messungen ist zerstört.

Allerdings war das Steady-State-Modell für diejenigen, die nur mit dem Urknall oder mit einem statischen Universum vertraut waren, anfangs ein ziemlicher Schock. Als Hoyle sein lautstarker Verfechter wurde, verteidigte er die Theorie, ähnlich wie Richard Feynman die Quantentheorie verteidigte (wobei er sich insbesondere für die Quantenelektrodynamik einsetzte, die unübertroffene Theorie der Wechselwirkung zwischen Licht und Materie). Hoyle über die Steady-State-Theorie:

[Die Steady-State-Theorie] ist vielleicht wirklich eine seltsame Theorie, und ich stimme dieser Ansicht zu, aber in der Wissenschaft spielt es keine Rolle, wie verrückt eine Idee klingen mag, solange sie funktioniert.»

Vergleichen Sie diese Bemerkung mit der Feynmans über Quantenelektrodynamik 33 Jahre später:

Wir Physiker haben uns mit diesem Problem herumgeschlagen und einsehen müssen, dass es nicht darauf ankommt, ob uns eine Theorie passt oder nicht. Sondern darauf, ob die Theorie Vorhersagen erlaubt, die mit dem Experiment übereinstimmen. Es geht nicht darum, ob eine Theorie philosophisch bestrickend oder leicht zu verstehen ist oder dem gesunden Menschenverstand von A bis Z einleuchtet. Die Natur, wie sie die Quantenelektrodynamik beschreibt, erscheint dem gesunden Menschenverstand absurd. Dennoch decken sich Theorie und Experiment. Und so hoffe ich, dass Sie die Natur akzeptieren können, wie sie ist – absurd.

Als Gold das Konzept des Steady State in die Diskussion einbrachte, schien es Hoyle und Bondi anfangs fragwürdig zu sein. Sie befürchteten, es könnte einer genaueren Überprüfung nicht standhalten, doch dann entdeckten sie schnell, dass sie die Idee nicht ohne weiteres anfechten konnten. Je gründlicher sie sie untersuchten, umso besser schien sie ihnen als Gegenkandidatin zum Urknall geeignet zu sein.

Wo ist die neue Materie?

Abgesehen von der Frage, die ich oben stellte, war das andere große Problem beim Steady State die Frage nach dem Aufenthaltsort der neuen Materie. Warum können wir sie nicht sehen? Dies ähnelt folgender Frage, die manche Leute stellen: «Wenn neue Arten über evolutionäre Prozesse in Erscheinung treten, warum sehen wir dann nicht, wie dies überall geschieht? Warum spielt sich die Evolution von Tieren und Pflanzen nicht unmittelbar vor unseren Augen ab?» Die Schwierigkeit dabei ist der riesige Zeitraum, den die Evolution für ihre Entwicklung benötigt, sodass jeder beliebige Zeitraum, den wir beobachten können, nicht genügt, um etwas sehen zu können. Wenn das Steady-State-Modell wahr wäre, würden sich die Vorgänge gleichermaßen so abspielen, dass auf unserer Zeitskala der Beobachtung nur eine kleine Menge Materie erschaffen werden müsste. Wie Fred Hoyle sich ausdrückte, ginge es dabei in einem Zeitraum von 100 Jahren und in einem Raum von der Größe des Empire State Building um die Neubildung eines einzigen Atoms.

Von den späten 1940er Jahren, als die Steady-State-Theorie erstmals formuliert wurde, bis zu den frühen 1960er Jahren gab es kaum einen Anlass, eine wohlbegründete Entscheidung für eine der beiden Theorien zu treffen, sodass häufig Vorurteile oder Interessenverbände ins Spiel kamen. Manch einer stellte das Modell als eher altmodisch dar, weil es sich nicht ausreichend von der einst vorherrschenden Theorie eines statischen Universums unterschied. Andere wiederum glaubten, der Urknall sei ein altmodisches Konzept, weil er auf die Genesis der Bibel zurückgreife. Wieder andere teilten sich in nationale Lager auf, da der Urknall aus den Vereinigten Staaten kam und der Steady State eine britische Theorie war.

Obwohl wenig darüber berichtet wird, gab es durchaus interessante Parallelen zwischen diesen Theorien und der Entwicklung geologischer Modelle ein Jahrhundert zuvor. Wie wir bereits gesehen haben, nahm man lange Zeit an, dass die Erde ihre Form einer Reihe von Katastrophen verdankte wie die ursprüngliche Schöpfung und die Sintflut, die in der Bibel beschrieben werden. Als sich aber die Geologie von Katalogisierungsübungen zunehmend zu einer echten Wissenschaft entwickelte, stellte man fest, dass es sich dabei viel häufiger um einen allmählichen Prozess handelte, den man Gradualismus oder Aktualismus nannte. Bei diesem heute weitgehend akzeptierten Ansatz hält man geologische Prozesse für kontinuierliche Vorgänge, die sowohl in der Vergangenheit als auch heute ohne plötzlichen katastrophischen Wandel auskommen. Der Steady State war eine solche gleichförmige Theorie, während der Urknall ein katastrophisches Modell war – ein Denkmuster, das außerhalb der Kosmologie von der Wissenschaftsphilosophie größtenteils abgelehnt wurde.

Als das Steady-State-Modell fest etabliert war, konnte es Punkte machen, nicht unbedingt, weil es möglich war, die Richtigkeit des Steady State zu beweisen, sondern vielmehr weil ein Schlüsselelement des Urknalls nicht mit der Realität übereinstimmte. Denken Sie daran: Man kann Theorien nur widerlegen und nicht beweisen. Das große Problem des Urknalls war das Alter des Universums. Wie wir bereits sahen, gab es seit den 1930er Jahren das ernste Problem, dass das Alter des Universums als wesentlicher Bestandteil der Urknalltheorie erheblich jünger zu sein schien als die Erde und die Sterne. Erst wenn dieses Problem gelöst war, konnte der Urknall eine Chance auf Erfolg haben.

Im Lauf der 1950er Jahre wurde das Alter des Universums zunächst auf 3,6 Milliarden Jahre, dann auf 5 und schließlich auf mehr als 10 Milliarden Jahre festgelegt. Nun stand das Alter des Universums der Urknalltheorie nicht mehr im Weg, aber es versetzte dem Steady State noch nicht den Todesstoß. Nur weil der Urknall jetzt logisch denkbar war, musste er noch lange nicht wahr sein.

Der Steady State beginnt zu bröckeln

Ein paar Jahre lang ließ sich die Steady-State-Theorie von der Urknalltheorie nicht so leicht unterkriegen, doch im Lauf der Zeit legten bessere Beobachtungen nahe, das Universum habe in ferner Vergangenheit äußerst bedeutsame Wandlungen durchgemacht, was das ursprüngliche Steady-State-Modell nicht erklären konnte. Je weiter man ins Weltall hinausschaut, desto weiter blickt man in der Zeit zurück, weil die Informationen mit Lichtgeschwindigkeit auf uns zu eilen. Das heißt, wir können mit hinreichend guten Instrumenten viele Milliarden Jahre zurückblicken. Und seit Golds ursprünglicher Formulierung des Steady State waren diese Hilfsmittel kontinuierlich leistungsfähiger geworden.

Ein weiterer Faktor hat eine eher theoretische Grundlage. Die Urknalltheorie ging davon aus, dass ein großer Teil des Heliums (das zweitleichteste Element nach Wasserstoff) in den Nachwirkungen des Urknalls entstand, während das Steady-State-Modell annahm, dieses Helium sei in den Sternen erzeugt worden. Wir wissen inzwischen, dass dies genau so passiert. Sterne wie unsere Sonne sind von der Umwandlung von Wasserstoff in Helium abhängig, um die Kernenergie zu erzeugen, die sie antreibt und uns am Leben erhält. Aber mit der vermuteten Lebenszeit des Universums aufgrund der vom Urknall beeinflussten Theorien konnten Sterne nicht so viel

Helium produzieren, wie wir es in Wirklichkeit vorfinden. Man hätte eigentlich damit rechnen müssen, dass es mehr in der unmittelbaren Umgebung von Sternen verteilt wäre als überall im Weltraum, wie es eigentlich zu sein scheint. (Hoyle sollte später argumentieren, das Universum könnte erheblich älter sein, sodass Zeit genug gewesen sei, um das Helium in den Sternen zu produzieren.)

Radio erzeugt Wellen

Als nächster Schritt sollte ein neuartiges Teleskop wichtige Akzente in der großen kosmologischen Debatte setzen. Mitte der 1960er Jahre stand der Astronomie ein viel größeres Angebot an Instrumenten zur Verfügung. Die optischen Teleskope waren seit Galileis und Newtons Zeiten unverändert geblieben, abgesehen vielleicht von einem größeren Leistungsumfang und einem raffinierteren Design. Das Licht tritt in einem weiten Bereich von Wellenlängen oder Energien auf: von äußerst energiereichen Gammastrahlen über Röntgenstrahlen, ultraviolettem und sichtbarem Licht bis zu Infrarot, Mikro- und Radiowellen. In den 1930er und 1940er Jahren hatten Ingenieure, die an Radioempfängern und Radar arbeiteten, zufällig Radioquellen im Weltall entdeckt. So erwies sich beispielsweise die Sonne genauso als Radioquelle wie als Quelle sichtbaren Lichts.

Allmählich erkannte man, dass diese Ursprünge unsichtbaren Lichts eine Alternative zu den traditionellen Teleskopen bieten könnten und es ermöglichten, neue kosmische Objekte zu entdecken oder bereits existierende Objekte auf neue Art und Weise zu sehen. Zwar sind Radioteleskope längst nicht so präzise wie optische Teleskope, weil Radiowellen viel länger sind (die Photonen haben weniger Energie), dennoch ist es möglich, Radiosignale über einen viel breiteren Empfänger zusammenzuziehen. Hatten die größten optischen Teleskope einen 5-Meter-Spiegel, wurden schon bald Radioteleskopschüsseln mit einem Durchmesser von 60 Metern gebaut. So wurden durch die Zusammenschaltung vieler Empfangsgeräte virtuelle Teleskope mit vielen Kilometern Durchmesser möglich.

Kurioserweise sollte der erste große Erfolg von Radioteleskopen eine Hypothese der Steady-State-Theorie unterstützen, die ihr im Streit mit dem Urknall zunächst Vorteile verschaffte. Allerdings sollte diese Entdeckung später ausgerechnet die Grundlagen des Steady State erschüttern. Als die Radioastronomen von Cambridge unter der Leitung von Martin Ryle erstmals Radioquellen ausfindig machten, nahmen sie an, jene Radioimpulse kämen von Sternen in unserer Galaxie. Gold und Hoyle aber waren überzeugt, dass diese Quellen, die zuvor nicht sichtbar gewesen waren, ferne Galaxien waren.

Die Bestätigung durch die großen optischen Teleskope zeigte, dass die neuen Quellen in der Tat Galaxien waren. Aber Golds und Hoyles Erfolg wurde gegen sie verwendet, da diese Radiowellen aussendenden Galaxien sich größtenteils als junge Galaxien erwiesen, die alle in Raum und Zeit sehr weit entfernt waren, während die Steady-State-Theorie eigentlich erwartete, sie gleichmäßig im Universum verteilt aufzufinden. Allerdings war dieser anfängliche Triumph über den Steady State nur von kurzer Dauer. Als Ryle seine ersten Ergebnisse bei einem Vortrag am 6. Mai 1955 (der Tag, an dem ich geboren wurde) präsentierte, berief er sich auf Daten, die einer genauen Untersuchung nicht standhielten. Andere Ergebnisse, die nur zwei Jahre später von dem australischen Astronomen Bernard Mills veröffentlicht wurden, zeigten, dass Ryle wohl etwas voreilig gewesen war, als er den Tod des Steady-State-Modells verkündet hatte.

Mills verglich den australischen Katalog mit den Daten aus Cambridge und schrieb:

Wir haben gezeigt, dass es in der Stichprobenzone, die auch im Cambridge-Katalog enthalten ist ... einen auffallenden Unterschied zwischen den beiden Katalogen gibt ... Daraus folgern wir, dass die Abweichungen hauptsächlich auf Fehler im Cambridge-Katalog zurückzuführen sind. Deshalb entbehren Schlussfolgerungen von kosmologischer Bedeutung, die auf dieser Analyse beruhen, jeder Grundlage.

Mills behauptete, es sei unmöglich, Rückschlüsse auf die Gültigkeit des Urknalls oder des Steady State aus diesen Beobachtungen der Radiogalaxien zu ziehen.

Die Lage wurde allerdings erheblich schlimmer für Hoyle, als Ryle mit einer wesentlich detaillierteren Untersuchung auftrumpfte, die in dieselbe Richtung wies wie seine ersten Ergebnisse, wenn auch mit etwas schwächeren Zahlen. Statt die üblichen Methoden wissenschaftlicher Veröffentlichungen einzuhalten, brachte Ryle die Firma Mullard, die einen großen Teil der Radioastronomie in Cambridge finanzierte, dazu, Hoyle zu einer Pressekonferenz einzuladen, um interessante Ergebnisse zu diskutieren. Man erzählte ihm vorab nicht, worum es gehen sollte, aber als Ryle anfing zu reden, «erkannte er, dass er in eine Falle getappt war».

Ryle kündigte seine neuen Resultate an, die zeigten, dass die Steady-State-Theorie falsch war. Ob Hoyle das kommentieren mochte? Offenbar begriff Ryle, dass er zu weit gegangen war, und rief Hoyle daraufhin an, um sich zu entschuldigen. «Er hatte nicht erkannt, wie schlimm es für ihn ausgehen würde, als er auf den Vorschlag von Mullard, an der Pressekonferenz teilzunehmen, einging.» Das ist natürlich nicht die feine englische Art, akademische Ergebnisse anzukündigen oder einem Kollegen die Möglichkeit zu geben, darauf zu reagieren. Aber das Steady-State-Modell hatte in aller Öffentlichkeit einen Schlag versetzt bekommen, und selbst wenn es keine weiteren erhärtenden Beweise für Ryles Schlussfolgerungen gegeben hätte, war es durch dessen clevere Öffentlichkeitsarbeit bereits jetzt dem Untergang geweiht.

Kindergartengalaxien

Als die optischen und die radioastronomischen Instrumente besser wurden, trat eines immer deutlicher hervor: Blickt man zurück in der Zeit, indem man weit hinaus ins Weltall schaut, gibt es Merkmale, die heute nicht mehr zu existieren scheinen. Ein perfektes Beispiel sind Quasare. Quasare scheinen die Antwort auf eine Frage zu sein, die Hoyle sich in der Frühzeit der Steady-State-Theorie stellte, um zu zeigen, welche der Theorien die richtige war. Beide Theorien erklärten recht gut alle Beobachtungen, die bis in die 1940er Jahre hinein gemacht worden waren. Und so dachte Hoyle sich einen Test aus, der zwischen ihnen unterscheiden sollte.

Die Urknalltheorie ähnelt einer einzelnen Klasse von Kindern, die die Schule durchlaufen. Sie fangen mit dem Kindergarten an, absolvieren die Grundschule, das Gymnasium und beginnen anschließend mit dem Studium. Zu jedem beliebigen Zeitpunkt ist die ganze Klasse auf der gleichen Jahrgangsstufe. Die Steady-State-Theorie ähnelt eher einem ganzen Schulsystem. Zu jedem beliebigen Zeitpunkt gibt es Kinder in allen Jahrgangsstufen, die einen sind gerade Schulanfänger, andere stehen kurz vor dem Abschluss. Tauschen wir jetzt die Kinder gegen Galaxien aus. Im Urknallmodell sollten alle Galaxien ungefähr dasselbe Alter haben. Es sind alles reife, erwachsene Galaxien. Um die «Kindergartengalaxien» sehen zu können, müsste man sehr weit zurück in der Zeit schauen (was für astronomische Zwecke angesichts der begrenzten Lichtgeschwindigkeit dasselbe ist, als sagte man: Schau weit hinaus ins Weltall). Beim Steady State sollten sich stets neue Galaxien bilden, sodass es keine Notwendigkeit gibt, in den Tiefen von Zeit und Raum nach Kindern Ausschau zu halten. Sie sollten eigentlich direkt hier, vor unserer Haustür, sein.

In den späten 1940er Jahren war das Equipment der Astronomen einfach nicht gut genug, um herauszufinden, ob es diese «Kindergartengalaxien» überhaupt gab. Falls es sie tatsächlich ganz in der Nähe gegeben hätte, wie der Steady State es nahelegte, wären die damaligen Teleskope nicht geeignet gewesen, sie von erwachsenen Galaxien zu unterscheiden. Wären sie andererseits weit entfernt gewesen, wie es das Urknallmodell vorschlug, befänden sie sich weit außerhalb der Reichweite jedes Teleskops. Hoyle hatte also einen Test angeregt, der sich nicht ausführen ließ. Inzwischen können wir aber viel weiter in Raum und Zeit zurückschauen. Quasare (Kurzfassung für «quasistellare Objekte») neigen dazu, wie ein Stern auszusehen, dem ein Jet (Strahl) seitwärts entweicht, aber die Erscheinung ist trügerisch. Vermutlich sind es riesige junge Galaxien. Diese Quasare sind nur in enormer Entfernung sichtbar, meistens mehr als 3 Milliarden Lichtjahre entfernt, in der Vergangenheit des Universums. Nirgendwo sonst scheint es «Kindergartengalaxien» zu geben. Und das sind schlechte Nachrichten für den Steady State.

Quasi-Steady-State

Hoyle ergab sich nicht kampflos. Sogar noch 2000, ein Jahr vor seinem Tod, veröffentlichte Hoyle ein Buch mit seinen Kollegen Geoffrey Burbidge und Jayant Narlikar. Dabei versuchten sie, wie der Untertitel suggerierte, «von einem statischen Universum durch den Urknall zur Wirklichkeit» vorzustoßen. Hoyles Buch ist deshalb wichtig, weil es einige echte Probleme benennt, die die Kosmologie gegen Ende des 20. Jahrhunderts angehäuft hatte.

Wenn ein Experiment wie der COBE-Satellit, das viele Millionen Dollar koste und der Kooperation mit der NASA bedürfe, gerechtfertigt werde, müssten, so führte Hoyle aus, «bevor die Instrumente gebaut werden können, extravagante Behauptungen über die erhofften Funde aufgestellt werden. Es überrascht daher kaum, dass in dem Augenblick, wenn die Instrumente funktionieren, die Ansprüche noch höher geschraubt werden, was schließlich darauf hinausläuft, dass die Erwartungen *in der Tat erfüllt worden sind.*»

«In einer Ära, in der seriöse Wissenschaftler einen solchen Ansatz vertreten können», sagte Hoyle, «gibt es keinen Raum für die

Entdeckung von Phänomenen, die man nicht bereits erwartet.» Das führe zu konformistischer Wissenschaft, befürchtete er, und es werde sehr schwer, die augenblicklich anerkannte Weisheit hinter sich zu lassen, sei es nun der Urknall oder andere dominierende, aber unbewiesene Theorien wie etwa die Stringtheorie. Obwohl Hoyle durchaus eine Neigung zu unnötiger Streitlust hatte, als er sich für die peinlich berührte Jocelyn Bell einsetzte, hatte er nicht ganz unrecht.

Wenn Experimente so großmaßstäblich und teuer sind, gibt es eine starke Tendenz, nur die Arbeit zu finanzieren, die das unterstützt, was wir bereits glauben, statt wahrhaft neue Felder zu eröffnen. Es kann schwierig sein, gegen den Strom zu schwimmen. Und allein schon aus diesem Grund lohnt es sich, uns Hoyles letzte Einschätzung, was beim Urknallmodell schiefging, kurz anzusehen.

Hoyle und seine Kollegen entwickelten das «Quasi-Steady-State-Modell», das recht gut all die Probleme ansprach, denen der Steady State gegenüberstand. Darin wird Materie kontinuierlich überall im Weltall durch «annähernd Schwarze Löcher» erzeugt, statt in einem einzigen Augenblick in unendlich kurzer Zeit nach dem Urknall selbst entstanden zu sein. Das sind Sterne, die fast Schwarze Löcher sind, aber nicht genügend Masse haben, sodass sie noch mit dem Universum da draußen kommunizieren können. Ein solches Modell könnte oszillatorisch (über riesige Zeiträume hinweg expandierend und kontrahierend) sein oder unendlich expandieren. Hoyle entschied sich für ein oszillatorisches Modell, das mit anderen Beobachtungen besser übereinstimmt.

Die Quasare, die wirksam gegen die ursprüngliche Steady-State-Theorie eingesetzt wurden, sind in diesem Modell keine Kindergartengalaxien, sondern sind aus existierenden Galaxien hervorgegangen. Hoyle weist darauf hin, man mache sich Sorgen wegen der Art und Weise, wie die Rotverschiebung benutzt worden sei, um die extreme Entfernung der Quasare zu messen. Er glaubt, sie seien viel näher als ursprünglich vorgeschlagen, seien häufig (manchmal auch sichtbar) mit einer Galaxie verbunden, die die Quasare als Teil des

Schöpfungsprozesses ausgeströmt habe. Was die kosmische Mikro-wellen-Hintergrundstrahlung betrifft, die einige Urknallbefürwor-ter als praktischen Beweis für seine Existenz betrachteten, so könnte diese, argumentiert Hoyle, von Galaxien erzeugt werden und in ei-nem annähernd Schwarzen Loch stattfinden. Er schlägt vor, dass diese Theorie die beobachtete Energie der Strahlung präziser vor-hersagen könne als der Urknall, der ursprünglich eine Zahl vorher-sagte, die sich vom tatsächlichen Wert erheblich unterschied.

Obwohl betont werden sollte, dass die im Modell von Hoyle und seinen Kollegen erforderliche kontinuierliche Schöpfung nicht be-obachtet worden ist, blieb andererseits auch der Mechanismus des Urknalls unbestätigt. Was Hoyle hier abgeliefert hat, ist ähnliches Stückwerk, wie es beim Urknall zur Anwendung kam, damit es zu den beobachteten Resultaten passt. Diese Problematik trifft sowohl auf das Modell des Quasi-Steady-State als auch auf den Urknall zu. Hoyle trägt ein schlagendes Argument vor, das Steady-State-Mo-dell sei ausgegrenzt und ignoriert worden, weil große Wissenschaft nun einmal so funktioniere und nicht wegen spezieller Probleme mit dem Modell.

Tatsache ist, dass mit dem Auftreten von Problemen bei detail-lierteren Beobachtungen der fernen Vergangenheit im Weltall die Varianten des Steady State außerhalb des Hoyle-Lagers zunehmend an Unterstützung verloren und die Urknalltheorie eine Eigendyna-mik entwickelte. Davon erholte sich das Steady-State-Modell nicht mehr. In den späten 1970er Jahren war die Urknalltheorie allerdings ebenfalls mit Problemen konfrontiert. Aber statt eine völlig neue Theorie zu entwickeln, suchten die Befürworter nach einer Mög-lichkeit, die Theorie so hinzubiegen, dass sie mit der Realität über-einstimmte. Und während Hoyles Bemühungen, eine scheiternde Theorie zu beleben, als ineffektiv erachtet wurden, nahm man hier die Vorstellung einer Notlösung für das Konzept einigermaßen kri-tiklos auf. Der Urknall plus Inflation wurde ins Leben gerufen.

7. DIE AUFGEBLASENE WAHRHEIT

> Sobald man eine neue Idee ins Spiel bringt,
> zeigt die Erfahrung, dass man gut beraten ist,
> neue Schwächen des existierenden Paradigmas
> anzusprechen, um dann zu demonstrieren, wie
> die vorgeschlagene neue Idee sie beseitigt … Wir
> glauben, der Erfolg des Inflationsmodells beruht
> weniger auf seinen spezifischen Vorzügen als viel-
> mehr darauf, wie es der kosmologischen
> Gemeinde präsentiert wurde.
>
> *Fred Hoyle, Geoffrey Burbridge und*
> *Jayant V. Narlikar*
> *A Different Approach to Cosmology*

Während die Steady-State-Theorie allmählich dahinschwand, gewann der Urknall an Bedeutung, aber es nahm auch die schreck-
liche Erkenntnis zu, dass etwas daran nicht stimmte. Hätte sich das
Universum tatsächlich so ausgedehnt, wie man annahm, hätte es
einfach nicht genug Zeit gehabt, so gleichförmig und flach zu werden, wie es in der Tat zu sein scheint. Es war der junge Physiker
Alan Guth, der sich eine abenteuerliche Lösung für dieses Problem
ausdachte. Guth kam 1947 in New Brunswick, New Jersey, zur Welt,
besuchte das MIT und ging von dort aus an die Cornell University,
aber erst in Stanford konnte er die Lösung für das größte Problem
anbieten, dem der Urknall gegenüberstand.

Guth schlug vor, dass sich die Gravitation kurz nach dem Urknall für sehr kurze Zeit praktisch umkehrte. Statt die Dinge zusammenzuziehen, schob sie sie mit enormer Geschwindigkeit auseinander. Kurz darauf funktionierte sie wieder normal, und das Universum expandierte genauso wie heute. Guth hatte keine plausible Erklärung, warum dies geschehen sein sollte, aber *falls* es tatsächlich so gewesen war, würde es erklären, warum die Umstände so anders sind als erwartet.

Alle hier ins Spiel kommenden Größenordnungen sind dramatisch. Ein Anfang mit dem Urknall konfrontiert uns mit einem Ereignis, das völlig außerhalb unseres physikalischen Verständnisses liegt. Es ist eine Singularität, ein Nullpunkt mit unendlichen Werten für Temperatur und Energie. Weil dies unserer Mathematik nicht zugänglich ist, muss es nicht unbedingt an einem Punkt geschehen sein. Aber wir sprechen mit Sicherheit über etwas in einem winzigen Raum, vollgestopft mit Masse und Energie, ein Etwas, das aus dem Nichts erscheint, und zwar aus Gründen, die nicht viel einleuchtender sind als die, die uns die Genesis anbietet.

Nur 10^{-35} Sekunden nach dem Urknall fing die Inflation aus unbekannten Gründen an. (Dies ist eine leicht vereinfachte Darstellung: Inzwischen gibt es Erklärungen für die Inflation, an der die Symmetriebrechung der ursprünglichen Kraft beteiligt ist, die schließlich zu den heute bekannten Kräften wie dem Elektromagnetismus führte. Hinzu kommen Phasenübergänge, vergleichbar mit dem Übergang von Wasser zu Eis. Viele Wissenschaftler wenden allerdings ein, diese Ideen erklärten nicht zufriedenstellend, warum die Inflation ausgerechnet zu den nahegelegten Zeitpunkten geschah und wieder aufhörte.)

An diesem Punkt war kaum etwas in Gang gekommen. 10^{-35} ist eine unbegreiflich kurze Zeitspanne. Stellen Sie sich so etwas wie eine Zehntelsekunde vor, aber mit 35 Nullen am Ende statt nur einer Null. In dieser lächerlich kurzen Zeitspanne soll sich das Universum um den Faktor 10^{30} und mehr ausgedehnt haben. Anschließend war es 1 000 000 000 000 000 000 000 000 000 000-mal größer. Damit war das Universum noch nicht annähernd so groß, wie es heute ist. Selbst nach der Inflation hatte es einen Durchmesser von lediglich einem Kilometer. Aber davor war es geradezu lächerlich klein.

Das Ergebnis scheint gegen Einsteins spezielle Relativitätstheorie zu verstoßen, die behauptet, nichts könne sich schneller fortbewegen als das Licht. Sollte irgendetwas doch dazu in der Lage sein, würde es rückwärts in der Zeit reisen mit potenziell katastrophalen Folgen für die Kausalität und für unser ganzes Wirklichkeitskonzept. Aber auf die regelmäßige Expansion des Universums trifft Einsteins Limit nicht zu, da es sich auf die Geschwindigkeit eines Objekts bezieht, das sich durch den Weltraum fortbewegt. Hier aber bewegte sich nichts fort. Es war der Raum selbst, der sich ausdehnte. Deshalb verursachte die Inflation keine Bewegung, verglichen mit der Lichtgeschwindigkeit innerhalb des Universums.

Da die ursprüngliche Größe des Universums zur Zeit der Inflation so klein war, müssten wir eigentlich bei der wie auch immer erfolgten Abschaltung der Inflation mit Quanteneffekten rechnen. Die Inflationsenergie wurde während dieses unglaublichen Ausdehnungsprozesses in einer äußerst flachen, gleichförmigen Struktur ausgebreitet. Da wir es jedoch mit Quantenprozessen zu tun haben, kommen Unbestimmtheiten ins Spiel, was bedeutet, es dürfte eigentlich keine ganz und gar gleichförmigen Ergebnisse geben (genau so, wie es, um ehrlich zu sein, ohne diese Schwankung keine Saatkörner gäbe, aus denen sich Sterne und Galaxien bilden könnten).

Nichts außer der Ungewissheit ist gewiss

Die Unbestimmtheit ist ein wichtiges Wort in der Quantenwelt. Heisenbergs Unbestimmtheitsprinzip, eine der Schlüsselkomponenten der Quantentheorie, spricht von Eigenschaftspaaren, die so miteinander verknüpft sind, dass es unmöglich ist, beide in all ihren Details zu kennen. Je mehr man über das eine weiß, umso weniger weiß man über das andere. Eins dieser Paare besteht aus dem Impuls (Masse mal Geschwindigkeit) und dem Ort. Kennt man den Impuls eines Quantenteilchens genau (sein Gewicht, seine Richtung, seine Geschwindigkeit), lässt sich nichts über seinen Aufenthaltsort sagen. Er könnte sonst wo im Universum sein. Gleichermaßen gilt: Kennt man den genauen Ort eines Teilchens, könnte es jeden beliebigen Impuls haben.

Deshalb schwanken Quantenteilchen ständig umher: Je höher die Temperatur ist, umso heftiger tanzen sie. Wäre ein Teilchen absolut unbewegt, wüssten wir genau, wo es sich aufhält, und es könnte zu einem seltsamen Teilchen werden und jeden beliebigen Impuls haben. Dies ist ein wirklich bedeutsamer Aspekt der Quantentheorie, den zu erforschen sich lohnt. Als Werner Heisenberg erstmals das Unbestimmtheitsprinzip entwickelte, verstand er ein Schlüsselelement selbst noch nicht, sodass dieses Missverständnis heute noch häufig dargestellt wird.

Als Heisenberg seinem Chef Niels Bohr zum ersten Mal vom Unbestimmtheitsprinzip erzählte, veranschaulichte er es mit einem imaginären Mikroskop. Er beschrieb das Teilchen als ein Elektron, das durch ein märchenhaft leistungsfähiges Supermikroskop geht. Wir benutzen Licht, um das Objekt zu untersuchen, sodass ein Photonenstrahl (Quantenteilchen wie die Elektronen) ständig in das Elektron kracht. Als Ergebnis wird der Pfad des Elektrons verändert. Man kann kein Quantenteilchen betrachten, ohne die Dinge zu verändern.

Heisenberg soll in Tränen ausgebrochen sein, als Bohr seine Vorstellung in Stücke zerriss. Heisenberg hatte vermutet, dass bis zur Abtastung des Elektrons durch das Mikroskop Position und Impuls des Elektrons genau bestimmt waren. Er glaubte, es sei der Beobachtungsprozess, der die Dinge durcheinanderbringt. Eigentlich aber war die Unbestimmtheit, wie Bohr hervorhob, viel grundlegender als das. Man musste das Elektron gar nicht beobachten, damit die Unbestimmtheit eintrat: Sie gehörte zum Wesen eines Quanten-teilchens.

Die Unbestimmtheit trifft auch auf Felder zu wie etwa die des Elektromagnetismus, die zur Quantentheorie gehören. Das heißt, Teilchen können aus dem Nichts ins Dasein platzen, kurzfristig existieren und dann wieder verschwinden. Man vermutet, dass diese Art von Aktivität die Quantenfluktuationen nach der Inflation hervorbrachte, wobei winzige Fluktuationen in der Inflation selbst Regionen mit feinen Dichte- und Energieschwankungen ins Leben riefen.

Das Phantomrauschen

Die Quantenschwankung in den ausgedehnten Relikten des Urknalls liefert den bisher besten Beweis für die Existenz der Inflation (und des Urknalls selbst). Alles begann 1965 mit unerwünschtem Taubenkot, als zwei Forscher ein Teleskop benutzten, das wie der auf der Seite liegende Schornstein eines seltsamen Schiffs aussah. Mit seiner Hilfe wollten sie den Himmel nach interessanten Radiosignalen absuchen, denn die Empfindlichkeit des Geräts schien ihnen vielversprechend zu sein.

Dieser spezielle Radioempfänger war ursprünglich gebaut worden, um Signale eines kurzlebigen reflektierenden Satelliten aufzufangen, und wurde 1965 noch benutzt, um mit dem primitiven Satelliten Telstar zu kommunizieren, fand aber damals auch als Teleskop Verwendung. Die Forscher hießen Robert Wilson und Arno Penzias und arbeiteten für die Bell Labs in Holmdel, New Jersey. Wilson wurde 1936 in Texas geboren und Penzias 1933 in München. Im Alter von sechs Jahren wurde er mit anderen jüdischen Kindern evakuiert. Wilson und Penzias gehörten zur äußerst seltenen Spezies der Radioastronomen unter den Kommunikationsingenieuren in den Bell Labs. Sie suchten nach Anzeichen für eine Gaswolke, die die Milchstraße umgeben sollte. Doch was Wilson und

Penzias fanden, war ein Hintergrundrauschen, ein Signal, das aus allen Richtungen zu kommen schien.

Anfangs reagierten sie darauf mit der Annahme, die Quelle des Rauschens sei erdgebunden. Für Nutzer von Radioteleskopen ist es nicht ungewöhnlich, von einer leistungsstarken irdischen Quelle irregeleitet zu werden: von Amateurfunkern, Stromleitungen oder gar von Staubsaugern mit defektem Kabel. Es ist viel leichter, es mit einer irdischen Funkstörung zu tun zu bekommen, als dass bei konventionellen Teleskopen eine Lichtinterferenz auftritt. Doch Wilson und Penzias konnten diese Ursachen ausschließen. Wohin sie ihr Teleskop auch ausrichteten, selbst in Richtung New York: Es gab keine Schwankung in diesem Hintergrundrauschen.

Sie untersuchten das Teleskop selbst auf Fehler. Mit der Verkabelung und der Elektronik – möglichen Quellen für das Signal – war alles in Ordnung, aber dann entdeckten sie, dass die Tauben vor Ort das breite Horn des Teleskops als Hochsitz benutzt hatten. Seine Öffnung war mit weißem Vogelkot (oder mit «elektrisch nicht leitendem Material», wie Penzias es geziert umschrieb) verschmiert, weil ein Taubenpärchen dort ein Nest gebaut hatte – und das trotz der regelmäßigen Störungen, wenn das Teleskop rotierte und sie umherschleuderte.

Penzias und Wilson handelten ungewöhnlich rücksichtsvoll, kauften eine Lebendfalle für Tauben und schickten die Tiere rund 60 Kilometer weit fort. Es war die weitestmögliche Entfernung, die die betriebseigene Post bewältigte. Unglücklicherweise waren ihre Bemühungen vergeblich. Ein paar Tage später waren die Luftplagegeister wieder zurück und mussten erschossen werden. Als der Taubenkot entfernt worden war, hatte das Rauschen nicht nachgelassen. Es war noch da, ein allgegenwärtiger Lärm unter den schärfer definierten Radioquellen, den Galaxien und Pulsaren.

Penzias und Wilson wussten nicht, was sie gefunden hatten, aber Penzias rief zufällig einen anderen Radioastronomen an, um mit ihm über etwas völlig anderes zu diskutieren. Ihre Probleme mit dem unerwünschten Rauschen erwähnte er lediglich nebenbei. Aber Bernie Burke, den er in der Carnegie Institution in New York angerufen hatte, wusste von der Arbeit eines anderen Wissenschaftlers namens Robert Dicke an der Princeton University.

Relikte des Urknalls

Der in Missouri geborene Dicke war besser ausgerüstet als das Forscherpaar bei Bell, war bereits Ende vierzig und leitete ein Team in Stanford. Er hatte seine eigenen Vorstellungen über den Anfang des Universums. Dazu gehörte – wie in der traditionellen Urknalltheorie – eine sehr heiße ursprüngliche Suppe aus Materie und Strahlung. In einem plötzlichen Augenblick der Inspiration glaubte Dicke, eine Möglichkeit gefunden zu haben, genau bis zum Anfang zurückblicken zu können.

Im Gegensatz zu Gamows Team, das vorausgesagt hatte, es sei Strahlung vom Urknall erhalten geblieben, die jedoch nicht aufspürbar sei, erkannte Dicke, dass die Relikte dieser anfänglichen heftigen Strahlung heute immer noch sichtbar sein müssten. Dicke und sein kleines Team waren energisch auf der Suche nach der Strahlung, die zu strömen begann, als das Universum erstmals durchsichtig wurde. Zu Beginn seiner Laufbahn hatte Dicke sich sehr erfolgreich mit der allgemeinen Relativität auseinandergesetzt, aber während des Krieges war er (wie viele aus der Kosmologenmafia) mit Radarforschung beschäftigt gewesen, was womöglich diese Erkenntnis angeregt hatte.

Dickes zwei junge Forschungsassistenten sammelten altes, vom Krieg übrig gebliebenes Equipment. Glücklicherweise ähnelten die vom Urknall verbliebenen Mikrowellen, die zu finden sie erhofften, sehr stark den Radarsignalen, die im Zweiten Weltkrieg benutzt wurden. So konnten sie Teile des alten Equipments wiederverwenden und setzten ihre provisorischen Teleskope auf das Dach der Guyot Hall in Princeton, hoch genug, wie sie hofften, um die von Menschen verursachten Einflüsse auszuschalten.

Es war schlimm genug, dass das Princeton-Team mit derart bescheidenem Gerät auskommen musste, aber sie waren zusätzlich mit einem Problem konfrontiert, dem andere Praktiker in ihrem neuen, aber rasch sich ausweitenden Bereich der Radioastronomie nicht gegenüberstanden. Obwohl sie sich bemühten, gab es keine Möglichkeit, jedes bisschen Hintergrundstrahlung aus dem System zu verbannen. Etwas kam aus der Atmosphäre. Noch mehr steuerte das Equipment selbst bei. Normale Radioastronomen bewältigten das Problem, indem sie einen «leeren» Teil des Himmels mit ihrem Beobachtungsobjekt verglichen. Der Unterschied zwischen beiden Werten ergab das tatsächliche Signal. Aber die kosmische Hintergrundstrahlung sollte aus allen Richtungen kommen, in die man schaute.

Da das Princeton-Team keine Möglichkeit sah, sein Teleskop auf einen hintergrundfreien Himmel zu richten, bauten sie eine künstliche Quelle, die ein Signal hervorbringen sollte, das man von einer bekannten Energie wie der Hintergrundstrahlung erwarten konnte. Diesen Wert wollten sie anschließend benutzen, um die Ergebnisse des Teleskops zu eichen. Und falls sie am Himmel etwas finden sollten, das mit einer Energie im angemessenen Bereich gleich blieb, hatten sie eine gute Chance, es als kosmische Hintergrundstrahlung zu identifizieren. Es gab nur noch ein einziges anderes Radioteleskop auf der Welt, das diese Fähigkeit besaß, statt eines Vergleichs solche absoluten Messungen zu machen. Es war das Gerät, das Penzias und Wilson benutzten.

Erst als Burke, den Penzias angerufen hatte, Kontakt mit Dicke aufnahm, erkannte dieser, dass das Teleskop in New Jersey zufällig genau das gefunden hatte, was seine Gruppe so penibel gesucht hatte: die kosmische Hintergrundstrahlung, das geheimnisvolle «Echo» des Urknalls. Wie wir bereits gesehen haben, ist es nicht wirklich ein Echo, soll aber das wirkliche Licht von dem Punkt an sein, als das Universum durchsichtig wurde, herabgestuft auf die Energie von Mikrowellen durch den Rotverschiebungseffekt des expandierenden Universums. Dicke fuhr mit seinem Team nach New

Jersey, um Penzias und Wilson kennenzulernen, und während des Beisammenseins zogen sie Daten und Theorien zusammen, um ihre Vorstellungen über die frühe Zeit in der Geschichte des Universums auf ein festes Fundament zu stellen.

Der vergessene Vorläufer

Als George Gamow erstmals von den beiden Artikeln der Teams hörte (der eine über die Entdeckung, der andere über deren Bedeutung), war er vermutlich erfreut, denn hier wurde ja seine Vorstellung untermauert. Die Leute würden endlich erkennen, welch großartiges Konzept er formuliert hatte. Als er jedoch die Artikel las, war er entsetzt, dass seine Arbeit weder erwähnt, noch aus seinen Abhandlungen zitiert wurde. Ähnlich wie Gamow unbeabsichtigterweise Alpher und Hermann aus dem Rampenlicht gedrängt hatte, war er jetzt selbst vergessen worden.

Sogar heute, wo wissenschaftliche Veröffentlichungen viel leichter in elektronischer Form zugänglich sind, gibt es noch immer die Möglichkeit, nichts von früheren Arbeiten zu wissen. Obwohl Forscher eigentlich recherchieren, um ältere Quellen zu finden, und die Literatur kennen sollten, gerät alte Forschung, die zu ihrer Zeit als Sackgasse galt, leicht in Vergessenheit. Es war damals also kein Wunder, dass Gamows Ideen, die ins Abseits geraten waren, als man ihm nachgewiesen hatte, fälschlicherweise zu glauben, schwere Atome seien im Urknall erzeugt worden, Penzias und Wilson oder der Gruppe von Dicke nicht unbedingt geläufig waren.

Ein Teil des Problems ist die Tendenz von Wissenschaftlern, sich auf etwas zu spezialisieren. Die Radioastronomen beschäftigten sich nur mit Mikrowellen und lasen nur Zeitschriften für Forscher, die in diesem bestimmten Bereich arbeiteten. Gamow hatte sowohl für ein Laienpublikum als auch für Physikzeitschriften geschrieben. Es gibt keinen Grund, Dicke der Lüge zu bezichtigen, als er sagte, er habe nie zuvor von Gamows Ideen gehört, auch wenn dieser Physiker berühmt war.

Ein weiteres Beispiel für diese fehlende Fähigkeit, Fakten aus allen möglichen Disziplinen zusammenzutragen, ist die überraschende Tatsache, dass die Hintergrundstrahlung bereits indirekt beobachtet worden war, als Gamows Team sie erstmals vorhersagte. Aber niemand erkannte, dass es passiert war, und verknüpfte die Beobachtung mit Gamows Theorie.

Es war eine Beobachtung, die älter war als Radioteleskope und die der Astronom W. S. Adams 1938 auf der Mount-Wilson-Sternwarte machte, wo auch Hubble seine Entdeckungen gelangen. Adams beobachtete einen Stern und fand heraus, dass sein Spektrum fast unmerklich verändert war, als hätte ein Gas aus Cyan, einer Kohlenstoff-Stickstoff-Verbindung (bekannt als Bestandteil der tödlichen Substanzen, die in den Gaskammern benutzt wurden), auf ihn eingewirkt. Adams' Beobachtungen machten nur Sinn, falls die Cyanmoleküle mit einer Energie umherwirbelten, die einer Temperatur von ungefähr 3 Grad Kelvin entsprach.

Adams wusste jedoch, dass im leeren Raum die Energie nahe null sein musste. Obwohl es ganz und gar möglich war, dass Gaswolken erheblich mehr Energie besaßen, die sie vom Sternenlicht absorbieren, rechnete man hierbei nicht damit. Was Adams offenbar entdeckt hatte, war die Auswirkung der Hintergrundstrahlung auf diese Gasmoleküle. Dadurch wurden sie in Bewegung versetzt. Dies allein wäre nie eine ausreichende Bestätigung für Gamows Theorie gewesen: Es gab noch zu viele andere Ursachen für die Energie. Wäre allerdings die Verbindung hergestellt worden, hätte sich ein guter erster Anhaltspunkt ergeben, der wesentlich früher weitere Fahndungen nach der Hintergrundstrahlung angeregt hätte.

Die ursprünglichen Daten von Penzias' und Wilsons Teleskop reichten aus, um Gamows Theorie zu verifizieren, und das war dann auch der letzte Nagel für den Sarg der Steady-State-Theorie, die damals keine Erklärung für die Existenz dieser Mikrowellen-Hintergrundstrahlung bot. (Wie wir gesehen haben, sollte Hoyle später argumentieren, die erweiterte Steady-State-Theorie liefere eine sinnvolle Erklärung für die Hintergrundstrahlung, aber es war zu spät, um das Konzept zu retten.)

Auf der Suche nach den Kräuselungen

Die Entdeckung war nobelpreiswürdig. Penzias und Wilson bekamen die Auszeichnung, obwohl Dicke überraschenderweise leer ausging. Aber die Teleskope der Bell Labs waren nicht empfindlich genug, um die erste Entdeckung konkret zu bestätigen. Außerdem konnte man nicht erkennen, ob die Beobachtung mit der erwarteten Schwankung aufgrund von Quanteneffekten während der Inflation übereinstimmte. Diese Abweichungen bedeuteten, dass die kosmische Hintergrundstrahlung nicht ganz und gar gleichförmig sein konnte, sondern Spitzen und Tiefpunkte haben musste. Wo es mehr Materie gab, musste die Energie etwas geringer sein, da die Materie das Licht mehr streut. Schließlich bleibt die Frage, woher all diese unebenen Brocken wie die heute sichtbaren Galaxien stammen, wenn das ursprüngliche vorinflationäre Universum so perfekt glatt und gleichförmig gewesen war.

Zu diesem Zeitpunkt war Dickes Team so weit und arbeitete mit seinen provisorischen Teleskopen. Es gelang ihnen, ein neues Ergebnis zur bisherigen Informationsermittlung hinzuzufügen: Die kosmische Hintergrundstrahlung war in allen Richtungen, in die wir schauen, ziemlich gleichmäßig. Obwohl dies so klingt, als widerspreche es der erhofften Schwankung, waren diese winzigen Abweichungen auf der Ebene, die ihren Messinstrumenten zugänglich war, nicht sichtbar. Aber bevor es eine Chance gab, die Fluktuationen zu finden, war es unerlässlich, sicherzustellen, dass die Hintergrundstrahlung überall, wohin man blickte, nahezu gleich war. Und es gelang Dickes Gruppe, das zu bestätigen. Sie suchten den Himmel ab und nutzten die natürliche Drehung der Erde, um mit ihren

Teleskopen unterschiedliche Ausschnitte des Universums abzudecken. Alles schien gleichförmig zu sein. Es war tatsächlich die Hintergrundstrahlung.

Um die Quantenschwankung aufzuspüren, musste man einen Empfänger bauen, der so empfindlich war, dass der Einfluss der Atmosphäre und speziell die Beeinträchtigung durch Wasserdampf in der Atmosphäre ausgeschlossen werden konnten. Obwohl Ballons und hochfliegende Luftfahrzeuge eingesetzt wurden, um das Problem zu umschiffen, brauchte es schließlich doch einen Satelliten, um die Herrlichkeit der kosmischen Hintergrundstrahlung und ihre verräterischen Kräuselungen wahrhaftig zu offenbaren.

Aus der Sicht des Satelliten

Das war der Grund für diese seltsamen elliptischen Bilder des Universums, die später vom COBE- und vom WMAP-Satelliten gemacht wurden, und deshalb waren auch die Astrophysiker so entzückt über ein Bild, das dem uneingeweihten Beobachter nicht viel verrät.

In diesen Schnörkeln aus Licht und Schatten sehen wir eine Hintergrundstrahlung, die sowohl mit dem Konzept des Urknalls unter Gamows Annahmen als auch mit einem Universum übereinstimmt, das eine unfassbar schnelle Inflation im Säuglingsalter durchlebt hat, wobei winzige Schwankungen auftraten, die möglicherweise die Saatkörner für die erheblichen lokalen Abweichungen erzeugten, die wir heute vorfinden.

COBE, der erste der beiden Satelliten, wird abgeleitet aus **CO**smic **B**ackground **E**xplorer (Sonde zur Erforschung der kosmischen Hintergrundstrahlung). Die erste Anregung für die Konstruktion kam Mitte der 1970er Jahre. Gestartet wurde er schließlich 1989. Er hätte schon früher dort oben sein sollen, aber es war ursprünglich ein Start mit einer konventionellen Rakete vorgesehen gewesen. Dann änderte die NASA ihre Politik und verlangte, dass künftig alles mit dem Shuttle ins All befördert werden sollte, was ein Neudesign notwendig machte. Bedauerlicherweise geriet der Startplan wegen des *Challenger*-Unglücks völlig durcheinander, sodass COBE für ein paar Jahre verschoben wurde, bevor ein geeignetes Startgerät gefunden war, was abermals ein Neudesign erforderte. Ironischerweise griff das Satellitenteam, nachdem es das europäische Ariadne-Startgerät ins Auge gefasst hatte, auf die ursprünglich geplante Deltarakete zurück.

Zwei Jahre später veröffentlichten die COBE-Wissenschaftler die berühmten elliptischen Karten der Hintergrundstrahlung aus dem Weltall mit den psychedelischen Kräuselungen. Eigentlich grenzte die Präsentation des Originalbilds für die Medien fast schon an Betrug. Diese Karten sahen eindrucksvoller aus als die dahinterstehenden Ergebnisse. Die meisten Schwankungen in dem Bild, die diese einzigartigen Kleckse und Fransen hervorbrachten, stammten nämlich von der Zufallsstrahlung des Mikrowellendetektors selbst. Wenn dies durch den Vergleich mit Ergebnissen bei unterschiedlichen Wellenlängen und mit Hilfe statistischer Analyse ausgebügelt wird, bleibt nicht mehr viel übrig.

Trotzdem gab es noch die winzigen, erwarteten Schwankungen, die sich in späteren, detaillierteren Untersuchungen als eine Abweichung von nur 1 in 100 000 erwiesen – eine Fluktuation, wie man sie sich als Signatur der Relikte des Urknalls erhoffte. Sie war also da, war allerdings erheblich weniger fotogen als das Bild, das die Zeitungen und das Fernsehen verbreiteten.

Es gibt eine andere geringfügige Schwankung in der kosmischen Hintergrundstrahlung, die nicht in diesen Bildern auftaucht, da sie bereits in den COBE-Karten ausgeklammert wurde. Die Erde ist nicht unbeweglich. Wir umkreisen die Sonne, die wiederum mit unserer wirbelnden Galaxie rotiert, die durchs Universum fliegt. Alles zusammengenommen bewegen wir uns vor dem Hintergrund der Strahlung mit 600 000 Metern pro Sekunde fort (das sind rund 2 160 000 Kilometer pro Stunde). Das bedeutet, wir bringen mit unserer eigenen Bewegung eine winzige Rot- / Blauverschiebung in die

Strahlung ein, die das Stück vor uns etwas energiereicher werden lässt als das Stück hinter uns.

Universeller Hype

Die Reaktion der Medien auf die COBE-Ergebnisse war vermutlich übertrieben, angeheizt durch die Kommentare von Wissenschaftlern, die es eigentlich besser hätten wissen müssen. Der vielleicht bekannteste lebende Wissenschaftler in den vergangenen zwanzig Jahren, unbeschadet seines Auftritts in *Star Trek: The Next Generation*, ist der britische Astrophysiker Stephen Hawking. Er war es, der die ganze Angelegenheit zur Weltsensation hochputschte, indem er die COBE-Resultate «die größte Entdeckung des Jahrhunderts, wenn nicht gar aller Zeiten» nannte.

Zweifellos war die COBE-Mission wichtig für die Kosmologie, doch angesichts der Tatsache, dass das Fazit keineswegs detailliert genug ausfiel, um eindeutig zu sein, und ohnehin eine derart indirekte Messung war, dass sie überhaupt nur die Richtigkeit einer bestimmten Theorie nahelegen konnte, schienen Hawkings Kommentare allzu enthusiastisch zu sein. In diesem Jahrhundert waren die Struktur des Atoms, die Quantentheorie, die Relativitätstheorie und die DNS entdeckt worden, um nur ein paar wichtige Ereignisse zu nennen, was Hawkings Behauptungen mehr als ein wenig übertrieben erscheinen ließ. Aber zumindest hatten sie die seltene Wirkung, eine zweifellos wichtige wissenschaftliche Entdeckung einem größeren Publikum vor Augen zu führen, als es normalerweise der Fall gewesen wäre.

Es ist ebenfalls richtig, dass die COBE-Ergebnisse die mit der Auswertung befassten Wissenschaftler überzeugten. Sie zeigten (anhand eines anderen Detektors an Bord des Satelliten) ein wunderbar sauberes Spektrum von Schwarzkörperstrahlung. Es war ein Indiz dafür, dass man das frühe Universum als eine einfache Schwarzkörperquelle mit äußerst begrenzter Struktur betrachten konnte. Die Resultate sollten in größerer Detailtreue durch den späteren WMAP-Satelliten (Wilkinson Microwave Anisotropy Probe), eine Sonde zur Erforschung der Unregelmäßigkeit der Mikrowellenstrahlung, bestätigt werden. In den ersten Jahren des 21. Jahrhunderts lieferte sie mehr Details über die tatsächliche Verteilung der Energie in diesem frühen Licht und stellte andere Parameter bereit, die zu einer besseren Schätzung des Alters des Universums führten und ein besseres Bild von der Zusammensetzung des Universums ermöglichten.

Schaut man sich das Ergebnis des WMAP-Satelliten an, wie es normalerweise dargestellt wird, ähnelt es ein wenig einem langgestreckten Vogelei. Es ist ein gequetschtes Oval mit dunklen und hellen Punkten, manchmal auch in grellen, künstlichen Farben präsentiert. Es lässt sich schwer nachvollziehen, wie jemand irgendetwas aus diesen wenig inspirierenden Klecksen ableiten könnte. Doch muss man erkennen, dass hier eine enorme Verdichtung dessen zum Vorschein kommt, was der WMAP-Satellit in Wirklichkeit aufzeichnet. Er benötigt sechs Monate, um den ganzen Himmel abzusuchen. Dabei dreht er sich um sich selbst, um dünne Himmelsstreifen einzufangen. Dieses gequetschte Ei ist eine Mischung vieler solcher Streifen, aber mit nicht annähernd den Details, die erreichbar sind, um den Wissenschaftlern bei der Untersuchung dieses Restglühens des frühen Universums zu helfen.

Die mit den satellitengestützten Teleskopen inzwischen möglichen Messungen legen eine tatsächliche Hintergrundstrahlung von rund 2,7 K (–270,45 °C) nahe, was Gamows 5 K als überraschend gute Übereinstimmung mit der Wirklichkeit erscheinen lässt, obwohl ein Zyniker natürlich sagen könnte: «Na gut, aber es war doch zu erwarten, dass es im Weltraum kalt ist, oder?»

Nachglühen und Echos

Es fällt ein bisschen schwer, zu begreifen, wie die Kosmologen darauf kommen, dass diese extrem niedrige Temperatur so etwas wie ein «Nachglühen» des Urknalls sein soll. Wie wir bereits gesehen haben, klingt eine typische Erklärung ungefähr so: Als unmittelbare Folge des Urknalls war die (relativ winzige) Ausdehnung des Raums undurchlässig. Die darin enthaltene Materie war so heiß, dass das überhitzte Plasma eine Menge freier Elektronen enthielt, die alle Photonen streuten und umlenkten, was bedeutet: Kein Licht konnte da durchkommen. Als es ausreichend abgekühlt war, wurde es durchsichtig. Die elektromagnetische Strahlung, die damals vorhanden war, «zirkuliert» seitdem ständig, und es ist dieses Nachglühen, diese Reststrahlung, die wir im kosmischen Mikrowellenhintergrund erkennen.

Das klingt alles sehr schön, aber als Erklärung ist es äußerst unbefriedigend. Sollte dies das «Nachglühen» sein, muss man fragen, was die Zeitverzögerung vom ursprünglichen Ereignis zum heutigen Glühen verursacht hat. Das ist typisch für eine Beschreibung, die die Wirklichkeit zu stark vereinfacht bis zu dem Punkt, an dem es von selbst verwirrend wird, sobald man darüber nachdenkt, statt sich einfach nur mit dem vagen Gefühl zufriedenzugeben, das es einem gibt. Nachbeben und Nachglühen eignen sich gut als Metaphern, aber was will uns die Metapher sagen?

Das wahre Bild ist nicht das eines Nachbebens, das um das Universum kreist und Echos in alle Richtungen abgibt. Es ähnelt auch nicht einem Nachglühen, das den Himmel nach einem großen Brand erfüllt. Stattdessen sprechen wir über Licht, das sich durch das erstmals durchlässige junge Universum bewegte und das wegen der enormen Expansion, die das Universum durchgemacht hat, noch immer unterwegs ist. Da die Strahlung ursprünglich überall war, sollte sie, egal wo im Universum wir uns aufhalten, noch immer an uns vorbeirauschen.

Zweifellos war die Entdeckung dieser Strahlung eine sinnvolle

Unterstützung der Urknalltheorie. Aber man kann dabei auch zu weit gehen. In seinem im Übrigen ausgezeichneten Buch «Big Bang: Der Ursprung des Kosmos und die Erfindung der modernen Naturwissenschaft» schreibt Simon Singh: «Wer auch immer diese sogenannte Mikrowellen-Hintergrundstrahlung entdeckte, würde beweisen, dass es wirklich einen Urknall gegeben hatte.» Singh müsste es eigentlich besser wissen. Niemand würde dergleichen tun.

Wie wir bereits gesehen haben, kann man eine wissenschaftliche Theorie nicht beweisen. Man kann entweder Indizien für ihre Unterstützung liefern, oder man kann sie widerlegen, indem man Indizien liefert, die im Widerspruch zu ihr stehen. Die Existenz der kosmischen Mikrowellen-Hintergrundstrahlung war ein nützliches und bekräftigendes Indiz für die Urknalltheorie, aber sie ist ein eher indirekter Beweis, denn es könnte viele andere Gründe für ihr Dasein geben. Später sollte sie zur Anwendung kommen, um etliche entgegengesetzte Theorien zu unterstützen. Auf keinen Fall aber kann sie als absoluter Beweis gelten.

Große Vernichtung

Als das Universum durchlässig wurde, musste ein anderer Wandel stattgefunden haben, ein Problem, das die Kosmologen lange Zeit beunruhigte. Sie fragten sich insbesondere, warum das frühe Universum nicht in einer gewaltigen Kollision von Materie und Antimaterie explodiert war.

Als das Universum ins Dasein trat, gab es keinen besonderen Grund, warum Materie oder Antimaterie den Vorzug erhalten sollte. Und außerdem wurde in dem unglaublich hohen Energiezustand unmittelbar nach dem Urknall Energie kontinuierlich in Teilchenpaare von Materie und Antimaterie umgewandelt. Im Prinzip hätte es die gleiche Menge von Materie und Antimaterie geben müssen, die sich anschließend gegenseitig ausgelöscht und ein Universum hinterlassen hätten, das nur mit Energie angefüllt gewesen wäre.

Dass dies nicht geschah, wird normalerweise durch die Annahme erklärt, äußerst feine Unterschiede in den Eigenschaften von Materie und Antimaterie liefen auf einen geringfügig höheren Prozentsatz Materie hinaus. Danach löschte sich alles andere selbst aus, und übrig blieb nur dieser Überschuss. Diese Theorie, ausgedacht von Andrei Sacharow, dem russischen Physiker – besser bekannt als politischer Dissident –, legt Folgendes nahe: Lediglich ein einziges von einer Milliarde Teilchen überlebte die monströse Materie / Antimaterie-Auslöschung. Aber das genügte.

Manche Forscher haben jedoch spekuliert, das Universum sei womöglich irgendwie zergliedert worden und es gäbe da draußen gewaltige Einschlüsse von Antimaterie, vielleicht im selben Maßstab wie unser eigenes beobachtbares Universum. Sollten die beiden jemals miteinander in Kontakt kommen, käme es zu einem Ausbruch von Energie, der alle je beobachteten Supernovae zusammengenommen wie einen aufglühenden Streichholzkopf aussehen ließe.

Obwohl der Urknall die beste anerkannte Theorie ist, gibt es noch andere Ideen, und einige Forscher decken in den Beweisen, die sie stützen sollen, regelmäßig Lücken auf. Außerdem trägt es nicht gerade zur Beruhigung bei, dass das Ganze den Eindruck macht, als werde es von einem Wundpflaster zusammengehalten. Wäre nicht der Inflationsgedanke hinzugekommen, würde das ganze Konzept nicht funktionieren. Die Inflation ist aus folgendem Grund problematisch: Obwohl sie dafür sorgt, dass Beobachtungen und Theorie übereinstimmen, kann niemand plausibel erklären, warum sie passiert sein sollte.

Zusammengezählte Möglichkeiten

Ein möglicher Beweis für die Inflation wurde gerade ausgearbeitet, als ich dieses Buch schrieb. Stephen Hawking von der Universität Cambridge und Thomas Hertog von der Denis-Diderot-Universität in Paris entwickeln dabei einen ähnlichen Ansatz zu einer Lösung mit der Bezeichnung «Summe über alle Geschichten». Mit ihrer Hilfe hat der große amerikanische Physiker Richard Feynman einige Aspekte der Quantentheorie erklärt.

Die Quantentheorie stützt sich eher auf Wahrscheinlichkeiten als auf Gewissheiten. Beim Ansatz der Summe über alle Geschichten nimmt ein Teilchen nicht wirklich den eindeutigen, geraden Weg von A nach B. Stattdessen bewegt es sich auf jedem einzelnen Weg aus der unendlichen Fülle aller möglichen Pfade fort. Viele davon haben eine geringe Wahrscheinlichkeit oder haben Phasen (ein Teilchenzustand, der sich mit der Zeit verändert), die sich gegenseitig aufheben, was zum erwarteten Weg führt, aber diese Wege sind real und nicht nur ein mathematischer Trick, um zur Lösung zu gelangen.

Stellen Sie sich einen Augenblick lang einen Lichtstrahl vor, der in der Mitte eines Spiegels in einem bestimmten Winkel reflektiert wird. Zerschlagen Sie jetzt den größten Teil des Spiegels samt der Mitte, sodass nur ein Splitter auf einer Seite übrig bleibt. Es kommt offensichtlich keine Reflexion zustande. Wenn Sie jetzt aber einige dünne schwarze Streifen auf den übrig gebliebenen Splitter kleben, bleiben nur die Pfade übrig, deren Phasen sich addieren. Dann gibt es eine Reflexion, obwohl das Licht jetzt in eine völlig ungeeignete Richtung für die Reflexion gelenkt wird, die nicht unserem Verständnis entspricht. Diese Streifen stoppen die seltsamen Pfade, die sich gegenseitig aufheben.

Sie können dieses Geschehen tatsächlich beobachten, ohne mit Spiegeln und schwarzen Streifen hantieren zu müssen. Die Phasen der Photonen verändern sich mit unterschiedlichen Geschwindigkeiten, was von der Energie des Lichts abhängt. Beim sichtbaren Licht wird diese Energieabweichung durch Veränderung der Farbe des Lichts deutlich. So werden unterschiedliche Farben von diesen feinen Linien in einem anderen Winkel reflektiert. Richten Sie weißes Licht auf einen Spezialspiegel, in den feine Linien eingraviert sind, und Sie sollten Regenbögen sehen. So einen Spiegel hat praktisch jeder: eine CD oder eine DVD. Drehen Sie sie um, und halten Sie die unbeschriftete Seite ins Licht. Die Regenbogenmuster, die Sie sehen, stammen von den Vertiefungen in der Oberfläche, die einige Phasen des Lichts herausschneiden, sodass es in einem verrückten Winkel reflektiert wird und Ihr Auge trifft: ein sichtbares Beispiel für funktionierende Quantenmechanik.

Hawking und Hertog haben vorgeschlagen, das frühe Universum sei zum Zeitpunkt des Urknalls ein Quantenobjekt gewesen und könne deshalb mit Hilfe der Quantenmechanik angegangen werden. Genauso wie das Quantenteilchen jeden Weg zwischen A und B nimmt, so sei das Quantenuniversum, das der Theorie zufolge ungeheuer viele mögliche Formen hat (wir sprechen hier von 10^{500}, das ist eine 1 mit 500 Nullen dahinter), ihrer Auffassung nach in all diesen unterschiedlichen Formen gleichzeitig gegenwärtig gewesen, und das Resultat sei die Summe aller Quantenuniversen. Anschließend nahmen sie sich die Art von Universum vor, mit der wir es heute zu tun haben, und sahen sich an, wie ein Universum mit Materie und Licht, das sich so verhält, wie wir es kennen, in die unterschiedlichen potenziellen Universen hineinpassen könnte. Sie kamen schließlich zu dem Ergebnis, dass die Summe aller denkbaren Universen die Inflation auf das Niveau bringen würde, das benötigt wurde, damit die heutigen Bedingungen zutreffen.

Hier ist der Verdacht auf einen Zirkelschluss angebracht. Sie suchten sich Universen aus, die zu dem passten, was wir haben. Dann wandten sie sie auf die Datenbefunde für das an ... was wir haben. Aber es sollte betont werden, dass sie mit der Beschaffenheit des Universums von heute begannen und die Inflation voraussagten, die nur ein theoretischer Wegbereiter ist. Sollten Hawking und Hertog recht haben, dann ist die Inflation das natürliche Ergebnis der Kombination möglicher Quantenuniversen, die ihrer Meinung nach nötig waren, um unser eigenes Universum zu bilden. Die Theorie ist noch keinesfalls abgesichert, aber die Wahrscheinlichkeit der Inflation bekommt dadurch einen kleinen Schub.

Hawkings und Hertogs Arbeit lässt einen theoretischen Grund

erkennen, warum die Inflation stattgefunden haben könnte. Allerdings muss sie sich gegen eine andere theoretische Arbeit behaupten, die dazu führen könnte, dass die aktuellen Vorstellungen über die Inflation nicht weiter aufrechterhalten werden können. Die Wissenschaftler, die dies tun, berufen sich ausgerechnet auf den Beweis, der normalerweise ins Spiel kommt, wenn gezeigt werden soll, dass der Urknall und die Inflation tatsächlich stattgefunden haben: die Satellitenkarten der kosmischen Hintergrundstrahlung.

Inflation – aber anders, als wir sie kennen

Diese Forschung betont wieder einmal, wie indirekt die Verbindungen zwischen dem Beobachteten und den Theorien sind, die auf diesen Beobachtungen beruhen. Benjamin Wandelt von der University of Illinois in Urbana-Champaign veröffentlichte im Mai 2008 eine Arbeit, der zufolge die Daten nicht unserem Bild der Inflation entsprechen. Wenngleich Wandelt mit seiner speziellen Theorie zu einer Minderheit gehört, teilen viele andere Forscher das Gefühl, die Inflation gelte nur eingeschränkt oder sei sogar falsch. Michael Turner von der Universität Chicago sagte dazu: «Sie hält vielleicht noch zehn Jahre lang, aber nicht für immer.»

Wandelts Gründe für den Zweifel an der Inflation haben mit der Gleichförmigkeit zu tun. Der aktuellen Standardtheorie zufolge ist die Inflation für die Tatsache verantwortlich, dass das Weltall zum größten Teil gleichförmig ist, obwohl die weitesten Bereiche des Universums viel zu weit entfernt sind, als dass Informationen jemals von einer Seite zur anderen übermittelt werden könnten, um diese Gleichmäßigkeit zu bestätigen. Sollte die Inflation stattgefunden haben, wären diese Gebiete ursprünglich viel näher zusammen gewesen als ohne die Inflation, sodass sie vor der Inflationsphase eigentlich Informationen gemeinsam haben konnten.

Zu dieser Gleichförmigkeit gehört die Erwartung, dass die Energieschwankungen (und damit die der Temperatur), die wir in der

Hintergrundstrahlung sehen, normal verteilt sein sollten. Es ist die weitverbreitete statistische Verteilung, die in der graphischen Darstellung eine glockenförmige Kurve ergibt, wobei die Mehrzahl der Ereignisse um die Mitte gestreut ist, während ungefähr gleichmäßig verteilte Ausläufer, die zunehmend geringer werden, sich nach beiden Seiten hin erstrecken.

In der Praxis scheint es mehr kalte als heiße Flecken auf der Karte der Hintergrundstrahlung zu geben: Die Verteilung verzerrt sich offenbar zum kalten Ende hin und legt nahe, dass etwas mit der aktuellen Inflationstheorie nicht stimmt. Bis jetzt konnten die Daten noch nicht mit dem Grad von Gewissheit bestätigt werden, den Wissenschaftler schätzen. Es gibt eine Chance von 99 Prozent, dass die Zahlen korrekt sind, während Wissenschaftler gern in die Nähe von 99,9999 Prozent kämen, um die Daten als gesichert zu bezeichnen. Allerdings ist die Lage schon jetzt brisant genug, um Befürwortern der Inflation Sorgen zu bereiten.

Das ist aber nicht das einzige Problem, mit dem die Inflation konfrontiert ist. Bedenkt man die enorme Expansion, die im Lauf einer so kurzen Zeit zustande gekommen sein musste, sollte man eine so gewaltige Erschütterung der Struktur von Raum und Zeit erwarten, dass die Echos davon noch heute im Universum nachhallten. Unterliegt die Raumzeit einem raschen Wandel, muss man mit der Erzeugung von Gravitationswellen rechnen, Fluktuationen in Gravitationseffekten, die sich über das Universum hinweg ausbreiten, so wie Kräuselungen sich über einen Teich ausbreiten, wenn man einen großen Stein mitten hineinwirft. Diese Gravitationsschwankungen beeinflussen ihrerseits die Wellenlängen der Strahlung, die durch das Universum fliegt, aber trotz ausgiebiger Suche muss dieser Effekt erst noch gesichtet werden. Was nicht heißt, es gäbe ihn nicht, aber es ist schon verwunderlich, dass man bisher nichts dergleichen gefunden hat.

Falsch angepasstes Lithium

Es gibt auch noch andere Schwierigkeiten, das Verhalten des Universums mit der Theorie in Übereinstimmung zu bringen. Eine taucht zum Beispiel bei der Menge des Elements Lithium auf, das in der Ursuppe entstand. Wie viele andere Elemente hat auch das Lithium zwei «Aromen» oder Isotope. Wenn Sie sich noch an die Tafel des Periodensystems in der Schule erinnern, lassen sich die chemischen Elemente anhand zweier Zahlen identifizieren, der Kernladungszahl und des Atomgewichts. Die Kernladungszahl gibt die Zahl der Protonen im Kern an und die der Elektronen, die um das Atom kreisen (sie stimmen überein). Das Atomgewicht nennt Ihnen die Zahl der anwesenden schweren Kernteilchen (Protonen und Neutronen).

Als erstmals deutlich wurde, was das Atomgewicht war, glaubte man, diese Vorstellung sei furchtbar falsch, weil es ein Maß für die Anzahl der Teilchen war, und während es für bestimmte Atome ziemlich unkompliziert ist, scheint der Wert für andere keinen Sinn zu machen. So hat zum Beispiel Stickstoff die Kernladungszahl 7 und ein Atomgewicht von etwas mehr als 14. Daher lässt sich leicht sagen, es befinden sich 7 Protonen und 7 Neutronen in seinem Kern. Chlor jedoch hat die Kernladungszahl 17 und ein Atomgewicht von 35,45. Es scheint daher 18,5 Neutronen zu haben, was einfach nicht stimmen kann.

Die Lösung für dieses Problem ist die Erkenntnis, dass Atome mit unterschiedlich vielen Neutronen im Kern auftreten. Im Fall des Chlors gibt es stabile Versionen mit sowohl 18 als auch 20 Neutronen. Da es mehr mit 18 als mit 20 gibt, liegt der Durchschnitt bei ungefähr 18,5. Diese unterschiedlichen Versionen werden Isotope genannt. Auch Lithium tritt in zwei stabilen Versionen auf. Lithium-6 mit drei und Lithium-7 mit vier Neutronen.

In Übereinstimmung mit der konventionellen Urknalltheorie entstand eine Menge Lithium im Universum, bevor sich die Sterne bildeten, obwohl ein gewisser Anteil, wie beim Helium, in den Sternen produziert wird. Allerdings ist erst kürzlich ein Riesenproblem aufgetreten. Die Theorie stimmt nämlich nicht mit den Beobachtungen überein. Im frühen Universum scheint es nur ein Drittel der Menge von Lithium-7, die die Theorie vorhersagt, gegeben zu haben, während eintausendmal mehr Lithium-6 vorhanden war, als man vermutet hatte.

Wie bei allen Messungen, die bis zu den ganz frühen Tagen zurückreichen, müssen wir uns auf indirekte Beobachtungen und Berechnungen verlassen. Die eigentlichen Werte werden aus der Beobachtung sehr früher Sterne abgeleitet. Wenn wir so weit wie möglich ins ferne Universum hinausschauen und die spektroskopische Analyse anwenden, ist es möglich, eine Vorstellung zu bekommen, wie das Mengenverhältnis der verschiedenen Elemente zueinander in den sehr frühen Sternen war. Ohne eine Chance, in den Sternen selbst zusammengebraut worden zu sein, sollte diese Bilanz einen ungefähren Eindruck davon liefern, wie das Universum aussah, als sich die Sterne bildeten.

Um die Voraussagen der Theorie zu bestätigen, benötigt man etwas raffiniertere Messungen und muss sich dabei, wie so oft, auf die kosmische Mikrowellen-Hintergrundstrahlung verlassen. Falls die Urknalltheorie die richtigen Vorhersagen zur Entstehung von Helium, Lithium und Beryllium macht, würden die produzierten Mengen vom Verhältnis der Teilchen, also der Neutronen und Protonen in der ursprünglichen Mischung (kollektiv Baryonen genannt), zur Anzahl der Photonen abhängen. Dieses Verhältnis lässt sich von kleinen Temperaturschwankungen im Bild der vom WMAP-Satelliten aufgenommenen kosmischen Mikrowellen-Hintergrundstrahlung ableiten. Als das Verhältnis ausgerechnet und in die Formel eingesetzt wurde, ergaben sich zwar gute Ergebnisse für Helium, aber die Werte für Lithium waren, wie schon gesagt, völlig indiskutabel.

Ein möglicher Grund für die Diskrepanz mag darin begründet liegen, dass die Sterne nicht unbedingt das tun, was wir von ihnen erwarten. So ist es zum Beispiel möglich, dass diese alten Sterne, die man beobachtete, um Daten über die Lithiumniveaus zu gewinnen, in Wirklichkeit die Lithiumniveaus reduzierten, was sich vorteilhaft auf die Lithium-7-Zahlen auswirkte, aber nicht unbedingt hilfreich für die Lithium-6-Werte war. Andere behaupten, die augenblickliche Detailauflösung bei der Spektralanalyse reiche nicht für die Art von Genauigkeit aus, die für Lithium-6-Niveaus in den alten Sternen verlangt wird. Mit einer derart schwachen Quelle sei es einfach zu schwierig, die Isotope klar voneinander zu unterscheiden.

Wenn jedoch die Werte falsch sind – und dieser Meinung sind viele Astrophysiker –, dann kann mit den Vorhersagen über die im Urknall produzierten Elemente etwas nicht stimmen. Die größten Bemühungen werden augenblicklich wohl in den Vorschlag investiert, die vorherrschenden Teilchenreaktionen in der Urknallsuppe seien wesentlich komplexer gewesen als vermutet und dass Teilchen daran beteiligt gewesen sein könnten, die wir normalerweise im heutigen Zustand des Universums nicht sehen können. Sollte dies zutreffen, ließen sich womöglich solche Teilchen bei den Experimenten mit dem neuen Großen Hadronen-Speicherring im CERN entdecken. Andere Forscher sind jedoch kühn genug, eine andere Interpretation in Erwägung zu ziehen. Sie liefe darauf hinaus, dass die Urknalltheorie schlicht und ergreifend falsch wäre.

Noch so ein lichttragender Äther?

Zusammengefasst sind die Probleme mit der Urknalltheorie plus Inflation nicht etwa winzige vernachlässigbare Lücken zwischen Beobachtung und Theorie. Es sind tiefe Schluchten, durch die man eine kosmologische Kutsche samt Pferden jagen könnte. Die meisten Kosmologen tun so, als seien diese Probleme gelöst, aber die Lösungen sind in Wirklichkeit kolossale Korrekturfaktoren, die an die Einführung des «lichttragenden Äthers» vor einigen hundert Jahren erinnern. Nicht nur die Inflation ist hinzugefügt worden, es war obendrein nötig gewesen, andere unerwartete Bestandteile wie Dunkle Materie und Dunkle Energie hineinzuquetschen, damit das aktuelle Modell des Universums mit den beobachteten Daten übereinstimmt.

Manch einer könnte behaupten, dass die vorgenommenen Reparaturen zur Anpassung des Modells an die Realität so extrem sind, dass daraus eigentlich die Konsequenz hervorgehe, man müsse wieder ganz von vorn anfangen. Erinnern wir uns daher einen Augenblick an den Äther als Warnung vor den Gefahren, diesen kosmologischen Ausbesserungen zu viel Wirklichkeit zuzubilligen. Es war eine einfache Idee. Obwohl Newton überzeugt war, das Licht bestünde aus zahllosen winzigen Teilchen, die er Korpuskeln (Körperchen) nannte, bevorzugten seine Rivalen die Vorstellung vom Licht als einer Welle, die sich wie die Kräuselungen in einem Teich fortbewegt.

Es war bereits bekannt, dass das Medium unseres Gehörs, einer unserer entscheidenden Sinneswahrnehmungen, auf Wellen gestützt war. Der Schall war eine Reihe von Wellen, die sich durch die Luft fortpflanzten. Auf die gleiche Weise betrachtete man auch das Licht als eine Welle, und spätere Experimente, vor allem die des Universalgelehrten Thomas Young, sollten zeigen, dass das Licht tatsächlich wellenähnliche Eigenschaften hatte. Aber falls das Licht eine Welle ist, gibt es ein erhebliches Problem: *Worin* ist das Licht eine Welle?

Stellen Sie sich eine Welle auf der Meeresoberfläche vor. Sie besteht aus Aufwärts- und Abwärtsbewegungen der Wassermoleküle. Das Wasser selbst bewegt sich nicht als ein Ergebnis der Welle vorwärts, sondern die Welle leitet die Energie weiter. Sollten Sie daran zweifeln, dass das Wasser sich nicht in einer Welle bewegt, bedenken Sie, dass die Bewegung des Wassers am Rand des Ozeans nicht allein eine Angelegenheit sich fortbewegender Wellen ist. Denken Sie an eine einfachere Welle, die durch ein Stück Bindfaden, der an einer Türklinke befestigt ist, hindurchgeschickt wird. Dann wird deutlicher, dass die Teilchen, die die Welle tragen (in diesem Fall die Moleküle im Faden) sich lediglich auf und ab bewegen, während sich die Energie der Welle vorwärtsbewegt.

Das Licht der Sterne durchquert das leere Vakuum des Weltalls. Da dies unzweifelhaft war, mussten diese frühen Wissenschaftler erklären, *worin* sich das Licht fortbewegte. Diese Kuriosität ließ sich leicht erklären. Man saugte die Luft aus einer Glasglocke heraus, in deren Mitte eine läutende Glocke angebracht war. Während die Luft entfernt wurde, verstummte der Klang der Glocke allmählich, bis nichts mehr zu hören war, denn nun gab es keine Luftmoleküle mehr, die die Klangenergie zum Ohr transportieren konnten. Die Glocke selbst aber verschwand nicht allmählich. Sie war immer noch sichtbar, ganz egal, wie stark das Vakuum im Glas auch sein mochte.

Konfrontiert mit dieser schrecklichen Lücke in ihrer Theorie, klebten sie einen Flicken darüber und nannten ihn Äther. Es war die Vorstellung, es gäbe ein Medium, das den ganzen Weltraum ausfüllte und in dem sich die Lichtwellen kräuselten. Dieser «lichttragende Äther» musste eine ziemlich bemerkenswerte Substanz sein. Er ließ sich überhaupt nicht nachweisen, abgesehen von seiner Wirkung auf das Licht. Man konnte ihn weder berühren noch fühlen. Im Gegensatz zur Luft gab es bei der Bewegung durch den Äther keinen Widerstand. Er ließ sich nicht mit einer Pumpe aus einer Glasglocke heraussaugen. Und was noch merkwürdiger war: Der Äther musste unendlich starr sein. Normalerweise verliert eine Welle, die man durch etwas hindurchschickt, allmählich Energie, da die Biegsamkeit in der Substanz die Energie vom Pfad der Welle ablenkt, und schon bald ist die Welle verschwunden. Aber der Äther erlaubte dem Licht, sich offenbar für immer fortzubewegen, jedenfalls viel weiter, als eine Welle von irgendeiner bekannten Substanz getragen werden konnte.

Erstaunlicherweise hielten die Wissenschaftler noch eine Zeitlang an der Krücke Äther fest, nachdem sie sich bereits als unnötig herausgestellt hatte. Da es der Wissenschaft gelungen war, zu beweisen, dass das Licht eine Wechselwirkung zwischen elektrischen und magnetischen Wellen ist, die sich gegenseitig erschaffen und aus eigener Kraft hochziehen, gab es keinen Grund mehr für ein Medium. Noch dramatischer brachte es Einstein auf den Punkt, als er vorschlug, man könne das Licht als winzige Teilchen betrachten, als Photonen, genau wie Newton spekuliert hatte, was ebenfalls keinen Äther mehr notwendig machte.

Der letzte Nagel im Sarg des Äthers war ein Versuch des ersten amerikanischen Physik-Nobelpreisträgers Albert Michelson. Mit seinem Kollegen Edward Morley wollte er herausfinden, wie der Äther von der Bewegung der Erde beeinflusst wurde. Aber auch nach wiederholten einfühlsamen Experimenten war kein Effekt feststellbar. Es war, als existierte der Äther überhaupt nicht, was heutzutage die meisten Physiker für selbstverständlich erachten.

Denken Sie also an die Geschichte des Äthers, wenn wir uns jetzt zwei weiteren Flicken zuwenden, die nötig wurden, damit die Urknalltheorie plus Inflation überhaupt funktioniert. Die Flicken haben die exotischen und gefährlich klingenden Namen Dunkle Materie und Dunkle Energie. Manche Forscher behaupten, die Parallele zum Äther sei nicht gerechtfertigt. In ihrem Buch *Origins* behaupten Neil deGrasse Tyson und Donald Goldsmith, dass der Äther eine völlig andere Angelegenheit war. «Während der Äther einem Platzhalter für unser unzureichendes Verständnis gleichkam, lässt sich die Existenz der Dunklen Materie nicht von einer bloßen Vermutung, sondern von den beobachteten Auswirkungen ihrer Gravitation auf sichtbare Materie ableiten.»

Bei allem Respekt vor Tyson und Goldsmith, aber ihre Behauptung ist falsch. Ihr Argument ist dem Status quo geschuldet. Ich bin mir sicher, dass Befürworter der Äthertheorie (was so ziemlich alle Physiker des 19. Jahrhunderts einschließt) das Gleiche über die zuvor gescheiterte Phlogistontheorie gesagt haben, die davon ausging, dass bei einem Verbrennungsprozess eher etwas abgegeben (das unsichtbare, nicht feststellbare Phlogiston) statt absorbiert (Sauerstoff) wird. Die Dunkle Materie ist genau so ein Platzhalter wie der Äther. Die viktorianischen Wissenschaftler hätten gesagt, der Äther ließe sich von den beobachteten Eigenschaften des Lichts ableiten. Das heißt zwar nicht, dass die Dunkle Materie nicht existiert, aber wir sollten uns diesem Konzept gegenüber erhebliche Skepsis bewahren.

Die Entdeckung der Dunklen Materie

Die Dunkle Materie war das erste der beiden dunklen Phänomene, die den Wortschatz der Kosmologen bereicherten, als sie versuchten, ihr Modell des Universums aufrechtzuerhalten. Im 20. Jahrhundert beobachteten einige Astronomen Ereignisse in Galaxien, die gegen die Newton'schen Gesetze und sogar gegen die von der allgemeinen Relativität eingebrachten Feinheiten zu verstoßen schienen. Die ersten beunruhigenden Daten wurden 1933 von dem Astronomen Fritz Zwicky vom California Institute of Technology entdeckt. Bei der Beobachtung eines Galaxienhaufens im Sternbild «Haar der Berenike» spürte Zwicky eine relative Bewegung auf, die ihm verrückt vorkam.

In dem Haufen waren 1000 Galaxien einander nahe genug, um eine erhebliche gegenseitige Gravitationswirkung auszuüben. Zwicky stellte fest, dass sich die äußeren Galaxien des Haufens viel schneller fortbewegten, als man erwarten konnte. Tatsächlich so schnell, dass sie eigentlich voneinander hätten fortfliegen müssen wie Erbsen am Rand einer schnell rotierenden Scheibe – es sei denn, sie wären viel schwerer, als sie zu sein schienen.

Genau diesen Effekt, allerdings auf Sternen innerhalb einer Galaxie, beobachtete Vera Rubin von der Georgetown University in den 1960er Jahren. Unsere Milchstraße hat in ihren Randbezirken Sterne, die viel zu schnell umherrasen, als dass die Gravitationskraft der ganzen bekannten Materie in der Galaxie sie an Ort und Stelle festhalten könnte. Es musste daher noch etwas anderes geben, etwas mit mehr Masse, das diese Gravitationsanziehung auslösen konnte. Aber dieses Etwas war unsichtbar.

Auf den ersten Blick ist das kein großes Problem. Will man das Gewicht einer Galaxie (selbst das unserer Milchstraße) bestimmen, bleibt einem kaum etwas anderes übrig als eine sachkundige Schätzung. Wir können nicht das Gewicht jedes einzelnen Sterns benennen, sondern nur eine grobe Messung vornehmen, indem wir die Sterne in einem Abschnitt der Milchstraße so genau wie möglich auszählen und das Ergebnis auf die ganze Milchstraße hochrechnen. Angenommen, dass eine begründete Vermutung nicht so großartig ausfällt, wie die Galaxienbewegung es suggeriert, scheint die Mutmaßung berechtigt, dass die Dunkle Materie, die sich aus der Berechnung ergibt, in etwa Folgendes ist: gewöhnliche, weitverbreitete oder Gartenmaterie, die dunkel ist – ein Stoff, der kein Licht abgibt.

Sogar in unserem eigenen Sonnensystem gibt es eine Menge Materie, die wir übersehen können, zum Beispiel Staub oder größere Körper, die eben kein Sonnenlicht einfangen. In fernen Galaxien ist es uns erst kürzlich gelungen, nur schwach (und häufig indirekt) die Existenz einiger Planeten und anderer Himmelskörper zu entdecken, deren Lichtabstrahlung nicht mit der eines Sterns zu vergleichen ist. Und außerdem glaubt man, dass viele Galaxien in ihrer Mitte ein supermassives Schwarzes Loch beherbergen, dessen Masse die eines Sterns bei weitem übersteigt, und Schwarze Löcher sind ja per definitionem dunkel. Genügt das nicht? Schon möglich, aber die meisten Kosmologen halten die Dunkle Materie für einen exotischeren Stoff, eine besondere Art von Materie, die sich nicht so verhält, wie man es von normalen Atomen erwartet.

MACHOS und WIMPS

In Wirklichkeit ist das Konzept der Dunklen Materie als einzelner Substanz eine allzu starke Vereinfachung. Weitgehend teilen Kosmologen ihre Vorstellung von der Beschaffenheit Dunkler Materie in zwei Kategorien ein. Es gibt wissenschaftliche Bezeichnungen, die einfach richtig klingen. Das Photon gehört dazu. Andere erscheinen ausgesprochen verschroben wie zum Beispiel das Gen «Sonic Hedgehog» (wörtlich: akustischer Igel). Aber gelegentlich versuchen Wissenschaftler, witzig zu sein, und das Ergebnis lässt einen dann zusammenzucken. So unterteilen die Kosmologen die potenziellen Quellen der Dunklen Materie in Machos und Wimps. Ein Macho ist ein «Massive Astrophysical Compact Halo Object». Es sind Objekte aus konventioneller Materie. Sie können alltäglich sein wie ein Komet oder extremerer Natur wie ein Schwarzes Loch, das man nicht sehen kann, weil es nicht genügend Strahlung abgibt. Man nimmt an, sie existieren im galaktischen Halo, in dem Raum, der die Galaxie umgibt.

Unglücklicherweise gibt es kaum Beweismaterial dafür, dass die Machos irgendwo auch nur annähernd genügend Masse liefern. Wir brauchen ja eine Menge Dunkle Materie, die gut siebenmal mehr wiegen muss als die gesamte gewöhnliche Materie im Universum. Deshalb greift man auf die noch exotischere Alternative der WIMPS zurück: «Weakly Interacting Massive Particles» – «schwach wechselwirkende massereiche Teilchen», im Englischen auch deutbar als «wimp» wie Schwächling. Die Wimps lassen sich nicht wie normale Materie aufspüren, wechselwirken wahrscheinlich überhaupt nicht mit dem Licht, sind aber wenigstens noch schwer. Wir kennen ein paar leichtgewichtige Teilchen – Neutrinos, auf die die Unfähigkeit zur Wechselwirkung zutrifft, aber sie reichen nicht aus, um die ganze notwendige zusätzliche Masse im Universum aufzubringen. Es könnte allerdings etwas anderes da draußen geben – eine Art Sumo-Neutrino –, das genügend Masse ergeben würde.

Einen theoretischen Schub bekommt die Existenz Dunkler Materie durch die Resultate der COBE- und WMAP-Satelliten, die eben auch Einblicke in den Zustand kurz nach dem Urknall gewähren. Die geringfügigen Schwankungen in der kosmischen Hintergrundstrahlung sind vermutlich das Ergebnis von Quantenfluktuationen, die zu größeren und geringeren Anhäufungen von Materie führten. Die etwas älteren Abschnitte spiegeln die Orte wider, wo Materie die Strahlung gestreut hat. Aber der Anteil der Materie, die von diesen Karten abgeleitet werden kann, legt nahe, dass es einfach nicht genügend Materie gegeben hat, um für den Gravitationsschub zu sorgen, der die Galaxien schuf, die wir heute sehen. Es hätte mehr Anziehungskraft geben müssen. Und die glaubt man der Dunklen Energie zuschreiben zu können.

Als das Universum anfing, ungleichmäßig zu werden, konnte sich die Dunkle Materie (die ja nicht mit Photonen in Wechselwirkung tritt) schneller verdichten, weil sie von der noch immer vorhandenen heftigen Strahlung nicht versprengt werden konnte. So bildeten sich die Kerne der Strukturen, die sich schließlich um sie herum anhäuften.

Wenn wir darauf hätten warten müssen, bis die gewöhnliche Materie den Beschuss der Strahlung überstanden und sich dank der Gravitation angehäuft hätte und alles sich so verhielt, wie wir es heute beobachten, dann hätte es für die Bildung der Strukturen im Universum einfach nicht genügend Zeit gegeben.

Selbst die Dunkle Materie, wie sie bis jetzt dargestellt wurde, reicht nicht ganz aus, um die Probleme der Strukturbildung zu bewältigen. Obwohl es halbwegs vernünftig ist, zu zeigen, wie die Galaxien zusammengekommen sein könnten, erklärt dies nicht die großmaßstäbliche Struktur, die Gruppen von Galaxien miteinander zu verbinden scheint. Dafür müssen die Theoretiker eine zweite Form von Dunkler Materie vorschlagen, nämlich heiße Dunkle Materie, die energiereicher ist und daher weniger von der lokalen Gravitationsanziehung beeinflusst wird. Manche sehen dies einfach als notwendiges Dilemma, während andere die Gründe aufzählen, warum das existierende kosmologische Modell viel zu wackelig und zusammengeflickt ist und dringend ersetzt werden muss.

Newton die Stirn bieten

Das Konzept der Dunklen Materie wird nicht von allen Forschern unterstützt. Einige der Theorien, die mit dem Urknall konkurrieren und die wir später untersuchen wollen, haben den zusätzlichen Vorteil, nicht auf die Dunkle Materie als Daseinsgrund angewiesen zu sein. Stattdessen könnte etwas anderes in Betracht kommen, das das abweichende Verhalten der Galaxien verursacht. In den 1980er Jahren schlug Mordehai Milgrom vom Weizman-Institut für Wissenschaften im israelischen Rehovot vor, es ginge hierbei gar nicht um verborgene Materie, sondern um unsere falsche Annahme, die Gravitation führe dazu, dass sich alles, unabhängig von seiner Größe, auf die gleiche Weise verhalte.

Milgroms Idee ist heute allgemein unter der Abkürzung MOND bekannt: «**MO**difizierte **N**ewton'sche **D**ynamik». Sie behauptet, dass Gravitationskräfte anders in Aktion treten, wenn es um galaktische Größenordnungen geht. Wir kennen einige Fälle, bei denen auf äußerst unterschiedlichen Ebenen verändertes Verhalten ins Spiel kommt. Wenn daher zum Beispiel ein Quantenteilchen und ein Makroobjekt wie ein Golfball radikal unterschiedliches Verhalten zeigen, warum sollte es dann nicht auch unter dem Einfluss der Gravitation eine Verhaltensabweichung von Körpern geben, die eine gewisse supermassive Größe erreichen?

Viele astronomische Beobachtungen sind ohne die Postulierung von Dunkler Materie nicht erklärbar. Varianten der MOND-Idee kommen mit diesem Widerspruch zurecht, aber im Großen und Ganzen mögen Astrophysiker keine Theorien, die mit physikalischem Verhalten, das wir offenbar gut verstehen, herumspielen. Sie ziehen es vor, wenn sich die Dinge überall im Universum einheitlich verhalten. Verzichtet man beispielsweise auf Gleichförmigkeit und Richtungsunabhängigkeit, gibt es, abgesehen von anderen Auswirkungen, für die Entwicklung der Urknalltheorie keine Grundlage mehr.

Dunkle Energie

Auch wenn die Dunkle Materie eine mysteriöse Angelegenheit sein sollte, so sind wir doch zumindest damit vertraut. Mit Materie haben wir im Alltag ständig zu tun. Die Erde besteht daraus, die Möbel in unserer Wohnung und unsere Körper. Da ist Energie schon ein viel undurchsichtigeres Konzept. Obwohl wir das Wort «Energie» ständig benutzen, bleibt die Vorstellung davon doch ziemlich verschwommen. Wir neigen dazu, Energie hinsichtlich der Aufgaben zu verstehen, die sie für uns erledigt, statt sie als separate, eigenständige Instanz zu betrachten. Und die Dunkle Energie ist sogar noch unzugänglicher.

Die Existenz Dunkler Energie oder zumindest einer Größe, die denselben Effekt wie Dunkle Energie haben könnte (bedenken Sie, dass dies alles ziemlich unüberprüfbares Zeug ist), wurde erstmals beim weiten Blick zurück in der Zeit postuliert, als man in die Tiefen des Universums schaute. Dem inflationären Urknallmodell zufolge dehnte sich das Universum nach der Inflationsperiode immer noch aus, allerdings mit einem viel gemächlicheren Tempo. Man hatte stets vermutet, es würde allmählich langsamer werden und an einem bestimmten Punkt zum Stillstand kommen, sodass sich der ganze Vorgang umkehrte und es der Gravitationsanziehung gelänge, die Galaxien wieder zusammenzuziehen.

Das ist eine sehr vernünftige Vermutung. Gravitationsanziehung bedeutet, dass letztlich der Schwung, der das Ganze ausgelöst hat, verpuffen und der Inhalt des Universums sich nun von außen nach innen bewegen wird. Daraus ergäbe sich schließlich ein «Big Crunch», ein Kollaps, ein umgekehrter Urknall, während alles im Universum aufeinander zu stürmt und in einer gewaltigen Kollision zusammenknallt.

In den 1990er Jahren war die technische Ausrüstung gut genug, um das Tempo der Expansion vor vielen Milliarden Jahren mit der von heute zu vergleichen. Zu diesem Zeitpunkt standen den Astrophysikern bessere Standardkerzen zur Verfügung als in Hubbles Tagen, obwohl es noch immer Vorbehalte gegenüber Standardkerzen gibt. Statt veränderliche Sterne zu benutzen, setzte man auf einen bestimmten Supernovatyp, der sich bildet, wenn ein Weißer Zwerg einen Begleiterstern verzehrt und untragbar riesig wird. Weil es auf Größe und Typ des Sterns ankommt, ist die Helligkeit solcher Explosionen bemerkenswert einheitlich, sodass hier ideale Voraussetzungen vorliegen, um weit zurück in die kosmische Vergangenheit zu schauen.

Die Teams, die die Geschwindigkeit der Expansion studierten, sollten einen gewaltigen Schreck bekommen. Das Tempo der Expansion des Universums verlangsamte sich nicht, sondern es verschärfte sich. Irgendetwas stemmte sich gegen die Gravitation und schob aktiv die Galaxien auseinander. Dieses «Etwas» wurde Dunkle Energie getauft. Wir haben so etwas bereits auftauchen sehen, als Eddington sich auf eine «kosmische Abstoßungskraft» berief, die erforderlich war, damit das Universum alt genug sein konnte, um Sterne und Erde hervorzubringen.

Einsteins größte «Eselei»

Interessanterweise hatte auch Einstein bereits so etwas wie die Dunkle Energie vorausgesagt und dies dann seine «größte Eselei» genannt. Als die Theoretiker erstmals Einsteins allgemeine Relativität auf das Universum anwandten, stießen sie auf Lösungen, die ein Universum mit wechselnden Expansionsraten erlaubten. Dehnte es sich schnell genug aus, könnte es seine eigene Fluchtgeschwindigkeit überschreiten, sodass die Expansion niemals aufhören würde. Mit dem unendlichen Wachstum würde allmählich alles ausdünnen und das Universum dem «Big Freeze», dem entropischen Wärmetod, erliegen.

Sollte jedoch die Gravitation den Kampf gewinnen, würde sich das Tempo der Expansion im Lauf der Zeit verringern, schließlich zum Stillstand kommen, und der Vorgang kehrte sich um, so wie ein in die Luft geworfener Ball wieder auf dem Erdboden ankommt. Wie wir schon gesehen haben, stürzt in einem solchen Bild alles im Universum in sich selbst zusammen. Es ist die Umkehrung des Urknalls, den man Big Crunch, den Großen Kollaps, genannt hat.

Als mittlere Lösung galt die nicht endende Expansion des Universums ohne die endlose Ausdünnung des Universums. Diese überraschende Möglichkeit ergibt sich aus dem Wesen der unendlichen Reihen, die, wie wir bereits gesehen haben, eine unendliche Menge an Bestandteilen haben können und sich dennoch zu einem endlichen Wert addieren.

Stellen wir uns also vor, eine solche Reihe beschreibt die Größe unseres expandierenden Universums. Noch immer dehnt es sich aus. Nehmen wir an, in der ersten Sekunde expandiert es ein Lichtjahr, in der nächsten Sekunde ein halbes Lichtjahr und so weiter. Es würde sich ewig ausdehnen, aber niemals mehr als zwei Lichtjahre. Sie können diese Werte vergrößern, so viel Sie wollen: Wenn das Anfangstempo der Expansion im Vergleich zur Anziehung der Gravitation stimmt, wird das Universum niemals aufhören zu expandieren, aber es wird auch nie über einen bestimmten Horizont hinauswachsen.

Diese unterschiedlich definierten Universen entsprechen unterschiedlichen Raumkrümmungen. Einstein fügte seinen Gleichungen einen Faktor hinzu, der kosmologische Konstante genannt wird. Dies geschah, bevor Hubbles Beobachtungen die tatsächliche Ausdehnung des Universums nahelegten. Die kosmologische Konstante (später mit dem griechischen Buchstaben Lambda bezeichnet) war ein Korrekturfaktor, eine Konvention, um das Universum zu zwingen, nicht unkontrolliert zu expandieren, denn Einstein glaubte zu diesem Zeitpunkt, dass die Größe des Universums unveränderlich sei und dass es keine Ausdehnung gebe.

Als man die Expansion bestätigt fand, wurde Lambda eine Zeitlang fallengelassen. Darum nannte Einstein seine kosmologische Konstante eine Eselei. Aber da die Beobachtungen seit den 1990er Jahren eine Beschleunigung der Ausdehnung zeigen, wird Lambda an Ort und Stelle wieder benötigt, um in die entgegengesetzte Richtung zu wirken, was Einstein ursprünglich ja auch nahegelegt hatte. Was einst eine Möglichkeit war, die Dinge so hinzubiegen, dass die Theorie stimmt, ist inzwischen zu einer aktiven Vorgehensweise einer seltsamen Energiequelle geworden. Die Dunkle Energie heißt Lambda. Sie schiebt die Galaxien auseinander.

Das größte Geheimnis

Die Dunkle Energie ist kein Randphänomen, das nur mit äußerst akkuraten Instrumenten messbar ist. Sollte sie existieren, macht sie wahrscheinlich 70 Prozent der Energie und Materie im Universum aus. (Erinnern Sie sich: $E = mc^2$ bedeutet, wir können Energie und Materie als synonym betrachten hinsichtlich der Zusammenfassung der Inhalte des Universums). Denken Sie nur einen Moment darüber nach. Mehr als zwei Drittel des Gesamtinhalts des Universums sind auf diese seltsame Energiequelle zurückzuführen, die das Universum auseinanderreißt. Sie ist mehr als doppelt so groß wie alles andere zusammengenommen.

Obwohl es keine Erklärung gibt, woher die Dunkle Energie kommt, ist eine vernünftige Begründung denkbar, warum sie sich so verhält, wie wir es beobachten. Stellt man sie sich vor als die mit dem leeren Raum verbundene Energie (was uns die Quantentheorie nahelegt), dann stützt sich die Menge der vorhandenen Energie allein auf die Größe des verfügbaren Raums. Während das Universum expandiert, stehen mehr Raum und mehr von dieser Energie zur Verfügung. Und schließlich reicht die Expansion aus, dass die Abstoßung der Dunklen Energie ihre Rolle als wichtigste treibende Kraft übernimmt. Wenn wir in der Zeit zurückblicken und unsere Instrumente benutzen, um tief ins Weltall einzudringen, dann sieht es so aus, als habe vor rund fünf Milliarden Jahren, kurz bevor sich die Erde bildete, die Dunkle Energie die Führung übernommen und die Beschleunigung erzeugt, die wir seitdem gesehen haben, was zur Verdopplung der Größe des Universums alle zehn Milliarden Jahre führt.

Bei dieser Formulierung macht das Maß dieser Ausdehnung nicht allzu viel her, aber sie erfährt exponentielles Wachstum. Dabei geht es einfach um folgende Veränderung: Je mehr etwas wächst, umso schneller wächst es. Das Resultat ist ein Wachstumsschaubild, das langsam beginnt und dann gegen Ende nach oben schießt. Exponentielles Wachstum explodiert nicht einfach aus dem Diagramm heraus, sondern entzieht sich schnell unserem Verständnis. Es fällt uns schwer, die Auswirkungen exponentiellen Wachstums vorauszuahnen.

Der Legende zufolge bot der Herrscher dem Bauern, der das Schachspiel erfunden hatte, eine Belohnung an. (In einer anderen Version der Legende spielt ein indischer König gegen einen weisen Mann, der sich als verkleideter Krishna entpuppt.) Der Bauer bittet um eine Belohnung, die sich bescheiden ausnimmt. Ein Reiskorn für das erste Quadrat auf dem Schachbrett, zwei für das zweite Quadrat, vier für das dritte und so weiter, sodass sich bei jedem weiteren der 64 Quadrate die Zahl der Reiskörner verdoppelt. Der Herrscher erklärte sich einverstanden und erkannte mit Schrecken, dass er schon bald jedes Körnchen Reis in seinem Reich dafür aufwenden musste. Um die Reihe bis zum 64. Quadrat zu vollenden, wären rund 37 000 000 000 000 000 000 Reiskörner nötig gewesen. Und so scheint das Universum zu wachsen, wenn auch zugegebenermaßen über einen großen Zeitraum hinweg betrachtet.

Theorie oder Tatsache

Eines sollte klar sein: Dunkle Materie und Dunkle Energie sind bewährte Bestandteile des allgemein anerkannten Modells des Universums, aber wie schon der Äther vor ihnen sind sie unwahrscheinliche Konstrukte, hinzugefügt, um ein unerklärliches Verhalten an die Natur anzupassen. Sie sind «Platzhalter» in der Physik, nicht unbedingt auf Wahrheit beruhende Konzepte. Vielleicht erweisen sie sich als existent, aber es ist sehr gut möglich, dass wir schon bald ein anerkanntes Modell haben werden, das sie aus der Welt schafft und völlig andere Gründe für das Verhalten aufbietet, das augenblicklich noch durch Dunkle Materie und Dunkle Energie erklärt wird.

Selbstverständlich gibt es schon jetzt eine Reihe von Theorien, die sie unnötig machen. Dazu gehören historische Schwankungen der Lichtgeschwindigkeit sowie Abweichungen in der Gravitationskraft überall im Universum. Auf einiges werden wir später noch detaillierter zu sprechen kommen. Im Augenblick sollte es genügen, sich im Klaren zu sein, dass es sich hierbei, wie bei manchen Dingen in der Kosmologie, nicht um bewährte Phänomene handelt, die beobachtet und gemessen wurden, sondern vielmehr um abwesende Phänomene, verursacht womöglich durch etwas Unbeobachtetes und größtenteils wohl auch Unbeobachtbares.

Das wahre Problem bei der Festlegung auf den Urknall besteht darin, dass die augenblicklich einzigen Möglichkeiten, in der Zeit zurückzublicken, auf elektromagnetischer Strahlung beruhen – sichtbares Licht, Mikrowellen oder Radiowellen – und wir daher über einen bestimmten Punkt nicht hinausgelangen können. Sollte die derzeitige Theorie stimmen, war das Universum vom Urknall an undurchsichtig, bis es ausreichend abgekühlt war, um der elektromagnetischen Strahlung freien Durchlass zu gewähren. Um also noch weiter zurückzuschauen, müssen wir raffinierter vorgehen.

Gravitationswellen

Das zweifellos raffinierteste Teleskop, das es im Augenblick gibt, ist ein miteinander verbundenes Instrumentenpaar, das LIGO genannt wird (Laser-Interferometer Gravitationswellen-Observatorium). Raffiniert ist es deshalb, weil es nicht nur nach etwas Ausschau hält, was unglaublich schwer zu entdecken ist, sondern weil dieses Gesuchte womöglich gar nicht existiert. Das ist nun *in der Tat* raffiniert.

In früheren Zeiten wurde die Gravitation fast als ein magisches Phänomen betrachtet. Immerhin wirkt sie auf Entfernung ohne offensichtliche Verbindung zwischen den beiden Körpern, die einander anziehen. Ursprünglich wollte man darin eine Parallele zum Magnetismus erkannt haben, der ebenfalls ohne irgendetwas Sichtbares, das die beiden Pole miteinander verbindet, funktioniert. Inzwischen wissen wir, dass die scheinbare Handlung des Magnetismus aus der Entfernung durch die Wechselwirkung von Photonen verursacht wird. Dabei wird Energie zwischen den Objekten verschoben. Mit Einsteins Formulierung der allgemeinen Relativität eröffnete sich die Möglichkeit, dass die Gravitation auf ähnliche Art und Weise funktioniert.

Inzwischen nimmt man an, die Gravitation werde mit Lichtgeschwindigkeit durch Gravitonen vermittelt. Die seien die Entsprechung von Photonen auf der Ebene der Gravitation (wenngleich niemand jemals Gravitonen beobachtet hat). Ebenfalls vermutet wird die Existenz von Gravitationsschockwellen, die aus der Vorstellung entstanden sind, die Gravitation ähnele der Dehnung einer Gummimembran. Es klingt vernünftig, dass sich bei plötzlichen Veränderungen der Gravitation in einer Region – wenn beispielsweise ein Stern explodiert – Gravitationsschockwellen ausbreiten sollten. Genau solche Gravitationswellen, die wir bereits gesehen haben, sollten seit den ersten Tagen nach dem Urknall eigentlich vorhanden sein.

Sollte es diese Gravitationswellen tatsächlich geben, dann haben wir eine Methode, durch die Periode der Undurchlässigkeit zurückzuschauen, weil Gravitationswellen nicht durch die Einschränkungen der elektromagnetischen Strahlung beeinflusst wären. Im Prinzip müsste es uns gelingen, die Gravitationsschockwellen des Urknalls selbst zu sehen. Und solche Messungen sind das Ziel von LIGO.

Von LIGO zu LISA

LIGO ist auf zwei Orte verteilt: Hanford im US-Bundesstaat Washington und Livingston, Lousiana, die rund 3000 Kilometer voneinander entfernt sind. Diese Differenz gibt den Forschern die Möglichkeit, den Ursprung einer Quelle von Gravitationswellen zu entdecken, weil diese mit geringem Zeitunterschied an den beiden Orten ankommen sollten. Jeder Detektor hat ein Interferometer (einer hat sogar zwei). Es ist ein Paar Röhren in L-Form mit einer Schenkellänge von jeweils vier Kilometern. Die Luft ist aus den Röhren herausgesaugt worden, und Laserstrahlen gehen durch sie hindurch.

Falls eine Gravitationswelle auftaucht, sollte sie die Laserstrahlen geringfügig bewegen. Um diesen Vorgang zu verstärken, werden die Strahlen 75-mal hin- und hergeschickt, bevor sie sich begegnen. Weil die beiden Strahlen im rechten Winkel zueinander stehen, sollten sie eine leicht unterschiedliche Verlagerung spüren. Und das heißt, die Phase (die Stufe des Vorankommens der Welle oder eine Messung des Photonenzustands) wird sich geringfügig verschieben in Relation zu der anderen.

So weit, so gut. Aber dabei tauchen ernste Probleme auf. Zunächst ist es fast unmöglich, die Apparate von äußeren Schwingungen zu isolieren. Sie sind nicht einsatzfähig, wenn sich etwas Wuchtiges in der Nähe bewegt. Sie werden sogar von Meereswellen beeinflusst, die sich am Strand brechen. Deshalb ist es äußerst schwierig, eine Verschiebung auszumachen, die definitiv von Gravitationswellen ausgelöst wurde. Noch schwieriger ist es, sie einem Ereignis zuzuordnen, das so eindeutig, aber richtungslos ist wie der Urknall.

LIGO nahm 2002 den Betrieb auf, zehn Jahre nach Beginn des Projekts. Zum Zeitpunkt der Niederschrift dieses Buches lässt sich als einziges Ergebnis vorweisen, dass einige dramatische Ereignisse im Universum offenbar nichts mit Gravitationswellen zu tun haben. Das LIGO-Team ist darüber nicht allzu entsetzt. Es betrachtet LIGO lediglich als einen Anfang. Das Projekt ist nicht wirklich empfindlich genug, um das Gravitationsecho des Urknalls zu finden, aber man hofft, «LIGOs Sohn» konstruieren zu können. Er soll Advanced LIGO (Fortgeschrittener LIGO) genannt werden. Eine noch anspruchsvollere Weiterentwicklung mit viel größerer Empfindlichkeit wird die im Weltraum stationierte LISA sein (Laser Interferometer Space Antenna).

LISAs größter Vorteil, falls sie denn jemals gebaut werden sollte, werden ihre viel größeren Laserlaufstrecken sein, nämlich fünf Millionen Kilometer. Außerdem wird sie von den Schwingungen, an denen jeder erdgestützte Apparat leidet, abgeschirmt sein. Allerdings kamen Zweifel an dieser Konstruktion auf, als 1993 das Teilchenbeschleuniger-Projekt Superconducting Super Collider abgesagt wurde. Dieses riesige Vorhaben in Texas befand sich bereits im Bau, als der Stecker gezogen wurde.

Bis jetzt ist dem Advanced LIGO dieses Schicksal erspart geblieben, obwohl das Projekt unter erheblichen Verzögerungen leidet. 2005 rechnete man damit, dass LIGO II (wie es damals genannt wurde) 2007 fertiggestellt sein würde, aber aktuelle Schätzungen stellen es bis mindestens 2013 zurück. LISA ist derzeit nur ein Vorschlag für ein gemeinsames Unternehmen der NASA und der Europäischen Weltraumorganisation. Hoffte man 2005 auf einen Start im Jahr 2010, so ist der frühestmögliche Termin inzwischen auf 2018 verschoben worden. Möglicherweise ist eine solche Forschung aus wissenschaftlicher Perspektive viel wertvoller als ein Programm für bemannte Raumfahrt, allerdings ist Letzteres publikumswirksamer für die NASA, und deshalb wird auch der größte Teil des Budgets hierfür veranschlagt werden.

Um jedoch fair gegenüber den Bewilligern der finanziellen Mittel zu sein, sollte noch einmal betont werden, dass LIGO die Gravitationswellen erst noch entdecken muss. Es ist möglich, dass das gesamte Konzept fehlerhaft ist und dass jede künftige Investition sinnlos wäre, aber ohne LISAs Empfindlichkeit werden wir es wahrscheinlich nie erfahren. Sollte LISA die Schockwellen vom Anfang des Universums aufspüren, müsste es gelingen, zwischen dem vom Urknall plus Inflation erwarteten Ergebnis und dem andersartigen Nachbeben unterschiedlicher Theorien, die wir bald kennenlernen werden, zu unterscheiden.

Es fällt schwer, keine gemischten Gefühle gegenüber einem Projekt wie LISA zu haben. Erst einmal könnte überhaupt nichts dabei herauskommen. Falls es auch dem Fortgeschrittenen LIGO mit der zehnfachen Empfindlichkeit des ursprünglichen LIGO nicht gelingen sollte, Gravitationswellen aufzuspüren, könnte die Zeit gekommen sein, die Theorie neu zu überdenken, obwohl es sich schon lohnen würde, für eine absolute Bestätigung auf die Empfindlichkeit von LISA zurückgreifen zu können. Sollten wir tatsächlich eine Ausbreitung von Gravitationswellen erkennen, die bis zum Anfang des Universums zurückzuverfolgen sind (eine hundertprozentige Sicherheit wird es kaum geben), müssen wir diese Daten immer noch interpretieren, doch im Prinzip würden sie einige Hinweise darauf geben, wie das Universum begann. Da spielen natürlich eine Menge Wenn und Aber mit, aber hier eröffnet sich die Möglichkeit, eine Disziplin, die größtenteils auf Spekulationen beruht, ein wenig besser zu verstehen.

Welche Ergebnisse LIGO und LISA auch immer in Zukunft liefern werden, derzeit wird der Urknall von den meisten Kosmologen anerkannt. Bevor wir uns also anderen Theorien zuwenden, die uns eine bessere Antwort auf die Frage «Was war davor?» liefern, wollen wir vorübergehend annehmen, dass die Theorie stimmt, damit wir uns darüber im Klaren sein können, wie sich die Zeit zum Urknall verhält. Dann könnten wir verstehen, warum es bei der populärsten Version der Theorie das Konzept «Vor dem Urknall» einfach nicht gibt.

8. ES WERDE ZEIT

Der Umfang eines Augenblicks, verglichen mit einer Zeit von zehntausend Jahren, bildet zwar nur einen sehr geringen, aber doch immerhin einen gewissen Teil dieser letzteren, da eben beides doch begrenzte Zeiträume sind. Andererseits kann aber die Zahl von zehntausend Jahren und selbst noch ein Vielfaches davon mit der unbegrenzten Ewigkeit überhaupt nicht verglichen werden, weil eine Vergleichung zwar zwischen zwei endlichen Größen, niemals aber zwischen einer endlichen und einer unendlichen möglich ist.

Anicius Manlius Severinus Boethius (480–524), Die Tröstungen der Philosophie, 2. Buch

Bevor ich mit diesem Kapitel beginne, empfehle ich Ihnen, eine Tasse oder ein Glas mit ihrem Lieblingsgetränk zu holen und sich irgendwo bequem und in aller Stille niederzulassen, sodass Ihr Gehirn sich frei entfalten kann. Nicht dass das Konzept selbst besonders kompliziert wäre, aber die Folgen könnten Sie den Verstand kosten. Hier wird der Text von John Lennons «Imagine» weitergedacht: Stell dir vor, es gäbe keine Zeit, oder stell dir zumindest vor, die Zeit begann mit dem Urknall.

Sollte es wirklich stimmen, dass die Zeit mit dem Urknall begann – denn das ist nun einmal der Vorschlag, der am häufigsten mit der Urknalltheorie plus Inflation in Verbindung gebracht wird –, dann gibt es eine ganz einfache Antwort auf die Frage, was vor dem Urknall kam. Nichts. Weil es kein «Vor dem Urknall» gab. Das vierdimensionale Modell des Universums, von Einstein und seinem mathematischen Guru Minkowski geschaffen, hat die vertrauten drei Dimensionen des Raumes und eine Zeitdimension.

199

Was wäre, wenn all diese Dimensionen einen eindeutigen Anfangspunkt gehabt hätten? Was wäre, wenn es vor dem Urknall einfach keine Zeit gegeben hätte?

Zeitreise im vierten Jahrhundert

Um einen grundlegenden Eindruck von dieser Vorstellung zu bekommen, müssen wir in der Zeit zurückreisen, allerdings nicht die ganze Strecke zurück bis zum Urknall, aber immerhin bis zum vierten Jahrhundert n. Chr., denn 354 kam ein Mann zur Welt, der einige tiefe Einsichten in das Wesen des Universums hatte. In seiner Vorstellungskraft existierten Zeit und Raum als eine Einheit. Der Name des Mannes war Augustinus.

Heute nennt man ihn den heiligen Augustinus von Hippo (Hippo war eine römische Stadt in Nordafrika, das heutige Annaba in Algerien), um die Verwechslung mit dem heiligen Augustinus aus dem fünften Jahrhundert zu vermeiden, der die Kirche von England gründete und der erste Erzbischof von Canterbury war. Augustinus von Hippo war eine der Hauptfiguren, die an der Gründung der Kirche beteiligt waren, ein «Kirchenvater», der sich unter anderem die Lehre von der Erbsünde ausdachte.

Augustinus war der Sohn eines Bauern in Thagaste (heute Souk-Ahras) in Algerien. Er wurde erst mit 35 Jahren Christ. Zuvor führte er ein weltliches Leben, das ihm Einsichten verschaffte, die den anderen Kirchenvätern verborgen blieben. Berühmt ist sein Ausspruch, er habe als junger Mann gebetet: «Gib mir Keuschheit und Enthaltsamkeit, doch nicht sogleich!», denn er befürchtete, Gott könnte «mich allzu schnell erhören, mich allzu schnell heilen von der Krankheit meiner Lüste ...». Der Beruf des Priesters fiel ihm nicht leicht – er musste zur Priesterweihe gezwungen werden –, aber als Schriftsteller war er ein Naturtalent, und das kommt in seinem Buch *Bekenntnisse* deutlich zum Ausdruck.

Lebte Augustinus heute, wären die *Bekenntnisse* wahrscheinlich ein Blog gewesen. Denn sie klingen wie Kommentare, die polemisch sein sollen, aber ich glaube ernsthaft, dass dies so ist. Seine *Bekenntnisse* haben genau diese spontane Atmosphäre, zeigen eine persönliche Note und machen eine Entwicklung durch – genau das, was einen guten Blog ausmacht. Bevor wir uns in das stürzen, was Augustinus zu sagen hat, müssen wir verstehen, woher die *Bekenntnisse* kommen.

Er schrieb sie 396, kurz nach seiner Weihe zum Bischof. Seine Weihe verursachte eine ziemliche Kontroverse, erstens, weil er in Mailand getauft wurde, und zweitens, weil er verschiedene andere Religionen ausprobiert hatte, bevor er sich auf das Christentum festlegte. Insbesondere hatte er sich dem Manichäismus gewidmet, einer damals als besonders gefährlich erachteten Ketzerei, und er hatte die Lehren der Kirche angegriffen. Die Kritik an Augustinus war öffentlich und schrill. Die *Bekenntnisse* waren eine Verteidigung gegen seine Kritiker.

Aber warum sind die *Bekenntnisse* an dieser Stelle von Interesse? Weil Augustinus eine Vorstellung von der Zeit vor der Schöpfung hat, von der Zeit vor dem Urknall also. Ziemlich unerwartet beginnt er mit einem Witz. Allerdings windet er sich ein wenig und sagt, er wolle die Frage «Was tat Gott, bevor er Himmel und Erde schuf» nicht beantworten, aber trotzdem liegt die Pointe in der vermeintlichen Antwort: «Er bereitet denen, die sich vermessen, jene hohen Geheimnisse zu ergründen, Höllen.» Anschließend erweist sich Augustinus allerdings als Spaßverderber. Er sagt, es sei keine gute Idee gewesen, jene Menschen lächerlich zu machen, die tiefgründige Fragen stellen. Aber immerhin hat er den Witz eingebaut, wahrscheinlich um die Diskussion ein wenig aufzulockern.

Augustinus' ursprüngliches Argument ist einfach. Angenommen, wir meinen mit «Himmel und Erde» jedes erschaffene Objekt statt buchstäblich nur die beiden Orte, dann tat Gott vor dem Augenblick der Schöpfung tatsächlich nichts, weil alles, was er gemacht hätte, erschaffen worden wäre und man nichts erschaffen kann, bevor alles Erschaffene gemacht wurde.

Dann jedoch geht Augustinus ans Eingemachte. Er sagt: «Wenn aber irgendjemandes schwärmerischer Sinn sich mit seiner Phantasie in vergangene Zeiten verliert» und erstaunt sei, dass Gott «unzählige Jahrhunderte» vor dem Augenblick der Schöpfung nichts getan habe, dann möge sich diese Person «fassen und bedenken, dass er sich über Falsches wundere». Für Augustinus gehörte, wie für Einstein, die Zeit untrennbar zum Raum. Und wenn die Zeit vor der Schöpfung nicht existierte, machte es keinen Sinn, wenn Gott herumsaß und auf irgendeinen beliebigen Augenblick wartete, um mit der Schöpfung anzufangen. Vor der Schöpfung gab es einfach nur Gott, weder Zeit noch Raum. Wie Augustinus es ausdrückt, machte es keinen Sinn, zu fragen, was Gott damals tat, «denn es war kein Damals, wo es keine Zeit gab».

In der Ewigkeit, die vor der Schöpfung existierte, sei sie, sagt Augustinus, stets die Gegenwart gewesen. Es gab keine Vergangenheit und keine Zukunft. Der Umgang mit diesem Konzept ist nicht leicht. Zeit sei, räumt Augustinus ein, ein Thema, das man nur schwer in den Griff bekommen könne. «Was ist also die Zeit?», fragt er. «Wenn mich niemand danach fragt, weiß ich es, wenn ich es aber einem, der mich fragt, erklären sollte, weiß ich es nicht.» Es fällt einem nicht schwer, hier mit Augustinus zu sympathisieren, dennoch ist es wichtig, seine Vorstellung der Zeitlosigkeit zu begreifen.

Sobald Sie ein Gefühl für das Wesen der Zeitlosigkeit haben, gibt es eine einfache Antwort auf die Frage, warum der Urknall gerade dann geschah, als er geschah. Wenn es keine Zeit und keinen Raum «vor» dem Urknall gab, dann kann es auch kein «wann» geben. In diesem Bild fand der Urknall statt, und die Zeit begann. Das musste der Anfang sein, weil es kein Davor gab. Deshalb ergab es keinen Sinn, dass irgendetwas entscheiden musste (es muss ja nicht unbedingt Gott sein, es sind auch Quantenstörungen denkbar, falls Sie ein Universum ohne Gott bevorzugen sollten), «jetzt ist die Zeit gekommen, es zu tun». Irgendetwas geschah in diesem ewigen «Jetzt», und das wurde zum Anfang und zur Definition des Wann.

Es ist wirklich nicht nötig, hinter Augustinus zurückzugehen, um nach einem grundlegenden Konzept eines Anfangs der Zeit zu suchen, der mit dem Anfang des Raums übereinstimmt. Wir können uns selbst nicht außerhalb der Zeit vorstellen, weil unser ganzes Leben darin stattfindet, aber wir können ein Gefühl für diese Zeitlosigkeit bekommen, wenn wir uns die Bedeutung von Vergangenheit, Gegenwart und Zukunft anschauen. (Auch Augustinus tat das; ich übernehme sein Konzept, stelle es aber ein wenig anders dar.)

Vergangenheit, Gegenwart und Zukunft

Gibt es noch etwas anderes außer der Gegenwart? Wahrscheinlich nicht. Die Vergangenheit steht fest und kann nicht beeinflusst werden. Wir können sie weder sehen noch mit ihr in Kontakt kommen. Wir stützen uns auf zerbrechliche (und häufig falsche) Erinnerungen, die uns mit der Vergangenheit verbinden. Nehmen wir ein einfaches Beispiel. Vor kurzem erhielt ich die E-Mail eines Freundes, der sagte, er habe mich mit meinem Hund spazieren gehen sehen und ich hätte dabei mit dem Handy telefoniert. Ich wusste, das konnte nicht stimmen, erstens, weil ich an diesem Nachmittag nicht mit dem Hund draußen gewesen war, und zweitens, weil ich nie das Telefon mitnehme, wenn ich mit dem Hund rausgehe, da ich mir dadurch die Gelegenheit zum Nachdenken verderbe.

Stellen wir uns jetzt vor, nur um die Geschichte auf die Spitze zu treiben, er habe gesehen, wie «ich» einen Mord beging. Nach der Auffassung meines Freundes von der Vergangenheit habe ich also gemordet. Er sah es mit eigenen Augen aufgrund seiner Erinnerung. Nach meiner eigenen Auffassung von der Vergangenheit allerdings weiß ich genau, dass ich nicht einmal dort war. Ein Gericht könnte seine Version der Ereignisse übernehmen und mich schuldig sprechen. Das wäre dann die offizielle Version der Vergangenheit, aber sie enthielte nicht das, was wirklich geschah. Die Vergangenheit ist nichts weiter als eine Kette von Erinnerungen.

Manch einer behauptet, dies sei eine altmodische Ansicht. Die

Erinnerung war tatsächlich unsere einzige Verbindung mit der Vergangenheit, bevor die Technik ins Spiel kam. Inzwischen können wir uns auf Fotografien und Videos stützen, die die Vergangenheit wieder lebendig werden lassen. Wenn wir ehrlich zu uns selbst sind, sind viele unserer «Erinnerungen» früherer Ereignisse überhaupt keine wahren Erinnerungen: Sie sind die von Kameras eingefangenen Bilder. Dieses Argument verfehlt allerdings das Thema. Selbst wenn man über all diese Fotos und Videos verfügt, schaut man sie nicht genau jetzt alle an. Im Jetzt, in diesem Augenblick, sind sogar Ihre Fotos und Videos nur ein Bezugspunkt in Ihrem Gedächtnis.

Was die Zukunft betrifft, haben wir es nicht mit festgelegten Dingen zu tun, sondern vielmehr mit einer Ansammlung von Wahrscheinlichkeiten. Denken Sie an morgen. Ich könnte in der Nacht sterben. (Verzeihen Sie mir den morbiden Zug, aber das hilft mir, die Sache auf den Punkt zu bringen.) Für mich gäbe es dann keinen morgigen Tag, jedenfalls nicht so, wie ich normalerweise damit umgehe. Ich kann nicht behaupten, morgen sei in irgendeinem Sinn real. Der griechische Philosoph Aristoteles fand eine nützliche Analogie für das Nachdenken über die Zukunft. Er schlug vor, wir sollten über die Olympischen Spiele nachdenken.

Aristoteles legte nahe, es gebe eine andere Klasse von Dingen für den Alltag, ein potenzielles Ding. Existieren die Olympischen Spiele? Natürlich gibt es sie, niemand zweifelt daran. Aber nun stellen Sie sich vor, ein Außerirdischer tauchte in einer fliegenden Untertasse auf (hier kommt eher meine eigene Phantasie ins Spiel als die des Aristoteles) und bittet Sie, ihm diese «Olympischen Spiele» zu zeigen. Sie könnten es nicht. Es gibt sie zwar, aber nicht in dem Sinn, dass Sie derzeit mit ihnen in Kontakt treten und sie fühlen könnten (es sei denn, Sie lesen dieses Buch gerade – was für ein eigenartiger Zufall – als Zuschauer bei Olympischen Spielen). Dasselbe gilt für die Zukunft. Sie hat das Potenzial, in Erscheinung zu treten, aber man kann sie nicht erleben.

Deshalb ist die einzige Realität der unendlich kleine Schnipsel

Zeit, der die Gegenwart darstellt. Das Jetzt. Wir glauben, wir könnten mit längeren und kürzeren Zeiträumen jonglieren, aber worüber wir in Wirklichkeit reden, ist entweder die Erinnerung vergangener Zeit oder zukünftige Zeit. Wir erleben keine längeren Zeitabschnitte. Stellen Sie sich vor, Sie hätten acht Stunden in einem kahlen Wartezimmer ohne Zeitschriften oder die Möglichkeit, irgendetwas zu tun, warten müssen, um jemanden zu treffen. Wahrscheinlich würden Sie sagen, es sei eine quälend lange Wartezeit gewesen. Aber eigentlich würden Sie gar keine lange Zeit erleben. Sie würden voraussehen, welche lange Wartezeit vor ihnen liegt. Sie würden sich an eine lange Wartezeit erinnern, nachdem sie vorbei ist. Aber erleben würden Sie stets nur den bruchstückhaften Augenblick des Jetzt.

Betrachten wir den Urknall aus einer augustinischen Perspektive (was in sich selbst eine seltsame Verzerrung der Zeit ist, denn wir nehmen ja den Standpunkt eines Menschen ein, der 1600 Jahre vor der Erfindung des Begriffs Urknall lebte), dann fangen wir mit dem «Jetzt» des Urknalls selbst an. Um die Vergangenheit müssen wir uns keine Sorgen machen. Kein Bedarf für einen kausalen Anschub, der von Natur aus ein «Davor» erfordert. Ganz allein der Urknall in einem «Jetzt», das dem Jetzt ähnelt, das Sie gerade erleben. Jetzt – dieser Augenblick. Wenn Sie dieses nächste Wort lesen werden. Jetzt.

Ich empfehle Ihnen wirklich, einen Augenblick innezuhalten (was selbst schon ein heikles Konzept in dieser zeitlosen Auffassung vom Bewusstsein ist), um sich mit diesen Vorstellungen vertraut zu machen. Spielen Sie ein wenig mit diesen Begriffen Vergangenheit, Gegenwart und Zukunft. Erwerben Sie sich ein Gefühl für das Konzept des Anfangs der Zeit. Es gibt kein «Davor».

Die Vorstellung, die Zeit habe mit dem begonnen, was Augustinus die Schöpfung nennen würde, ist nicht allein die Meinung eines Klerikers aus dem vierten Jahrhundert, auf den man sich heute immer noch beruft (obwohl ich es in der Tat faszinierend finde, dass in fast jedem Buch über den Urknall Augustinus erwähnt wird und ich es selbst in unserer Zeit noch lohnenswert finde, die *Bekenntnisse* zu lesen). Es ist eine echte Schlussfolgerung, die wir aus unserem modernen Verständnis von Raum und Zeit ziehen und die nun einmal mit den Vorstellungen des Augustinus in Einklang steht. Und so wird er immer wieder hineingezogen.

Raum, Zeit und Relativität

Der Grund, warum man glaubt, dass die Zeit mit dem Urknall begann, war nicht etwa das Hervortreten des Universums in den Raum, sondern vielmehr die Entstehung des Raumes selbst. Vor dem Urknall, so vermutet die Standardtheorie, gab es keinen Raum: keinen leeren Raum, nur das Nichts. Und das Einstein'sche Bild des Universums verschmilzt Raum und Zeit zu einer Einheit: kein Raum, keine Zeit, weil das Ganze eins ist: Raumzeit.

Manch einer könnte diese Vorstellung der «Zeit als vierter Dimension» und die Verknüpfung der Zeit mit dem Raum zum einheitlichen Konzept der Raumzeit leicht für lediglich eine Frage der Terminologie halten. Man könnte annehmen, die Wissenschaftler meinten, Zeit sei «ein bisschen so etwas» wie eine räumliche Dimension. Aber Einstein zeigte, dass die Zeit eine grundsätzliche, feststehende Verbindung zum Raum hat. Die relative Bewegung im Raum bringt tatsächliche Veränderungen in der Beschaffenheit des Zeitablaufs hervor.

Nehmen Sie den einfachen Fall eines Raumschiffs, das von der Erde mit halber Lichtgeschwindigkeit davonfliegt. Wenn es zehn Lichtjahre entfernt ist (eine Reise, deren Dauer wir als 20 Jahre erleben), werden die Uhren an Bord des Raumschiffs von unserem Standpunkt aus um 5 ¾ Jahre nachgehen. Sagen wir, das Schiff habe die Erde im Jahr 2020 verlassen. Könnten wir dann irgendwie einen unmittelbaren Blick auf das Schiff im Jahr 2040 werfen, wäre es auf dem Schiff erst 2034. Das ist nicht einfach nur ein seltsamer optischer Effekt, wie beispielsweise die Perspektive Objekte kleiner zu machen scheint, als sie sind. Die Zeit auf dem Raumschiff wäre aus unserer Sicht wirklich so viel langsamer abgelaufen.

Die spezielle Relativität, die sich mit Objekten beschäftigt, die nicht beschleunigt werden, wird kombiniert mit der allgemeinen Relativität, bei der es um Beschleunigung und Gravitation geht. (Nicht beschleunigte Objekte bewegen sich geradlinig fort, während eine Beschleunigung einfach einen Geschwindigkeitswechsel bedeutet und eine Kehrtwendung eine Veränderung der Geschwindigkeit ist, weil Geschwindigkeit sich aus Tempo und Richtung zusammensetzt.) Durch die allgemeine Relativität haben wir entdeckt, dass auch ein Gravitationsfeld die Zeit verändert.

Als Redakteur der Website www.popularscience.co.uk, auf der Bücher rezensiert werden, bekomme ich selbstverlegte Bücher zugeschickt, in denen angeblich bewiesen wird, dass Einstein unrecht habe. Aus bestimmten Gründen scheint er eine äußerst beliebte Zielscheibe für diejenigen zu sein, die ihre eigenen exzentrischen Theorien entwickelt haben und sich mit der Welt der Wissenschaft anlegen wollen. Doch in Wirklichkeit muss jedes Abstreiten der Relativität erst noch einer ernsthaften Prüfung standhalten. Experimentell ist die Verknüpfung von Zeit und Raum immer wieder nachgewiesen worden.

Als das Global Positioning System (GPS) – Satelliten, die in Autos und Flugzeugen zur Navigation benutzt werden – geplant wurde, wollte das Militär (dem das GPS gehört), so will es die Legende, nicht glauben, es sei notwendig, ein derart theoretisches Konzept wie die Relativität bei der Konstruktion von Navigationssatelliten berücksichtigen zu müssen. In Wirklichkeit aber war es unerlässlich. Sowohl die spezielle als auch die allgemeine Relativität beeinflussen für einen Beobachter auf der Erde den Lauf der Zeit auf diesen Satelliten. Die spezielle Relativität verlangsamt sie, während die allgemeine Relativität für eine Beschleunigung sorgt. Allerdings heben sich die beiden Effekte nicht gegenseitig auf, sodass GPS-Satelliten eine Korrektur ausführen müssen, um mit dem relativistischen Effekt umzugehen.

Da das Funktionieren von GPS vom Vergleich eines Zeitsignals mit allen anderen Satelliten abhängt, die alle ihre eigenen Atomuhren an Bord haben, muss diese von der Relativität verursachte Zeitveränderung einkalkuliert werden, weil sonst das System nicht mehr synchron arbeiten würde. Der Effekt ist ganz real und wirkt sich auf unseren Alltag aus. Es sollte daher kein Zweifel an der Verbindung von Raum und Zeit bestehen. Es gibt keinen Grund, sie als getrennte Einheiten zu betrachten. Falls die Raumzeit tatsächlich zu Beginn alles ins Dasein gerufen haben sollte, dann muss man sich auch nicht den Kopf darüber zerbrechen, warum der Urknall an einem bestimmten Zeitpunkt geschah. So war es nämlich nicht. Er geschah einfach, und von diesem Augenblick an erst gab es die Zeit.

Die Suche nach einem positiven Beweis für ein großes Nichts in Zeit und Raum vor dem Urknall gestaltet sich schwierig. Wir können es nur widerlegen, aber das ist kein Problem, weil der größte Teil der wissenschaftlichen Methodik so funktioniert. Wie wir bereits gesehen haben, ist es unmöglich, etwas absolut zu beweisen. Wir können lediglich die besten Indizien untersuchen, die eine Theorie unterstützen. Bisher gibt es keinen besonders guten Beweis dafür, dass die Raumzeit mit dem Urknall begann, aber je mehr Daten gesammelt werden, umso eher werden wir entweder feststellen, dass das Konzept unwiderlegbar ist, wodurch es zunehmend attraktiver wird, oder dass einige Daten der Theorie widersprechen, was zu ihrer Ablehnung führen wird.

Dennoch sollten wir eins nicht vergessen, wenn wir uns jetzt eingehend mit den alternativen Theorien über das, was vor dem Anfang war, beschäftigen werden: Vielleicht hat es gar kein «Zuvor» gegeben. Manche dieser Theorien kommen ganz und gar ohne den Urknall aus, aber das ist nicht nötig. Selbst wenn der Urknall tatsächlich der Ursprung unseres derzeitigen Universums gewesen sein sollte, ist es, wie wir im nächsten Kapitel sehen werden, voll und ganz möglich, dass Zeit und Raum nicht vor 14 Milliarden Jahren begonnen haben.

9. DAS MURMELTIER-UNIVERSUM

> Immerhin ist das «Universum» nur eine Hypo-
> these wie das Atom, sodass ihm die Freiheit zu-
> gestanden werden muss, Eigenschaften zu haben
> und Dinge zu tun, die für eine endliche materielle
> Struktur unvereinbar und unmöglich wären.
>
> *Willem de Sitter (1872–1934),*
> *Kosmos*

In dem Film *Und täglich grüßt das Murmeltier* verkörpert Schauspie-
ler Bill Murray die Figur Phil Connors, der immer wieder denselben
Tag durchlebt. In einer großmaßstäblichen Version des *Murmeltier*-
Szenarios durchläuft das Universum, so glauben einige Kosmologen, einen Zyklus endloser Zusammenbrüche. Einem solchen großen Kollaps («Big Crunch») folgt dann jeweils eine Wiedergeburt in
einem neuen Urknall. Das würde bedeuten, dass es vor dem Urknall
ein anderes Universum gegeben hat und davor ein weiteres, möglicherweise in einer endlosen Sequenz ohne zeitliche Begrenzung.
Mit genügend Wiederholungen könnte sich im Prinzip jede potenzielle Lebensform entfalten, während wieder und wieder ein Universum ins Dasein käme, seinen Zyklus von mehreren Milliarden
Jahren durchlebte und erneut zerstört werden würde.

Ein solch zyklisches Universum lässt sich vorstellen, indem man
an die Funktionsweise eines Benzinmotors denkt. Wegen seiner zyklischen Beschaffenheit ist sein Anfangspunkt willkürlich, aber wir
wollen mit dem Urknall beginnen. Im Benzinmotor gibt es einen
elektrischen Funken, der den Brennstoff entzündet und den Kolben
antreibt, sodass sich das Volumen im Zylinder ausdehnt. Schließlich erreicht der Kolben seinen höchsten Punkt, und das Volumen
im Zylinder fängt an, sich zusammenzuziehen, bis praktisch kein
Raum mehr vorhanden ist und ein neuer Funke den ganzen Vor-

gang erneut in Bewegung setzt. Das Murmeltier-Universum dehnt sich wie das Gas im Zylinder aus und zieht sich immer wieder zusammen, angetrieben von den Funken einer ganzen Reihe von Urknallereignissen.

Das zyklische Universum

So ein zyklisches Modell hat schon etwas Befriedigendes an sich. All die komplizierten Begründungen für eine Inflation fallen flach, weil das neue Universum nach Kollaps und Knall auf dem jeweils vorausgegangenen Universum beruht. Wäre dieses Vorläufer-Universum bereits gleichförmig und flach und mit Galaxien ausgestattet, würde sein neuer Sprössling aus dem «Saatgut» früherer Strukturen hervorgehen.

Dieses Modell verlangt, dass die Dunkle Energie oder was immer es sein mag, was das Universum derzeit immer schneller auseinanderschiebt, mit der Zeit abflaut, sodass sich schließlich die Gravitation wieder behauptet und das Universum sich erneut zusammenzieht. Aber das ist eine Vermutung, die mit Sicherheit nicht weiter hergeholt ist als jene, die sich aufeinanderstapeln, damit der inflationäre Urknall überhaupt funktioniert.

In einem zyklischen Universum gibt es eine einfache Antwort auf die Frage: «Was war vor dem Urknall?» Zunächst einmal gab es keinen wirklichen Urknall im Sinn eines Ursprungs von Zeit und Raum. Aber vor dem «Big Bounce» (Großer Rückprall) oder dem Big Crunch (Großer Kollaps) und dem Knall sieht die Theorie ein ziemlich ähnliches Universum vor, dessen Struktur einen direkten Einfluss auf die Zusammensetzung unseres eigenen Universums hätte. Es war Robert Dicke, der einen entscheidenden Beitrag zur frühen Arbeit über die kosmische Mikrowellen-Hintergrundstrahlung leistete und als Erster vehement für das zyklische oder oszillierende Universum eintrat.

Universelle Müllentsorgung

Dicke wollte ein Bild, in dem alles nicht einfach an einem willkürlichen Punkt in der Zeit (oder mit der Zeit) anfing, sondern das eine Erklärung anbot, warum der Knall stattgefunden hatte und was davor geschehen war. Dickes Bild eines wiederholte Zyklen durchlaufenden Universums war hübsch, wenngleich es ein paar ureigene Probleme aufwarf. Eins davon war die Müllentsorgung. George Gamows Annahme, alle chemischen Elemente seien im Urknall entstanden, war widerlegt worden. Inzwischen ist klar, dass zu Anfang nur die leichtesten Elemente vorhanden waren, während die restlichen in Sternen und Supernovae produziert wurden.

Das stellte zwar kein Problem für diejenigen dar, die sich mit einem einfachen Bild des Urknalls zufriedengaben, aber es brachte einen Aspekt ins Spiel, den Dicke erklären musste. Vor einem der großen Kollapse musste das vorausgegangene Universum alle schweren Atome parat gehabt haben, so wie es in unserem heutigen Kosmos der Fall ist. Wo blieben sie, als das Universum vom Kollaps zum Knall überging? Und warum waren diese schweren Elemente nicht sofort nach jenem ursprünglichen Rückprall vorhanden?

Dicke kam zu dem Ergebnis, dass Temperatur und Druck im Kollaps ausreichend radikal waren, um die schweren Atome in ihre Bestandteile zu zerschmettern. Dafür muss schon einiges passieren. Erinnern wir uns, dass Sterne keine Atome aufspalten; sie setzen sie zusammen. Es wären wesentlich heftigere Bedingungen nötig als die in einem Stern, um diese schweren Elemente in ihre Bestandteile zu zerschlagen. Aber Dicke hielt die Zustände an der Kollaps/Knall-Schnittstelle für so höllisch, dass er von dieser atomaren Demontage tatsächlich überzeugt war.

Und der Umgang damit war nicht das einzige Problem, das die Befürworter eines zyklischen Universums hatten. Es gibt nicht nur strittige Punkte mit der Singularität beim Urknall, sondern auch eine Streitfrage, die an die Benzinmotor-Analogie zu Beginn des Kapitels erinnert. Es gibt keine ganz und gar effiziente Maschine.

Ein Perpetuum mobile ist eine Illusion. Das ist eine Schlussfolgerung aus dem Zweiten Hauptsatz der Thermodynamik. Wenn aber ein zyklisches Universum für immer weiterexistieren soll, müsste es über einen Mechanismus verfügen, der einem Perpetuum mobile gleichkäme, oder ihm ginge die Energie aus, und es würde schlappmachen.

Keine ewige Bewegung

Mit weiter gehender Analyse stellten wir fest, dass ein *Murmeltier*-Universum sich beim Blick zurück in der Zeit nicht bewährte. Wenn das Universum expandiert, nimmt die Menge der vorhandenen Strahlung zu. Die würde dann im Großen Kollaps zusammengequetscht werden, sodass es zu Beginn des neuen Zyklus mehr Strahlung gäbe. Je mehr Strahlung vorhanden ist, desto länger dauert es, bis die Expansion an Schwung verliert und die Kontraktion beginnt. Deshalb wäre ein späterer Zyklus in der Sequenz länger als ein vorausgegangener.

Man muss dann nur noch rückwärts extrapolieren. Wenn spätere Zyklen länger sind als kürzere, wäre der Zyklus vor unserem jetzigen kürzer als unserer. Der davor wäre noch kürzer. Zählen wir diese Laufzeiten zusammen, ist es vorstellbar, dass es auf eine Zeit in der Vergangenheit zuläuft, vor der es keinen Zyklus gab, weil der dann die Länge null gehabt hätte. Und in diesem Fall hätte das Universum einen Anfang, womit wir wieder bei denselben Problemen wären, die viele Astrophysiker haben, wenn sie sich einen Urknall vorstellen sollen, der ohne ersichtlichen Grund stattfand.

Obwohl die Angelegenheit offensichtlich zu sein scheint – dass nämlich eine geringere Zeitdauer für jeden vorausgegangenen Zyklus bedeutet, es habe eine identifizierbare Anfangszeit für das Universum gegeben –, muss dies nicht unbedingt stimmen. Wenn allerdings beispielsweise jeder Zyklus doppelt so lang wäre wie der vorherige, gäbe es eine eindeutige Anfangszeit. Sagen wir, unser derzeitiges Universum hätte eine Lebensdauer von einer Einheit, dann hätte das vorangegangene Universum $\frac{1}{2}$ Einheit, das davor $\frac{1}{4}$ und so weiter. Daher entspräche die gesamte Lebensdauer des zyklischen Universums $1 + \frac{1}{2} + \frac{1}{4} + \frac{1}{8} + \frac{1}{16}$ ... Hier taucht wieder die Summe als endliche Reihe auf, über die wir bereits gesprochen haben. Was eine unendliche Reihe von Zyklen in lediglich der doppelten Lebensdauer unseres derzeitigen Universums unterbringen könnte.

Sollte jedoch das vorausgegangene Universum $\frac{1}{2}$ so lange wie unser heutiges Universum gedauert haben, das davor $\frac{1}{3}$ so lang und das davor $\frac{1}{4}$ so lang, dann beliefe sich die ganze Lebensdauer des zyklischen Universums auf $1 + \frac{1}{2} + \frac{1}{3} + \frac{1}{4} + \frac{1}{5} + \frac{1}{6}$ ... Im Gegensatz zur vorausgegangenen Reihe ergibt die Addition dieser Reihe keine endliche Zahl. Mit einer unendlichen Reihe von Eingaben erreicht man eine Gesamtzahl, die ins Unendliche reicht. Ein Universum, das mit jedem Zyklus an Alter zunimmt, wäre auf diese Weise schon immer da gewesen. Aber die Analyse der Lebenszyklen, die Professor Richard Tolman vom California Institute of Technology in den 1930er Jahren durchführte, ergab eine konvergierende Geschichte für ein einfaches zyklisches Universum: Es hätte eine endliche Zeit in der Vergangenheit gegeben, als die Zyklen erstmals begannen.

Und es kam noch schlimmer. Als es in den 1950er Jahren möglich wurde, das Verhalten eines kontrahierenden Universums bei der Annäherung an den Big Crunch besser zu analysieren, stellte man fest, dass es sich in einen ziemlich instabilen Zustand manövrierte. Beim Zusteuern auf den Kollaps schwankte die Größe des Universums heftig, was auf das genaue Gegenteil des beobachteten Zustands hinauslief: ein Universum, das alles andere als glatt und gleichförmig war, mit gewaltigen Unterschieden in der Dichte – ein Start ins Leben, das kein Universum wie unseres hervorbringen würde.

Das heißt aber nicht, ein zyklisches *Murmeltier*-Universum sei unmöglich. In den letzten Jahren wurde eine Theorie entwickelt, die tatsächlich funktionieren und all die Schwierigkeiten beseitigen könnte, die die ursprüngliche Urknalltheorie bereitete. Um zu erkennen, wie dieses andere Bild aussieht, müssen wir uns zunächst kurz von den fernen Regionen der Galaxie abwenden und unserer Heimat wieder viel näher kommen. Moderne Theorien eines zyklischen Universums sind aus dem Nachdenken über die grundlegendsten Aspekte der Existenz entstanden. Wissenschaftler haben lange nach einer «Theorie für alles» gesucht, die erklären sollte, wie alle Kräfte und Teilchen, aus denen unser Universum besteht, miteinander in Verbindung treten. Einstein war gegen Ende seines Lebens davon besessen und verbrachte seine Zeit mit vergeblichen Versuchen, eine allumfassende Theorie festzuhalten.

Wir kennen vier grundlegende Kräfte, die beschreiben, wie die Materie funktioniert. Die beiden schwächsten sind auch die geläufigsten. Es sind die Gravitation und der Elektromagnetismus, wobei Letzterer für unzählige Vorgänge verantwortlich ist – von der Existenz des Lichts bis hin zum Antrieb eines elektrischen Motors. Die beiden anderen sind Kernkräfte, nämlich die starke und die schwache Kraft. Die schwache ist ein Phänomen, das für einige Aspekte des Kernzerfalls zuständig ist, etwa für den Betazerfall, wenn der Kern ein Elektron hinausschleudert. Die starke Kraft hat die Aufgabe, den Kern des Atoms zusammenzuhalten – trotz der positiv geladenen Protonen, die sich alle gegenseitig elektromagnetisch abstoßen.

Die Existenz so vieler Kräfte klingt übermäßig kompliziert. Im Lauf der Jahre hat es viele Versuche gegeben – Einsteins Bemühungen mitgezählt –, sie zu einer einzigen Kraft zusammenzuschmieden. Dabei sind schöne Erfolge erzielt worden. So erwies es sich als relativ einfach, den Elektromagnetismus und die schwache Kraft zusammenzuziehen. Schließlich wurde auch die starke Kraft mit diesen vereint, aber dann tat sich eine unüberwindliche Kluft auf. Die Gravitation unterscheidet sich so sehr von den anderen Kräften, dass es sich als unmöglich herausstellte, eine praktische, allumfassende Theorie zu ersinnen, die alles in den Griff bekam.

Ich habe Einstein bereits mehrfach in diesem Kapitel erwähnt, und dafür gibt es einen guten Grund. Er schuf eine Art Schnittstelle zwischen den beiden inkompatiblen Teiltheorien, auf die unser Verständnis vom Universum gebaut ist. Es war Einstein, der die allgemeine Relativitätstheorie entwickelte, die beschreibt, wie die Gravitation funktioniert. Außerdem ist er mitverantwortlich für die Entwicklung der Quantentheorie, die Wissenschaft der sehr kleinen Teilchen auf der Ebene des Atoms und darunter, wenngleich er ihren auf Wahrscheinlichkeiten beruhenden Ansatz hasste. Trotz ihrer Raffinesse ist die allgemeine Relativität eine «klassische» Theorie: Die Gravitation ist die Kraft, die sich so verhält, wie Newton es verstehen könnte. Die anderen drei Kräfte sind Quantenwechselwirkungen.

Deshalb bleiben die beiden unterschiedlichen Aspekte des Universums für unser Verständnis unvereinbar. Die Quantentheorie ist für die Welt des äußerst Kleinen zuständig und deckt drei der vier Kräfte ab. Die Gravitation übernimmt die Führung, sobald der Maßstab größer wird. Sie befasst sich mit der Art von Objekten, mit denen wir in unserer menschlichen Welt vertraut sind. Die Quantentheorie, Einsteins Albtraum, steht hier der Relativität, seinem Geisteskind, gegenüber.

Ironischerweise spitzt sich dieser Zusammenprall der titanischen Kräfte hinter dem Dasein in der Vorstellung vom Urknall zu. Weil der Urknall ein Phänomen des äußerst Kleinen ist, sollte am Anfangspunkt des Universums auch die Quantentheorie dominieren. Tatsächlich ist darüber spekuliert worden, dass es die unterschiedlichen Kräfte, wie wir sie heute kennen, ursprünglich gar nicht gegeben hat. Im Standardbild des Urknalls verschmelzen bei den enormen Temperaturen und Drücken unmittelbar nach dem Urknall alle Kräfte mit Ausnahme der Gravitation miteinander zu einer einzigen Superkraft, die sich beim Abkühlen des sehr frühen Universums in einem Prozess «auflöste», den wir Symmetriebrechung nennen.

Dabei bleibt jedoch die Gravitation immer noch außen vor, was eigentlich unmöglich erscheint, wenn das Universum seinen Anfang auf der Quantenebene nahm. Viele Wissenschaftler würden sagen, Einsteins geistiger Konflikt sei inzwischen dank eines Ansatzes, der Stringtheorie genannt wird, gelöst worden. Deren große Schwester nennt sich M-Theorie. Sie ermöglicht es, die Gravitation mit den anderen Kräften als Teil dieser ursprünglichen Superkraft in Übereinstimmung zu bringen. Und diese Theorie ist zweifellos sehr hübsch, da sie ein Problem vereinfacht, das den Physikern in den 1970er Jahren eine Menge Kopfschmerzen bereitete.

Der Teilchenzoo

Seit der griechischen Antike hielt man es für möglich, dass Materie aus kleinen, grundlegenden Bausteinen zusammengesetzt ist. Obwohl nicht alle Griechen daran glaubten und eine alternative Theorie bevorzugten, in der alles aus Erde, Luft, Feuer und Wasser gebildet war, hielten manche an der Vorstellung fest, die Materie sei aus winzigen Bestandteilen zusammengefügt. Die Idee dahinter war: Man nehme irgendetwas, ein Stück Käse zum Beispiel, und schneide es in immer kleinere Stücke. Zuletzt hätte man ein so kleines Stück, das so elementar wäre, dass selbst das schärfste Messer es nicht mehr durchschneiden könnte. Ein solches Stück war ein *atomos*, etwas Unzerschneidbares. Ein Atom.

In dieser Vorstellung der alten Griechen hatte jede Art von Material ein anderes Atom. Käseatome unterschieden sich von Pflanzenatomen, die wieder anders waren als Metallatome und so weiter. Sie glaubten sogar, die verschiedenen Atome hätten unterschiedliche Formen und Farben. Diese Atomtheorie wurde größtenteils ignoriert, weil sich die Lehre von Erde, Luft, Feuer und Wasser durchsetzte. Es sollte nahezu 2000 Jahre dauern, bis Atome wieder ins Blickfeld gerieten. In ihrer neuen Verkörperung unterstützten Atome die Vorstellung, alles bestünde aus Elementen, chemischen Komponenten, die sich nicht weiter aufbrechen ließen, ganz gleich, ob sie nun Gase wie Wasserstoff und Sauerstoff waren oder Feststoffe wie Kohlenstoff und Eisen.

Im Lauf des 20. Jahrhunderts wurde eine echte Atomtheorie entwickelt, die zeigte, wie jedes Atom aus nur drei Arten elementarer Teilchen bestand: Neutronen und positiv geladenen Protonen im Kern, den Elektronen in einer statistischen Wolke umkreisten. Es sah so aus, als hätten wir es mit einem angenehm einfachen Vorrat an Teilchen zu tun. Aber dann wurden neue Teilchen entdeckt. Manche waren in kosmischen Strahlen verborgen, stürzten von den Sternen herab und krachten in die Erdatmosphäre. Andere kamen in Experimenten zum Vorschein, in denen Atome sich gegenseitig zerschmetterten.

Als ich in den 1970er Jahren mein Physikdiplom in Cambridge erwarb, kam es mir so vor, als sei praktisch jede Woche ein Dozent hereingekommen und habe aufgeregt verkündet, ein neues «elementares» Teilchen sei entdeckt worden. Was zuvor eine hübsch handliche Struktur aus drei grundlegenden Bausteinen war, wurde ein kompliziertes Durcheinander, was nicht besser wurde, als man entdeckte, dass Teilchen auch Vermittler von Kräften sind. So ist das Photon, das «Lichtteilchen», beispielsweise Träger der elektromagnetischen Kraft.

Die gute Nachricht lautet: Seit dieser Zeit sind einige Teilchen durch die Entdeckung zusammengefasst worden, sodass viele der schweren Teilchen wie Neutronen und Protonen aus noch grundlegenderen Teilchen bestehen, die Quarks genannt werden. (Dieses Wort sollte sich auf «Kork» reimen und nicht auf «Sarg», aber es wird selten richtig ausgesprochen.) Trotzdem gibt es im Standardmodell immer noch einen Teilchenzoo. Physiker haben stets von einer «Theorie für alles» geschwärmt, die sämtliche Kräfte und

Teilchen in einer einzigen Theorie zusammenfügt, sodass alles wunderbar harmoniert. Die Befürworter der Stringtheorie sagen, ihr Konzept sei die erste brauchbare Theorie für alles.

Wie lang ist ein String?

Die Stringtheorie ist so attraktiv, weil sie den Zoo überflüssig macht. Der Stringtheorie zufolge besteht jedes Materieteilchen, ganz gleich, ob es ein Elektron oder ein Quark ist, sowie jedes krafttragende Teilchen vom Photon bis zum Graviton aus ein und demselben elementaren Baustein, einem String. Diese unfassbar winzigen Strings existieren in geschlossenen Schleifen (obwohl es auch offene Strings geben kann) und schwingen auf unterschiedliche Weise, wobei die Beschaffenheit der Schwingung die unterschiedlichen Teilchenarten hervorbringt.

Das Angenehme an diesem Modell ist: Den richtigen Dreh herauszubekommen ist recht einfach. Jeder, der einmal ein Saiteninstrument gespielt hat wie die Violine, wird wissen, dass es beim Streichen der Saiten an unterschiedlichen Stellen möglich wird, Obertöne hervorzurufen – höhere Noten, bei denen die Saite in verschiedenen Mustern schwingt. Die Stringtheorie funktioniert genauso. Stellen Sie sich eine zur Schleife geschlossene Saite (englisch: string) vor, die als Ganzes auf einer halben Wellenlänge schwingt (die Entfernung von einem Wellenkamm zum nächsten). Auch eine ganze Wellenlänge ist vorstellbar oder eineinhalb Wellenlängen und so weiter. Die Stringtheorie vermittelt uns das Bild, dass jede dieser harmonieartigen Variationen zu einem anderen Teilchen führt.

Es sollte betont werden, dass die Strings in der Stringtheorie keine buchstäblichen Saiten oder ein Stück Schnur sind. Ganz offensichtlich bestehen sie nicht aus Schnur (die ja selbst aus Atomen besteht), aber sie sind auch darüber hinaus keine richtigen Saiten. Die Umschreibung mit Strings ist nur ein Modell. Genauso wie wir uns das Licht als Teilchen oder Welle vorstellen können, es aber in

Wirklichkeit weder das eine noch das andere ist – es ist einfach nur Licht –, so ähnlich können wir uns Teilchen denken, die aus Strings aufgebaut sind. Aber eigentlich meinen wir damit abstrakte Konstrukte, die zufällig ein Verhalten zeigen, das uns an schwingende Saiten erinnert.

Diese Theorie ist wirklich einzigartig in der Wissenschaftsgeschichte, weil sich die Theorie aus der Mathematik ergab, während es sonst eigentlich umgekehrt ist. Beim üblichen Ansatz beobachtet jemand die Wirklichkeit und konstruiert anhand seiner Beobachtungen eine Theorie. Bei der Stringtheorie gab es interessante, abstrakte, multidimensionale Mathematik, die ein Verhalten zeigte, das zufällig mit der Wirklichkeit übereinstimmte. Dieser Fund wurde dann als Grundlage für die Theorie benutzt. Die Stringtheorie hat nebenbei auch das minimale Problem, zehn Dimensionen zu benötigen, damit sie funktioniert. Darüber später mehr. Dennoch ist es ein leistungsstarkes Konzept, an dem mittlerweile Hunderte von Wissenschaftlern arbeiten.

Branen

Die M-Theorie, die noch eine besondere Bedeutung für das haben wird, was vor dem Urknall war, ist eine Weiterentwicklung der Stringtheorie, die den zehn Dimensionen, die ihre Vorgängerin braucht, noch eine elfte hinzufügt, sodass wir zehn Raumdimensionen und eine Zeitdimension haben. Die M-Theorie hat als elementare Einheit eine «Bran». Das ist eine multidimensionale Membran. Sie kann beliebig viele, aber höchstens zehn Dimensionen haben, allerdings in einer eindimensionalen Form, durch verschiedene andere Dimensionen verdreht und zu einem String vereinfacht (was die Stringtheorie zu einer Teilmenge der M-Theorie macht).

Die M-Theorie beschreibt unser Universum als eine dreidimensionale Bran, die durch die höheren Dimensionen des Raums schwebt. Ihre Entwicklung erwies sich für viele Stringtheoretiker als eine Erleichterung, da sie fünf unterschiedliche, inkompatible Versionen der Stringtheorie, die zuvor aufgetaucht waren, durch Hinzufügung dieser zusätzlichen Dimension vereinheitlichen konnte. Einer der seltsamsten Aspekte der M-Theorie: Niemand scheint zu wissen, warum sie so genannt wird. Das «M» steht angeblich für Membran (was Sinn macht) oder auch für Mysterium oder Magie. Es ist schon merkwürdig, dass der Physiker Ed Witten vom Institute of Advanced Studies in Princeton, der die M-Theorie konzipierte, nie eindeutig erklärt hat, warum sie so heißt.

Wie wir noch sehen werden, lässt die M-Theorie einen neuen dramatischen Blick auf den Anfang des Universums zu. Andererseits gibt es eine Reihe anerkannter Wissenschaftler, die die Stringtheorie und die M-Theorie überhaupt nicht als Wissenschaft betrachten.

Lassen wir diese Kritik eine Weile auf sich beruhen. Die M-Theorie bietet eine hochdramatische, alternative Sicht auf die Entstehung des Universums an. Um zunächst einmal ein Gefühl dafür zu bekommen, was die M-Theorie vorschlägt, muss man ein Universum mit mehr als vier Dimensionen begreifen. Gewohnt sind wir an die drei Dimensionen unserer Alltagserfahrung plus Zeit, aber die M-Theorie verlangt, dass wir uns auf ein paar mehr Dimensionen einstellen. Insgesamt sind es elf.

Da man sich das unmöglich vorstellen kann, versuchen Sie es erst gar nicht. Über drei Dimensionen hinauszugehen ist lange Zeit eine Domäne von Mathematikern, Science-Fiction- und Fantasy-Autoren gewesen. In der Literatur der 1950er Jahre war «die vierte Dimension» oder eine «Paralleldimension» eine Hauptstütze für eine Alternativwelt, die parallel zu unserer Welt existierte. Dabei ging es vielmehr um die Beschreibung eines anderen Universums als buchstäblich um eine andere Dimension. In der Mathematik sind Dimensionen lediglich Zahlenreihen. Zwei Dimensionen sind eine Tabelle wie ein Arbeitsblatt. Drei Dimensionen sind ein Stapel Tabellen, wie eine Reihe paralleler Arbeitsblätter. Vier Dimensionen sind eine Tabelle, wo jedes Element ein dreidimensionales Arbeitsblatt ist und so weiter, wie es Ihnen beliebt. Für Mathematiker ist es genauso einfach, mit einer Milliarde Dimensionen zu hantieren wie mit drei Dimensionen (auch wenn es dabei natürlich um wesentlich mehr Zahlen geht).

Physikalisch gedacht steht jede der drei physikalischen Dimensionen im rechten Winkel zu den anderen. Eine vierte physikalische Dimension würde im rechten Winkel zu allen drei stehen. In unserer 3-D-Veranschaulichung des Raums können wir diese vierte Dimension nicht sehen. Bewegte sich etwas in der vierten Dimension, würde es von einem Fleck verschwinden und an einem anderen wieder auftauchen, wenn es sich zum selben Punkt in der vierten Dimension zurückbewegte. Sie können sich dieses Ereignis vorstellen, indem Sie sich ausmalen, welche Entsprechung dies in der zweiten Dimension hätte.

Nehmen wir an, Sie befänden sich in den Seiten eines Comicbuchs und wären eine Figur in einer der Zeichnungen. Sie könnten eine andere Figur sehen, wie sie sich von einer Seite zur anderen oder auf und ab bewegt. Aber nun stellen Sie sich vor, irgendjemand in der dreidimensionalen Welt hebt eine der Figuren aus Ihrer Illustration im Comic heraus und setzt sie in einem anderen Bild wieder ab. Der Held würde einfach von einem Ort verschwinden und an dem anderen auftauchen. Bis er auf dem Weg durch die dritte Dimension denselben Abschnitt erreichte, den Sie besetzen, nämlich die Buchseite, würde er in ihrer Comicbuchwelt nicht existieren.

Gleichermaßen würde sich etwas, das sich durch eine vierte Dimension in unserem Universum bewegte, einfach verschwinden und unserem Blick verborgen bleiben, bis es genau an der gleichen Position in der vierten Dimension, die unser Universum einnimmt, zurückkehrte. Statt uns mit einem einzigen Universum zufriedenzugeben, beschert uns eine vierte Dimension in der Tat eine unendliche Reihe dreidimensionaler Universen, jeweils eines an den Punkten entlang der vierten Dimension.

Das käme bei nur einer zusätzlichen Dimension heraus. Damit die Mathematik der Stringtheorie, der Vorgängerin der M-Theorie, funktionsfähig sein würde, musste man von vier zu zehn Dimensionen voranschreiten, während mit der M-Theorie noch eine elfte Dimension fällig wird, wie wir noch sehen werden, wenn wir uns eine bessere Vorstellung von dieser Theorie gemacht haben werden. Das setzt voraus, es könnte eine unendliche Reihe von Paralleluniversen geben, die alle geringfügig entlang einiger Kombinationen dieser zusätzlichen sieben Dimensionen verschoben sind.

Eingerollte Dimensionen

Wie wir bereits gesehen haben, stellt man sich mit der String-Theorie als der Vorgängerin der M-Theorie vor, jedes Teilchen bestehe aus einem winzigen eindimensionalen «String», der auf unterschiedliche Art und Weise in diesen diversen Dimensionen schwingt, je nachdem, um welche Art von Teilchen es sich jeweils handelt. Tatsächlich sind die zusätzlichen Dimensionen erforderlich, damit die notwendigen unterschiedlichen Schwingungsarten aktiviert werden können, aber die Dimensionen werden als sehr klein und als eingerollt beschrieben, sodass wir sie nicht erkennen können.

Wenn Sie eingehender darüber nachdenken, ist das ein ziemlich merkwürdiges Konzept. In vielen populären Erklärungen der Stringtheorie heißt es, diese eingerollten Dimensionen müssten sehr klein sein, kleiner noch als ein Atom, sonst würden die Dinge stets in die zusätzlichen Dimensionen abtreiben und verschwinden. Dennoch ist es sinnvoll, sich zu fragen, warum man sich nie vorgestellt hat, dass diese Dimensionen direkt nachweisbar sein könnten. Kehren wir zurück in die Welt des Comicbuchs. Wir müssen nicht sagen, dass die Figuren in dem zweidimensionalen Universum der Buchseite mit einer dritten Dimension konfrontiert werden, die kleiner ist als ein Atom, nur weil sie nicht in die dritte Dimension fliehen.

Hier scheint es sich bei den Wissenschaftlern, die sich eine Erklärung einfallen lassen, um den Fall einer groben Vereinfachung zu handeln. Sie glauben nicht wirklich daran, die zusätzlichen Dimensionen könnten auf kleinstem Raum eingerollt sein, weil wir ihnen im Alltag nicht begegnen können. Es muss so sein, damit die Mathematik funktioniert. Erinnern Sie sich: Dies ist eine Theorie, bei der die Mathematik zuerst kam und die Theorie entsprechend angepasst wurde. Es war eben keine Entwicklung eines Modells, das die Wirklichkeit widerspiegelt.

Die Stringtheorie ging zunächst aus der zufälligen Beobachtung hervor, dass eine abstrakte mathematische Gleichung, die erstmals im 19. Jahrhundert angewendet wurde, sehr genau auszudrücken schien, was bei einer Teilchenwechselwirkung beobachtet wurde. Von diesem spiegelverkehrten Ursprung aus wurde die Stringtheorie Schritt für Schritt ausgebaut, bis sie eine mathematische Abstraktion geworden war, die im Prinzip eine funktionierende Theorie für alles war.

Vom technischen Standpunkt aus betrachtet, sind String- und M-Theorie äußerst attraktiv. Sie bieten offenbar nicht nur eine Lösung an, die alle Erfordernisse des Umgangs mit den Elementarteilchen und den Kräften im Universum umfasst, sondern sie überwinden eine der grundsätzlichen Schwierigkeiten, die der traditionelle Blick auf Teilchen mit sich bringt. So wird zum Beispiel ein Elektron normalerweise als unendlich kleines Punktteilchen betrachtet. Das heißt, dass im Prinzip die Kräfte, die es erzeugt, ins Unendliche gehen, sobald wir ihm näher kommen.

Mathematiker sind unendlichen Werten in einer Gleichung nicht gewachsen, sodass sie sie sich zurechtbiegen müssen. Als diese Unendlichkeiten zuerst in der Theorie der Wechselwirkungen von Quantenteilchen auftauchten, reagierte man darauf mit Angst und Schrecken. Ein gutes Beispiel ist die Quantenelektrodynamik (QED), die Wissenschaft von der Wechselwirkung zwischen Licht und Materie. Sie gilt als die beste Theorie in der gesamten Physik insofern, als sie sehr genau das beschreibt, was in Wirklichkeit passiert. Anfangs jedoch brachte sie ein paar unendliche Werte hervor, und die Entwickler der Theorie mussten einen Weg finden, um die

Unendlichkeiten zu eliminieren und gleichzeitig die Theorie aufrechtzuerhalten. Es gelang ihnen tatsächlich, aber sie betrachteten die Reparatur stets mit einer gewissen Skepsis. Obwohl die Strings unglaublich klein sind, stellen sie keine Punkte dar, und deshalb leiden sie auch nicht an diesem Problem.

Wahrheit und Karrieren

Aber eine Angelegenheit macht den Befürwortern der Stringtheorie und der neueren M-Theorie schon Sorgen. Enorme Anstrengungen wurden in sie investiert, seit 1968 die ersten Funken der Stringtheorie zu sehen waren. Manche Physiker haben ihr ihre ganze Karriere gewidmet, und deshalb, so behaupten manche Forscher, sei eine Theorie, die längst aufgegeben worden sein müsste, noch immer aktuell: Es ist bereits zu viel in sie investiert worden.

Diese Haltung «Sie muss stimmen, ich habe ihr meine Karriere gewidmet!» kommt in einem Kommentar des Stringtheoretikers und Autors populärer Wissenschaftsbücher, Michio Kaku, zum Ausdruck: «Wenn die Stringtheorie selbst falsch ist, dann sind viele Millionen Stunden, Tausende von Veröffentlichungen, Hunderte von Konferenzen und unzählige Bücher (auch meine eigenen) umsonst gewesen.» Der Physiker Lee Smolin denkt an die akademische Welt im Allgemeinen, wenn er betont: «Die Stringtheorie nimmt inzwischen eine derart dominierende Stellung in der akademischen Welt ein, dass es für einen jungen theoretischen Physiker praktisch einem beruflichen Selbstmord gleichkommt, sich nicht auf dieses Feld zu begeben.»

Das Problem mit der Stringtheorie und der M-Theorie liegt nach Ansicht mancher Wissenschaftler darin, dass sie überhaupt nicht als wahre wissenschaftliche Theorien bezeichnet werden können, sondern vielmehr eine mathematische Sackgasse sind. Sie weisen darauf hin, dass sie keine klar erkennbare Lösung bieten. Was in unserem Universum beobachtet werden kann, ist lediglich eine von unzähligen Lösungen, die die Theorien aufwerfen. Die Stringtheorie liefert keinen Grund dafür, diese spezielle Lösung vorzuziehen. Während die Quantenelektrodynamik erstaunlich genaue Vorhersagen trifft, aber Probleme mit unendlichen Werten hat, bleibt die Stringtheorie zwar von Unendlichkeiten verschont, dafür macht sie aber keine neuen Voraussagen. Deshalb ist sie als wissenschaftliche Theorie wohl unbrauchbar.

Dies ist nicht allein die Meinung nichttechnischer Kommentatoren. Lee Smolin ist einer der angesehensten Physiker unserer Zeit. Er wurde 1955 in New York City geboren und ist heute Forscher am Perimeter Institute for Theoretical Physics, das er mitbegründete. Außerdem ist er Professor an der Universität Waterloo in der kanadischen Provinz Ontario. Er hat mehrere Jahre an der Stringtheorie gearbeitet und sagte: «In den letzten zwanzig Jahren ist viel Arbeit in die Stringtheorie gesteckt worden, aber wir wissen immer noch nicht, ob sie stimmt. Selbst nach diesen enormen Anstrengungen liefert die Theorie keine neuen Vorhersagen, die durch aktuelle – oder derzeit denkbare – Experimente bestätigt werden könnten. Ihre wenigen einwandfreien Vorhersagen sind bereits von anderen wohlbekannten Theorien gemacht worden.» Smolin zitiert obendrein den Nobelpreisträger und Teilchenphysiker Gerard t'Hooft, der gesagt hat, er würde die Stringtheorie nicht als eine Theorie bezeichnen, nicht einmal als ein Modell, sondern nur als ein Gefühl.

Und dann ist da noch der verstorbene Richard Feynman, der wohl größte amerikanische Wissenschaftler aller Zeiten, dem es ganz und gar nicht gefiel, wie die Stringtheorie (zu seiner Zeit unter dem Namen Superstringtheorie geläufig) willkürliche Entscheidungen traf, um die Realität an die Theorie anzupassen. «Mit anderen Worten», sagte Feynman,

gibt es in der Superstringtheorie nicht den geringsten Grund, warum nicht acht der zehn Dimensionen eingerollt werden und nur zwei übrig bleiben, was in vollkommenem Widerspruch zur Erfahrung stehen würde. Die Tatsache, dass das Ergebnis nicht mit der Erfahrung übereinstimmt, ist also nur von äußerst geringem Einfluss und führt zu keinerlei Konsequenzen; man muss vielmehr dauernd nach Entschuldigungen dafür suchen. Das scheint mir nicht in Ordnung zu sein.

Obwohl seitdem viel Arbeit in die Stringtheorie gesteckt wurde, sind Feynmans Sorgen noch immer berechtigt. Sollte es so aussehen, als mühte ich mich übermäßig mit diesem Thema ab, dann ist es sehr wichtig zu wissen, dass mehr Professoren und Doktoranden an der Stringtheorie arbeiten als an jedem anderen Ansatz, der sich mit den Grundlagen der Physik beschäftigt. Erheblich mehr. In diesem Sinn ist sie die anerkannteste Theorie schlechthin, auch wenn sie immer noch beachtliche Kontroversen auslöst. Wenn allerdings die Stringtheorie stimmen sollte, liefert sie uns eine starke Alternative zum konventionellen Bild des Urknalls und was davor war.

Es ist wenig hilfreich, dass die zum Umgang mit der String- und M-Theorie benötigte Mathematik so kompliziert ist, dass die meisten Wissenschaftler keinen Anhaltspunkt haben, ob sie überhaupt einen Sinn macht. Hier ist ein Kommentar des bekannten Physikers Paul Davies zum Thema:

M-Theoretiker sind von jeder Überprüfung ihrer Theorie an der Wirklichkeit weit entfernt. Wo und wie das enden wird, mag wissen, wer will. Vielleicht stolpern die M-Theoretiker irgendwann über den Stein der Weisen und können dann dem Rest der Welt (also uns) erklären, wie alles funktioniert. Es kann aber auch sein, dass sie sich immer mehr in ihr Never-Neverland zurückziehen.

Im Prinzip gibt es *tatsächlich* ein paar potenzielle Experimente, die die Stringtheorie unterstützen könnten. So sagt sie beispielsweise voraus, dass jedes uns bekannte Teilchen einen «Superpartner» hat, ein wesentlich massereicheres, aber sonst identisches Teilchen mit einer besonderen Beziehung zu dem uns bekannten Teilchen. Bisher ist aber noch keines dieser Teilchen beobachtet worden, wenngleich es möglich erscheint, dass der Große Hadronen-Speicherring am CERN sie erzeugen könnte. Die Stringtheorie gestattet den Teilchen verrückte und wunderbare Bruchteile von Ladungen, sagen wir, $1/53$ der Ladung eines Elektrons, was aber ebenfalls noch nicht per Beobachtung bestätigt werden konnte. Dennoch ist diese Art von Beweis ziemlich indirekt, und selbst wenn so etwas beobachtet worden sein sollte (was ja – das sollten Sie vor Augen haben – nicht zutrifft), würde es lediglich daran scheitern, die Stringtheorie zu widerlegen. Es ist nicht die Art von Beweis, nach dem man generell sucht, um zwischen Theorien zu entscheiden. Wie Lee Smolin nahelegt, gibt es andere Theorien, die durch einen solchen Beweis ebenso gut unterstützt werden könnten.

Ob die solide Mathematik der Stringtheorie sich jemals als brauchbar erweisen wird, sei dahingestellt, aber zweifellos versetzen uns die begrifflichen Beschreibungen des Universums, die String- und M-Theorie bieten, in die Lage, uns äußerst unterschiedliche Universen vorzustellen, die auf originelle Art und Weise entstehen.

Im Inneren des Schwarzen Lochs

Dank der Stringtheorie wird das bizarre Konzept denkbar, unser ganzes Universum könnte in einem Schwarzen Loch residieren. Wir haben Schwarze Löcher bereits mehrfach erwähnt, ohne genauer ausgeführt zu haben, was sie eigentlich sind. Es handelt sich um Sterne, denen kein Licht entweicht. Wir sollten uns einen Augenblick gönnen, um das abzuklären. Die meisten von uns haben wahrscheinlich eine unbestimmte Vorstellung von einem Schwarzen Loch, aber deren Konzept ist womöglich stärker von fiktiven Geschichten beeinflusst als von der Physik.

Beginnen wir mit einer Warnung: Schwarze Löcher sind theoretische Konstrukte. Niemand hat jemals eins gesehen, und es gibt auch keine entsprechenden Experimente. Stattdessen müssen wir – wie bei unserer Untersuchung des Urknalls – auf theoretische Überlegungen und indirekte Beobachtungen zurückgreifen. Es gibt Theorien von Minderheiten, die alles, was wir Schwarzen Löchern zuschreiben, erklären wollen, ohne ein wirklich existierendes Schwarzes Loch ins Spiel zu bringen. Aber um fair zu den Befürwortern Schwarzer Löcher zu sein (und das ist die große Mehrheit der Astronomen und Kosmologen): Es gibt eine entschieden größere theoretische Grundlage für ihre Existenz als für viele andere kosmologische Phänomene.

Wir haben eine doppelte Begründung für unsere Annahme, dass Schwarze Löcher existieren. Sie scheinen eine zwangsläufige Schlussfolgerung aus gewissen physikalischen Vorgängen zu sein (wenngleich diese Prozesse nie in Wirklichkeit geschehen sein müssen). Außerdem legen verschiedene Beobachtungen das Vorhandensein Schwarzer Löcher nahe.

Die theoretische Begründung ist auf Beobachtungen zurückzuführen, wie Sterne sich im Lauf ihrer Lebenszeit verändern. Es gibt die Menschheit noch nicht lange genug, um einen diesen Prozess durchlaufenden Stern zu beobachten, aber wir haben genügend Sterne auf unterschiedlichen Entwicklungsstufen ins Visier genommen, um diese Theorien mit hoher Wahrscheinlichkeit als korrekt bezeichnen zu können.

Erstaunlicherweise werden schon seit 200 Jahren Spekulationen über Schwarze Löcher angestellt. John Michell, ein englischer Astronom und Geologe, geboren 1724, landete wie so viele seiner britischen Kollegen in Cambridge. Er dachte über die Fluchtgeschwindigkeit nach, ein Konzept, das später eine wesentliche Bedeutung für das Raumfahrtprogramm bekommen sollte. Wenn Sie einen Ball in die Luft werfen, fällt er zurück auf die Erde. Er kann nicht hoch genug steigen, bevor die Abwärtsbeschleunigung der Erdgravitation seinen Aufstieg bremst und stoppt, sodass er zurück auf die Erde fällt. Superman kann einen Ball angeblich so werfen, dass er 11,2 Kilometer pro Sekunde schnell wird (rund 40 000 Kilometer pro Stunde). Das heißt, der Ball entkommt, bevor die Gravitation ihn herunterziehen kann.

Es mag den Anschein erwecken, als könnte dieses Limit es verhindern, eine Rakete ins Weltall zu schicken. Jeder, der einen Start auf Cape Canaveral gesehen hat, wird wissen, dass sie viel langsamer als mit 40 000 Kilometern pro Stunde abhebt, doch die Erdanziehung zu überwinden ist leichter, als es klingt. Zunächst können wir ein wenig schummeln, indem wir ein Objekt in östlicher Richtung – mit der Erdrotation – und am Äquator ins All schicken. Das heißt, wir müssen nur noch 10,7 Kilometer pro Sekunde aufbringen. Viel entscheidender aber ist Folgendes: Je weiter man sich von der Erde entfernt, desto geringer wird auch die Fluchtgeschwindigkeit. Weil eine Rakete ständig unter Energie steht, kann sie relativ langsam abheben und eine Höhe erreichen, wo die Fluchtgeschwindigkeit immer geringer wird. Wenn Superman einen Ball in den Weltraum wirft, muss er mit dieser Fluchtgeschwindigkeit anfangen, weil nichts den Ball antreibt, sobald er Supermans Hand verlässt.

Michell machte sich Gedanken über die Fluchtgeschwindigkeit, die erforderlich wäre, um zunehmend schwereren Körpern zu entkommen. Wenn die Masse eines Planeten oder eines Sterns anwächst, erhöht sich auch die Fluchtgeschwindigkeit. Was würde geschehen, fragte sich Michell, falls die Masse so groß werden würde, dass die Fluchtgeschwindigkeit schneller als das Licht sein müsste? Dann würde das Licht dem Stern nicht mehr entkommen. Das bedeutete, kein Licht käme heraus. Man hätte es offenbar mit einem schwarzen Stern zu tun, obwohl das Sonnenfeuer an seiner Oberfläche heftig wütete. (Der Ausdruck Schwarzes Loch kam Michell für seinen besonderen Stern nicht in den Sinn. Erst 1967 kam der amerikanische Physiker John Wheeler auf diesen Namen.)

Niemand nahm Michells 1783 in den *Philosophical Transactions of the Royal Society* veröffentlichte Idee auf, und erst im frühen 20. Jahrhundert sollte jemandem eine Möglichkeit einfallen, sich einen schwarzen Stern mit mathematischer Präzision vorzustellen. Einsteins frischgeschmiedete allgemeine Relativitätstheorie sagte voraus, dass die Gravitation auch das Licht beeinflusst, denn das

Gravitationsfeld eines Körpers krümmt den Raum und schickt dabei den geraden Lichtstrahl um die Ecke.

1916 kam der deutsche Physiker Karl Schwarzschild als Soldat im Ersten Weltkrieg auf die Idee, den Einfluss eines Sterns auf das Licht mit Hilfe von Einsteins Gleichungen mathematisch zu beschreiben. An sich war dies nichts Besonderes (abgesehen vielleicht von Schwarzschilds Fähigkeit, auf dem Schlachtfeld seriöse mathematische Arbeit zu leisten), aber aus der Mathematik ergab sich eine seltsame Möglichkeit. Ähnlich wie Michell es mit seinen grundlegenden Vermutungen über die Fluchtgeschwindigkeit herausgefunden hatte, konnte Schwarzschild zeigen, dass ein genügend massereicher Stern den Raum so stark krümmen würde, dass das Licht nie mehr entkommen könnte.

Er glaubte, dies sei lediglich eine mathematische Feinheit ohne Bezug zur Wirklichkeit, weil die Fähigkeit zur Raumkrümmung sowohl von der Masse des Sterns als auch von seiner Größe abhängt. Es genügt nicht, einen supermassiven Stern zu haben, er müsste auch wesentlich kleiner sein als alle Sterne, die man bis dahin beobachtet hatte. Um zum Beispiel unsere Sonne, einen kleinen bis mittelmäßigen Stern von 1,4 Millionen Kilometern Durchmesser, in einen Zustand zu versetzen, in dem seine Masse ausreichend verdichtet wäre, um schwarz zu werden, müsste man ihn so lange komprimieren, bis sein Durchmesser auf drei Kilometer geschrumpft wäre.

Als sich jedoch der indische Physiker Subrahmanyan Chandrasekhar sowie der Amerikaner Robert Oppenheimer damit beschäftigten, stellte sich heraus, dass eine derartige Verdichtung durchaus eintreten konnte. Jeder beliebige Stern hat eine gewaltige Masse, und dieser ganze Stoff zieht sich durch die Gravitationsanziehung zusammen. Während der Stern äußerst aktiv ist, wird er durch den nach außen gerichteten Druck «aufgeschüttelt». Dieser Druck ist auf die Kernreaktionen zurückzuführen, die den Stern antreiben. Doch während der nukleare Brennstoff allmählich ausgeht, nimmt dieser Druck ab, und der Stern beginnt zu kollabieren.

Nun kommt eine weitere Naturkraft ins Spiel, das Pauli'sche Ausschließungsprinzip. Ihm zufolge müssen ähnliche Materieteilchen, die nahe beieinander sind, unterschiedliche Geschwindigkeiten haben. Diese Quanteneigenschaft wird beim Abkühlen des Sterns dem Gravitationskollaps entgegenwirken, es sei denn, der Stern ist derart massereich, dass die Gravitation alles überwältigt. Die dafür erforderliche Masse beträgt rund das Eineinhalbfache der Sonnenmasse. Manche dieser Sterne explodieren als Supernova und säen dabei schwere Atome im Universum aus. Aber sollte dies nicht passieren, müsste der Stern schrumpfen und immer kleiner werden, bis das Ausmaß der Gravitation den Raum derart krümmt, dass das Licht nie mehr entkommt. Dann ist der Stern zu einem Schwarzen Loch geworden. In der Theorie allerdings hält nichts die Kontraktion auf, bis eine Singularität eintritt, ein Punkt unendlicher Dichte im Zentrum des Schwarzen Lochs.

Das Universum in einem Loch

Wenn sich in unserem Bild das gesamte Universum in einem Schwarzen Loch befindet, dann ist das Universum vor dem Urknall weit ausgedehnt, wahrscheinlich unendlich und reicht ebenfalls unendlich weit zurück in der Zeit. Kleine Schwankungen erzeugen Gravitationsanziehung zwischen kleinen Materiemengen, die zu Klumpen zusammengezogen werden. Über riesige Zeiträume hinweg werden diese Klumpen so dicht, dass sich ein Schwarzes Loch bildet. Aber innerhalb des Schwarzen Lochs setzt sich die Verdichtung der Materie fort, bis sie genauso komprimiert ist wie die Strings, aus denen sie besteht.

Diese gewaltige Verdichtung führt zu einer gigantischen explosiven Ausdehnung – dem Urknall –, aber all dies findet innerhalb der Grenzen des massiven Schwarzen Lochs statt. In einem solchen Schwarzen Loch sind wir dauerhaft von der «Außenwelt» isoliert, aber es gibt keinen Grund, warum es da draußen keine Universen in Schwarzen Löchern geben sollte. Jedes einzelne ist für immer von allen anderen getrennt. Keines kann die Grenze des Schwarzen Lochs überschreiten und ins eigentliche Universum vordringen. In diesem Fall ist der Urknall nur einer von vielen. Wahrscheinlich handelt es sich um ein unendliches Gebilde von Universen-in-einem-Loch, die überall im viel größeren, eigentlichen Universum verteilt sind.

Noch interessanter wird es, wenn die M-Theorie in Erscheinung tritt, weil im Gegensatz zur Stringtheorie alle zusätzlichen Dimensionen hier nicht in einem unglaublich kleinen Raum eingerollt sein müssen, sondern sich – wie bei den räumlichen Dimensionen, mit denen wir in unserem Universum vertraut sind – bis in die Unendlichkeit erstrecken.

Gibt es irgendeinen Beweis dafür? Nun, wahrscheinlich schon, nur wird der, wie es beim größten Teil der bedeutenden kosmologischen Wissenschaft der Fall ist, eher indirekter Natur sein. Von den vier Kräften, die wir bereits besprochen haben, ist die Gravitation sehr viel schwächer als die anderen drei. Es ist behauptet worden, die Gravitation könnte irgendwie aus unseren drei Dimensionen heraussickern und in einen anderen Abschnitt des M-Raums hineinströmen. Das hat eine gewisse Logik. In der allgemeinen Relativität wird die Gravitation als eine Verzerrung des Raums betrachtet, was eine zusätzliche Dimension voraussetzt, in der diese Verzerrung stattfinden kann. Möglicherweise ist das Heraussickern der Gravitation in diese andere Dimension für ihre relative Schwäche verantwortlich.

Ein Zusammenprall von Branen

Sollte unser Universum eine vierdimensionale Membran sein (drei räumliche Dimensionen und eine zeitliche), die in einem Kosmos dieser zusätzlichen Dimensionen schwebt, ergibt sich eine faszinierende Möglichkeit, wie das Universum ganz anders angefangen haben könnte. Statt der Explosion eines kosmischen Eis könnte es auch das Ergebnis eines universellen Autounfalls sein. Stellen Sie sich zwei Membranuniversen vor, die im M-Raum schweben. Sie haben keine nennenswerte Materie oder Energie, sie sind kalt und tot. Wir wissen nicht, woher sie kommen (das ist ein ganz anderes Thema), aber wir befinden uns vor dem Urknall. Das Universum, wie wir es kennen, existiert nicht.

In diesem Modell sickert die Gravitation aus dem normalen Raum des Universums innerhalb der Bran aus, sodass die beiden Membranen einander anziehen. Schließlich stoßen sie zusammen. Dabei wird eine große Menge Energie erzeugt. Die wird zur Wärme und zur Materie, die wir aus unserer Position auf einer an der Kollision beteiligten Branen als Urknall erleben.

Die beiden Branen werden jetzt auseinandergesprengt. Wir befinden uns in einem dieser Universen-auf-einer-Bran. Während unser Universum sich allmählich abkühlt und im Lauf der kommenden Milliarden Jahre stirbt, wird es enden, wie es begann. Die Gravitationskraft übernimmt wieder das Kommando. Unser Universum wird in seine Schwester hineingrätschen, und alles wird noch einmal von vorn beginnen. Es ist ein zyklisches Universum wie die Urknall / Kollaps-Kombination, allerdings viel exotischer, da der Zyklus in einer anderen Dimension stattfindet und ein zweites Membranuniversum als Teil des Vorgangs einbringt.

Dieses Modell des Universums kann ganz und gar ohne die Kompliziertheiten der Inflation auskommen, was als attraktive Eigenschaft gilt. Denn das Universum war bereits groß, flach und gleichförmig, sodass die Erklärung, wie es in diesen Zustand gelangte, keine Schwierigkeiten bereitet. Und die Dunkle Energie, die die Beschleunigung der Expansion des Universums antreibt, kann als Auswirkung der anderen Membran auf unsere eigene interpretiert werden. Eine ziemlich erschreckende Konsequenz dieser Beschreibung des Universums ist die Unaufhaltsamkeit, mit der unsere Membran einer anderen begegnen wird, die nicht ihre Schwester ist. Das wird, lange bevor wir mit dem Ende des Universums rechnen müssten, zu einem vernichtenden Zusammenstoß führen.

Sollte sich dieses Modell als korrekt erweisen und wir auf eine Kollision zusteuern, wäre das Ergebnis wohl in einem unfassbaren Ausmaß apokalyptisch. Nicht nur die Zerstörung der Erde oder gar unserer Galaxie stünde uns bevor, sondern das ganze Spektrum von Zeit und Raum, wie wir es kennen, würde enden und sich in einen unvorstellbar heißen Feuerball verwandeln. Doch selbst wenn dies geschehen sollte, sollten wir noch nicht aufgeben. Falls wir nicht gerade in eine Schurken-Membran krachen, sollte der finale Zusammenstoß einige Milliarden Jahre in der Zukunft liegen.

Die Physiker hinter der Theorie der kollidierenden Branen, Neil Turok von der Cambridge University und Paul Steinhardt aus Princeton, halten einen zeitlichen Rahmen zwischen Kollisonen der beiden Branen in der Größenordnung einer Billion Jahre für denkbar. Sollte das stimmen und bedenkt man das Alter unseres gegenwärtigen Universums von knapp 14 Milliarden Jahren, müssen wir nicht kurzfristig mit einer neuen Kollision rechnen.

Von vorne anfangen

Turok und Steinhardt ließen sich vom zusammengeflickten Zustand der inflationären Urknalltheorie zu ihrem Konzept inspirieren. Der Kommentar des Astrophysikers John Bhacall über die Ankündigung, die Resultate des WMAP-Satelliten stimmten mit der inflationären Urknalltheorie überein, lautete: «WMAP hat mit vorzüglicher Genauigkeit das verrückte und unwahrscheinliche Szenario, das Astronomen und Physiker sich auf der Grundlage unvollständiger Indizien hingebogen haben, bestätigt … Unglaublich, jeder hatte im Grunde recht.»

Als die M-Theorie entwickelt wurde, glaubte man zunächst, sie könnte den um Erklärung bemühten Theoretikern das Warum, Wann und Wie der Inflation bescheren. Es schien absolut möglich, dass die Inflation durch irgendein Zusammenspiel zwischen verschiedenen Branen angetrieben wurde, oder vielleicht kam eine

Energie aus zusätzlichen Dimensionen, die die M-Theorie forderte, ins Spiel. Unglücklicherweise hat sich bis jetzt noch nichts Entsprechendes getan. Vielleicht geschieht es noch, aber dieser Zustand spiegelt das Problem mit der M- und der Stringtheorie wider, was einige Physiker wie Peter Woit veranlasst hat, sie als «nicht einmal falsch» zu bezeichnen. Es gibt potenziell eine unendliche Menge möglicher Arrangements, und offenbar lässt sich nicht herausfinden, welches bestimmte Arrangement das richtige ist.

Eine denkbare Reaktion auf diese Situation wäre die Distanzierung von der M-Theorie. Man könnte sie zugunsten eines anderen Konzepts aufgeben. Falls Sie wie viele Physiker glauben, die M-Theorie sei immer noch unsere beste Chance auf eine einzige vereinigende Theorie, die alle beobachtbaren Kräfte und Teilchen erkläre, bietet sich eine Alternative an: Man behielte die M-Theorie bei und rangierte die Inflation aus. Genau das war die Option, die Turok und Steinhardt erkunden wollten.

Paralleluniversen

Sie ließen sich von einem Vortrag des Stringtheoretikers Burt Ovrut anregen, der eine faszinierende Möglichkeit beschrieb. Er stellte sich zwei Branen vor, die beide aus eigener Kraft ein Universum wie das unsere sein konnten und die neun Raumdimensionen der Stringtheorie besetzten. In der zehnten Dimension, die von der vereinigten M-Theorie gefordert wird, waren sie voneinander getrennt, allerdings nur durch eine unfassbar winzige Lücke von 10^{-32} Metern (eine 1 geteilt durch einhundert Milliarden Milliarden Milliarden Milliarden Milliarden). Diese Branen sind am Limit auf der zehnten Dimension. Dieses Bild lässt sich nicht weiter ausreizen.

In den meisten Fällen, schlug Ovrut vor, gäbe es keine Kommunikation zwischen der Bran, die unser Universum formte, und ihrer parallelen Schwester, aber die Gravitation könnte die Lücke überwinden. Dies könnte seiner Ansicht nach eine Erklärung für den Effekt sein, der als Dunkle Materie beschrieben wird. Dabei erscheinen uns Teile des Universums schwerer, als sie angesichts aller vorhandenen Materie eigentlich sein sollten, aber wir können nichts anderes entdecken. Wie wir bereits gesehen haben, wird im Allgemeinen angenommen, dass Dunkle Materie aus Teilchen zusammengesetzt ist, die Masse haben, aber nicht mit dem Elektromagnetismus wechselwirken, weshalb wir sie nicht sehen können. Aber wäre es nicht elegant, wenn sie in einem Paralleluniversum existierte und uns ihren Einfluss auf unser eigenes Universum durch ihre Gravitationsanziehung spüren ließe?

Anfangs mag das als ziemlich willkürliche Konstruktion erscheinen, als hätte sich ein Wissenschaftler plötzlich entschieden zu sagen: «Nehmen wir an, das Universum sei ein Schinkensandwich», aber die durch eine winzige Lücke voneinander getrennten Branen im Paralleluniversum machten in praktischer Hinsicht wirklich Sinn. Die beobachtbaren Teilchen lassen sich als Blasen modellieren, die in der Lücke auf einer der Branen sitzen. Und die Mathematik dieser parallelen Anordnung von Branen funktionierte für einen großen Teil der existierenden Theorie überraschend gut.

Während Turok und Steinhardt Ovrut lauschten, staunten sie über eine weitere Möglichkeit, die er nicht erwähnt hatte. Was wäre, wenn die beiden Branen zusammenstießen? Könnte das nicht ähnliche Effekte hervorrufen, die denen ähneln, die wir mit dem Urknall in Verbindung bringen, aber ohne die Probleme des «Anfangs von allem», die jene Theorie plagen? Vielleicht gab es hier einen Mechanismus, der nicht nur die Herkunft unseres Universums, sondern auch seine Beschaffenheit vor dem katastrophalen Feuerball, der unsere derzeitige Ansammlung von Materie und Energie ins Dasein brachte, erklären konnte.

Turok und Steinhardt glaubten, dass Kollisionen von Branen in der Branentheorie unvermeidlich seien. Obwohl der Grund dafür nicht unbedingt offensichtlich ist, scheint die Auffassung, dass sie stattfinden, tatsächlich vertretbar zu sein. Sollten die Branen wirklich nur 10^{-32} Meter voneinander entfernt sein und ständig über die Gravitation interagieren, ergäbe sich daraus die angemessenere Frage, warum die Kollisionen nicht häufiger geschehen als nur einmal in einer Billion Jahren, wie Turok und Steinhardt es vermutet hatten. Sollte es zu einem Zusammenstoß der Branen kommen, ergab sich aus der Theorie, dass sie mit einer nahezu (aber nicht ganz) gleichförmigen Verteilung von Materie und Energie gefüllt werden würden, was genau den tatsächlichen Beobachtungen unseres frühen Universums entspricht.

Die zur Bildung der Saatkörner der heute sichtbaren Galaxien unerlässliche Unebenheit ergäbe sich ebenfalls ganz von selbst aus der Beschaffenheit dieser Branen. Sie müssten nicht perfekt glatt sein. Stellte man sie sich stattdessen als flexibel genug vor, um kleine Falten zu haben, die Senken und Hügel bilden können, dann geschähe die Kollision nicht überall in den Branen genau gleichzeitig. Unterschiedliche Punkte wären anderen um Bruchteile voraus, was genügen würde, um den ungleichmäßigen Start zu haben, den unser Universum braucht.

Ausdehnung der zusätzlichen Dimension

Obwohl dem Duo diese Erkenntnis während eines einzigen Vortrags kam, dauerte es viele arbeitsreiche Monate, um die hochkomplizierte Mathematik in Angriff zu nehmen (manches ist noch immer nicht ausformuliert), die es ihnen ermöglichte herauszufinden, was ihr Modell in Bezug auf das Verhalten des Universums, mit dem wir vertraut sind, leisten würde. Damit entfernten sie sich weit vom ursprünglichen Modell mit den extrem nahe beieinanderliegenden Branen. Stattdessen setzten sie jetzt auf zwei Branen, die sehr weit voneinander entfernt waren – nämlich in einer anderen Dimension.

Die geringe Anziehung zwischen ihnen würde sie äußerst langsam beschleunigen und aufeinander zu treiben.

Alles finge mit einem niedrigen Energiezustand an (wie bei einem expandierenden Universum, das das Ende seiner Lebensdauer glatt und leblos erreicht hat), aber während der langen Zeit ihres Aufeinanderzutreibens würden sie mit zunehmender Anziehung und Nähe zwischen ihnen immer mehr Bewegungsenergie gewinnen, bis sich bei einer Kollision genügend angehäuft hätte, um die ganze Materie und Energie aufzubringen, die wir in einem Universum nach dem Urknall für nötig erachten.

Turok und Steinhardt freuten sich, als sie entdeckten, dass eine derartige Bewegung durch ein Feld rasch zunehmender Stärke genau die von ihnen erwarteten Kräuselungen erzeugen würde. Genau sie waren nötig, um die Art der Verteilung von Materie und Energie in dem heute beobachtbaren Universum hervorzurufen.

In diesem Stadium waren sie bereit, ihre Idee der Welt zu präsentieren. Dafür brauchten sie einen Namen. Unglücklicherweise verfielen sie, statt sich etwas leicht Verständliches (und leicht zu Lesendes) wie «Urknall» auszudenken, auf die ältere wissenschaftliche Tradition, griechische Begriffe anzuwenden und nannten ihr Konzept «Ekpyrotisches Universum». Es bedeutet, dass es aus Feuer entstanden ist. Das war gewiss kein Geniestreich, es klang nicht nur merkwürdig, sondern ließ auch die Vorstellung zusammenstoßender Branen nicht erkennen. Leider haben nicht alle Wissenschaftler eine so glückliche Hand mit Worten wie etwa Gilbert Lewis, der sich das «Photon» ausdachte, oder Murray Gell-Mann, der das «Quark» erfand, oder gar Fred Hoyle mit seinem «Urknall».

Als Turok und Steinhardt ihre Idee erstmals vorstellten, wurden sie auf ein Problem hingewiesen. Ihr Modell ging davon aus, dass die Branen anfangs, lange Zeit vor der Kollision, glatt und gleichförmig waren. Wie waren sie in diesen Zustand geraten? Sie hatten ähnliche Schwierigkeiten mit dem Anfangszustand wie die Befürworter des Urknalls und der Inflation. Allerdings waren ihre Sorgen nicht von Dauer. Sie erkannten nämlich, dass dieses «Problem» in Wirklichkeit eine Möglichkeit darstellte, diesen Kernpunkt, der Hoyle, Gold und Bondi dazu gebracht hatte, den Urknall überhaupt abzulehnen, zu umgehen. Ein Anfang war nämlich gar nicht nötig.

Zurück zu den Zyklen

Stattdessen könnte das Universum auf Zyklen beruhen. Der glatte, gleichförmige Zustand könnte der Endprozess der Ausdehnung sein, den unser Universum augenblicklich durchläuft. Über einen sehr großen Zeitraum betrachtet, könnten die Branen zusammenstoßen, einen gewaltigen Energiestoß auslösen, zerspringen und, während sie sich ausdehnen, diese Energie verteilen, bis sie abermals glatt und gleichförmig wären. Anschließend würden sie einander wieder anziehen und schließlich kollidieren, sodass alles von vorn begänne.

Bei diesem Modell war kein lästiger Anfang (mit den Fragen nach dem Woher und Warum) mehr nötig. Stattdessen durchläuft das Universum einen Kreislauf der Anziehung, des Aufpralls (mit einem ausgedehnten Knall), des Zerspringens und der Expansion, bis die Anziehung erneut überhandnimmt.

Die von der Dunklen Energie verursachte Beschleunigung der Expansion des Universums war jetzt keine geheimnisvolle unbekannte Größe mehr, sondern die Kraft im Zentrum der Wechselwirkung zwischen den Branen. Obwohl ein Teil dieser Energie offenbar in Materie und Lichtenergie im Universum nach der Kollision umgesetzt wird, reicht die zusätzliche Gravitationsanziehung der beteiligten neuen Masse aus, um den Zyklus aufrechtzuerhalten. Normale Energiequellen versiegen, aber bei der Gravitation kennen wir keine oberen Limits. Sie funktioniert einfach weiter.

Tatsächlich ist das Modell der kollidierenden Branen in *Murmeltier*-Universen auf nahezu einzigartige Weise in der Lage, unendlich lange fortzubestehen. Normalerweise sorgt der Zweite Hauptsatz der Thermodynamik dafür, dass mit dem Verstreichen von Zeit ein Universum, das sich zusammenzieht, einen Urknall durchlebt, bis zu einem Limit expandiert, sich erneut zusammenzieht und den ganzen Vorgang wiederholt, schließlich einmal schlappmachen wird. Aber dank einiger ganz spezieller Eigenschaften von Branen ist das bei diesem besonderen Modell nicht der Fall.

Einer der maßgeblichsten Unterschiede zwischen Turoks und Steinhardts Modell der aufprallenden Branen und der alten Vorstellung eines zyklischen Universums ist von enormer Bedeutung, wird aber schnell übersehen. Es macht nämlich aus diesem Modell gewissermaßen einen Verwandten sowohl des Steady-State-Konzepts von Gold, Hoyle und Bondi als auch des Urknalls, weil es in einem potenziell unendlichen, ewig expandierenden Universum wiederholte Schöpfung gibt. Sie findet nur mit Unterbrechungen in einem viel großzügigeren Zeitrahmen statt, als das Steady-State-Modell es vorgibt. Im Gegensatz zu früheren zyklischen Modellen ist es nicht unser Universum, das einen Zyklus von Expansion und Kontraktion durchläuft.

In Turoks und Steinhardts Modell expandieren die drei uns vertrauten physikalischen Dimensionen für immer. Aber sie schrumpfen nicht. Es ist die Dimension, die die beiden Branen voneinander trennt, die expandiert und schrumpft. Das beseitigt nicht nur die Probleme mit Unendlichkeiten, die sich aus dem unendlich kleinen und dem unendlich energiereichen Anfang des Urknalls ergeben. Es bedeutet, das Universum hat in diesem Modell eine ganz andere Beschaffenheit. Am Ende unseres derzeitigen Zyklus wird unser Universum, während es auf die Branenkollision zusteuert, nicht kleiner werden.

Bei der Kollision werden die beiden Branen abermals eine Menge Energie erzeugen, die sich als Materie und Licht im neuen Universum manifestieren wird, aber die Anfangsdimensionen jenes Universums werden dann viel größer sein als dieses Mal, und es wird sogar noch stärker anwachsen – und immer weiter fort, ohne einen Grund, damit aufzuhören. In diesem Bild ist das Universum, dessen wir uns bewusst sind, nur ein kleiner Anteil des ganzen expandierenden Universums. Stellen Sie sich vor, es findet auf einer gewaltigen, vielleicht sogar unendlichen Platte statt, die wir Bran nennen. Wir selbst können nie jemals mehr als einen kleinen lokalen Abschnitt davon erkennen.

Für jene, die wie ich einst die Steady-State-Theorie sympathisch fanden und nie so richtig mit dem Urknall warm werden konnten, ist dies eine recht attraktive Alternative. Die einzige Schwierigkeit beim Vermeiden der Probleme, die der Urknall verursacht, besteht darin, es mit der gleichermaßen beunruhigenden M-Theorie aufzunehmen. Sie weist ja, obwohl sie, zusammen mit ihrer älteren Schwester, der Stringtheorie, eine sehr angesehene wissenschaftliche Theorie ist, kontinuierlich ernsthafte Mängel auf, wenn es um ihre experimentelle Bestätigung und um messbare Ergebnisse geht.

Damit soll nicht gesagt sein, die Theorie bestehe nur aus guten Ideen und viel Getöse. Die Mathematik hinter der Tätigkeit der Branen ist solide genug, und bisher funktioniert auch alles perfekt, um das Konzept der aufprallenden Branen als eine äußerst realistische Alternative zum Urknall plus Inflation zu präsentieren, aber es hat sich bis heute als unmöglich erwiesen, einen Weg zu finden, die Stringtheorie oder die M-Theorie bei einer Gegenüberstellung mit der Wirklichkeit auf Herz und Nieren zu prüfen. Sie stimmt mit unseren Beobachtungen überein, aber sie kann keine Vorhersagen treffen, die wir mit der Realität vergleichen können, weil es normalerweise zu viele mögliche Ergebnisse gibt.

Das Unerklärliche erklären

Es gibt jedoch einen latenten Vorteil für Turoks und Steinhardts Theorie, und das ist der ungeheure Zeitrahmen, in dem alles abläuft. Obwohl man nicht vorhersagen kann, wie viele Male der Zyklus bereits stattgefunden hat, spricht nichts dagegen, dass er in der Vergangenheit bereits mehrfach wiederholt wurde. Zum jetzigen Zeitpunkt gibt es ein Maß in der Kosmologie, das viel kleiner ist, als es sein sollte. Es ist die kosmologische Konstante Lambda, die Komponente, die Einstein als seine größte «Eselei» bezeichnete und die uns ein Maß für den Einfluss der Dunklen Energie an die Hand gibt. Legt man das auf die Quantenenergie des Vakuums um, läuft die übliche Erklärung für ihre Existenz darauf hinaus, sie sei wesentlich kleiner, als sie es eigentlich sein sollte, und zwar um den Faktor 10^{120} (eine 1 mit 120 Nullen dahinter).

Den Urknalltheoretikern ist es bisher nicht gelungen, eine Erklärung für diesen extrem kleinen Wert zu finden. Man vermutet zwar, der Wert würde im Lauf der Zeit abnehmen, aber eben nur ganz allmählich. Das würde voraussetzen, dass das Universum wesentlich älter ist als die augenblicklich angenommenen 14 Milliarden Jahre. Aber im Modell der zusammenstoßenden Branen ist diese Altersbegrenzung kein Problem. Das Universum könnte ohne weiteres alt genug sein, was den enorm geschrumpften Wert der kosmologischen Konstanten erklären könnte. Obwohl man es nicht als Beweis werten kann, ist es doch äußerst befriedigend, dass die Theorie der kollidierenden Branen das absurdeste Problem mit dem Urknall, das zur größten Diskrepanz zwischen Theorie und Praxis auf dem Gebiet der Naturwissenschaft schlechthin führt, aus der Welt schafft.

Die meisten Messungen des WMAP-Satelliten, die den kosmischen Mikrowellen-Hintergrund untersuchten, unterstützen sowohl den Urknall als auch die zusammenstoßenden Branen. Beide Modelle erwarten sehr ähnliche Werte. Bisher gibt es also noch keine Möglichkeit, zwischen den beiden zu unterscheiden, aber für die Zukunft setzt man große Hoffnungen auf die Messungen von Gravitationswellen. Wie wir noch sehen werden, sollten diese eine recht eindeutige Unterscheidung zwischen den beiden Theorien ermöglichen. Aber bevor wir ins Detail gehen werden, gibt es noch einen weiteren Ansatz zur Branenkollision, den wir uns ansehen sollten.

Die mannigfaltigen Freuden des Katapults

So bemerkenswert die Vorstellung zusammenstoßender Branen auch sein mag, es gibt dennoch einen Kosmologen, der glaubt, die M-Theorie habe das ganze Konzept eines Anfangs überhaupt nicht nötig und könne das beobachtbare Universum ohne die Notwendigkeit einer Kollision der Branen erklären. Es ist eine komplexe Theorie, die etwas mehr als ein Eintauchen in die mögliche Funktion von Branen erfordert, aber sie ist wunderbar elegant, weil sie viele der Probleme eliminiert, mit der die derzeitige Theorie schwer zu kämpfen hat.

Es ist der Geistesblitz von Cristiano Germani von der International School of Advanced Studies im italienischen Triest. Wie die meisten Beschreibungen des Universums mit Hilfe der M-Theorie stellt Germani sich vor, die unserem Blick verborgenen zusätzlichen Raumdimensionen seien in ein Gebilde mit dem wunderschönen Namen Calabi-Yau-Mannigfaltigkeit eingehüllt (was irgendwie nach *Star Trek* klingt). Sie sind auch als 3-D-Projektion ein ästhetischer Genuss.

Die Schwierigkeit mit dem Calabi-Yau-Raum ist seine Tendenz zur Instabilität. Er verdreht sich und schwankt, eröffnet neue Zugänge, während unvermittelt Spitzen hervorschießen. Germani fragte sich, was wohl geschähe, falls die Bran, die unser Universum formte, durch den Schlund einer dieser Öffnungen in eine Art Katapult-Universum hinuntergespült werden würde. Gleitet die Bran einfach nur bis zum Grund des Schlunds hinab, würde sie in Form eines Großen Kollapses zerschmettert, aber Germani stellte sich vor, die Bran würde sich wie ein Blatt Papier drehen, das von einem Strudel mitgerissen und abwärtsgezogen wird.

Eine sich drehende Bran in einem Calabi-Yau-Schlund würde abprallen, bevor sie das Ende des Schlunds erreichte, und wieder zurück auf die Öffnung zusteuern. Beim Herausschlüpfen würde sie expandieren und die Art von Universum darstellen, wie wir es heute beobachten. In diesem Bild wurde die Bran nicht beim Aufprall am Ende des Schlunds erzeugt, sondern war schon immer da gewesen. Das bedeutet, es war reichlich Zeit vor dem Beginn der Expansion. So konnten sich die unterschiedlichen Teile des Universums glätten, und deshalb ist auch keine Inflation nötig, um erklären zu können, warum weit voneinander entfernte Regionen des Universums sich so ähnlich sehen.

Bisher können wir uns auf noch keine Messung berufen, die zwischen Germanis wunderbar einfachem Katapult-Konzept und einem Urknallmodell plus Inflation unterscheiden kann. Beide Theorien stimmen mit den beobachteten Resultaten überein, abgesehen von den nicht vorhandenen Gravitationswellen, was bis jetzt der Katapult-Idee mehr Gewicht verleiht.

Wie bei vielen anderen Theorien über kosmologische Ungewissheiten gibt es Hoffnung, dass die nächste Teleskop-Generation zur Erkundung des kosmischen Mikrowellen-Hintergrunds wie der europäische Planck-Satellit ausreichend hochwertige Messungen machen wird, damit man zwischen beiden Theorien unterscheiden kann. Für das Katapult-Modell spricht, dass es tatsächlich die Singularität des Urknalls vermeidet, mit der keine einzige Theorie vernünftig umgehen kann. Sie kommt obendrein ohne die Inflation aus, kann aber bis jetzt noch keine plausible Erklärung für Anfang und Ende bieten.

Germanis Modell ist noch ziemlich roh und kann längst nicht alle Kräfte und Teilchen im Detail erklären, was mit anderen M-Theorie-Modellen und größerer Detailschärfe bereits gelungen ist. Allerdings eröffnet es die faszinierende Möglichkeit, dass unser Universum quasi eine Wildwasserfahrt entlang einer multidimensionalen Wasserhose gewesen ist.

Quantengravitation

Sollte das Universum tatsächlich so einen Zyklus von Expansion und Schrumpfung durchlaufen, ist es ziemlich wahrscheinlich, dass die ungleiche Verteilung im frühen Universum nach dem Urknall, die zur Bildung der Galaxien führte, Reste des Vorläufer-Universums waren. Ein Kontrahent der String- und M-Theorie beim Versuch, Relativität und Quantentheorie, die eigentlich inkompatibel sind, zu vereinen, wird Schleifenquantengravitation genannt. Sie stellt ein Modell dar, wie ein solches Universum, das gewisse Ähnlichkeiten mit dem Modell der kollidierenden Branen hat, aber von einem radikal anderen Ansatz ausgeht, funktionieren könnte.

Die Schleifenquantengravitation hat überhaupt nichts mit String- und M-Theorie zu tun. Sie läuft auf eine Möglichkeit hinaus, die allgemeine Relativität mit einem Raum zu verbinden, der in Quanteneinheiten aufgeteilt ist. Im Großen und Ganzen funktioniert die Mathematik ganz gut, aber wie bei der Stringtheorie kommt auch hier ein gewisser Grad an Willkürlichkeit bei der Methode zum Vorschein, die Mathematik auf die Wirklichkeit anzuwenden. Dennoch glauben einige Physiker, dass die Schleifenquantengravitation eine größere Chance hat, die Gravitation mit den anderen Kräften zu vereinen, als jede andere existierende Theorie.

Aus der Perspektive der Schleifenquantengravitation ist das Gewebe der Raumzeit ein Durcheinander lokaler Verbindungen auf der Quantenebene. Es ähnelt ein wenig dem Blick auf ein Stück Materie durch ein äußerst leistungsstarkes Mikroskop. (Tatsächlich können wir im Rahmen der Schleifenquantengravitation den Begriff «Gewebe» fast wörtlich nehmen.) In unserer normalen, makrokosmischen Weltansicht lässt sich dieses Gewirr von Vernetzungen nicht erkennen. Wir sehen lediglich einen glatten Stoff.

Die Befürworter der Schleifenquantengravitation behaupten, sie könne aufgrund dieser elastischen kleinen Verbindungen voraussagen, dass ein schrumpfendes Universum eine Reihe sehr elastischer Verbindungen ähnlich wirkungsvoll zerschmettern könne: Wenn der Druck nachlässt, springt alles wieder an Ort und Stelle zurück, ein Rückprall, der eine Art von Urknall erzeugen könnte, ohne das Universum dabei jemals einer lästigen Singularität auszusetzen.

Frühe Versuche, ein Universum auf der Basis von Quantengravitationsschleifen zu entwerfen, das nach dem Kollaps einen Rückprall durchläuft, kamen zu dem Ergebnis, dass nichts vom vorausgegangenen Universum übrig bliebe. Martin Bojowald von der Pennsylvania University glaubt jedoch, die Raumzeit selbst würde Abstoßungskräfte entwickeln, während sie zusammensackt. In dieser Version eines Urknalls auf der Grundlage der Schleifenquantengravitation käme allerdings etwas ins Spiel, was Bojowald «kosmische Vergesslichkeit» nennt. Hierbei werden die Eigenschaften, die das Universum vor dem Urknall hatte, zum größten Teil ausgelöscht und durch neue ersetzt. Doch Bojowald hat vorgeschlagen, dass detaillierte astronomische Messungen uns zu einem Einblick in die Beschaffenheit des Universums vor dem Urknall verhelfen könnten.

Was nicht bedeutet, dass wir viel von dem sehen könnten, was «davor» gewesen ist. Bojowald hat gesagt: «Ein paar Eigenschaften des Universums vor dem Urknall haben womöglich nur einen derart schwachen Einfluss auf unsere derzeitigen Beobachtungen, dass sie praktisch unbestimmt sind.» Bojowald stellt sich kein Szenario vor, in dem das vorausgegangene Universum unserem eigenen allzu sehr ähnelt, eben weil so viel verlorenging. «Es scheint, als habe das Universum einige seiner Eigenschaften vergessen und dafür neue erworben, unabhängig davon, was vorher war.»

Erinnerungen an die Vergangenheit

Als jedoch Parampreet Singh vom Perimeter Institute for Theoretical Physics im kanadischen Waterloo und Alejandro Corichi von der National Autonomous University of Mexico in Morelia versuchten, mit Hilfe der Mathematik der Schleifenquantengravitation ein solches Universum zu entwerfen, stellten sie fest, dass der Prozess, einen «Ur-Rückprall» (Big Bang bounce) zu durchlaufen, keine bedeutsame Auswirkung auf die entscheidenden Parameter des Universums hat – jene Goldlöckchenwerte, die genau richtig sind für die Evolution des Lebens.

Sollten Singh und Corichi recht behalten, würde uns das Universum vor dem Schleifenquantengravitations-Rückprall erstaunlicherweise vertraut erscheinen. Unser Vorläufer-Universum hätte dieselben Naturgesetze. Energie und Materie verhielten sich wie in unserem Universum. Auch die Zeit verliefe zum größten Teil so, wie wir sie jetzt erleben. «Da das Universum sich vor dem Rückprall zusammenzieht», sagte Singh, «sieht es so aus, als schauten wir auf unser Universum zurück in der Zeit.» Weil sehr kleine Unterschiede zu gewaltigen Veränderungen in komplexen Systemen führen, die aus einfacheren Systemen hervorgehen, sollten wir nicht damit rechnen, dass das alte Universum mit unserem derzeitigen identisch wäre, bis hin zu Kopien von Ihnen, die dieselbe Stadt in derselben Welt bewohnten. Aber im großen Maßstab von Galaxienhaufen könnte es schon ähnliche Strukturen geben. Singh betont allerdings, dass Galaxien sich in einem Vorläufer-Universum auf eine andere Art und Weise gebildet haben könnten, was dann selbst auf dieser Ebene zu Unterschieden geführt hätte.

Im Gegensatz zu einigen möglichen Antworten auf die Frage «Was war vor dem Urknall?» ist das Bild, das Singh und Corichi skizzieren, schon sehr «mehr desgleichen». Weil sie glauben, dass Strukturen bis zu einem gewissen Grad die «Große Quetsche» (Big Crumple), die dem Rückprall vorausgeht, überleben könnten, müssten wir, so glauben sie, ein schwaches Abbild der Struktur des Universums vor dem Urknall in der kosmischen Mikrowellen-Hintergrundstrahlung erkennen können. Das seltsame Muster, das der WMAP-Satellit aufspürte, könnte uns fast genauso viel über das «Davor» erzählen wie über die Struktur der Galaxien und Galaxienhaufen, die offenbar daraus hervorgegangen sind.

Betritt man die Ebene unterhalb von Galaxienhaufen, wird die Aussicht auf chaotische Modifikationen einfach zu groß. Schon sehr kleine Unterschiede, die aufgrund der Schwankungen im frühen Universum zwangsläufig geschähen, verstärkten sich in Raum und Zeit und erzeugten einen Schmetterlingseffekt, wobei ein mikroskopisch kleiner Unterschied im Endergebnis zu gewaltigen Verschiebungen führte.

Zur Zeit der Niederschrift dieses Buches wird diese Vorstellung jedoch noch nicht universell von den Wissenschaftlern unterstützt, die sich auf Quantengravitation spezialisiert haben (die selbst nur eine relative Minderheit unter jenen sind, die sich bemühen, ein Bild davon zu entwerfen, wie alles zusammenhängt und funktioniert). Die Modelle des Universums, die Singh und Corichi anwandten, sind nicht nur recht einfach, sie stellen auch nicht die einzige Interpretationsmöglichkeit der Mathematik dar, denn andere Kollegen glauben, es gäbe keine Kontinuität der Struktur der Welt vor dem Urknall. Es könnte sein, dass im Vorläufer-Universum sich jenes Quantendurcheinander auf der Ebene einer Lebenswelt fortsetzte, wo die Raumzeit selbst ähnlich chaotisch war – eine wahrhaft seltsame Welt.

Beobachtung einer Gravitationswelle

Das letzte Wort ist noch nicht gesprochen. Es besteht die Hoffnung, Beobachtungen machen zu können, die es ermöglichen werden, eine Entscheidung zwischen Inflationstheorien und solchen Modellen wie der Großen Quetsche oder den kollidierenden Branen zu treffen. Wie wir gesehen haben, gibt es augenblicklich einen überraschenden Mangel an Beweisen für Gravitationswellen in der kosmischen Mikrowellen-Hintergrundstrahlung. Modelle des Universums, die einen Rückprall vorsehen statt eines Starts aus dem Nichts, ob auf der Grundlage der Schleifenquantengravitation oder der Branenkollision, sagen die Erzeugung viel, viel geringerer Gravitationswellen voraus als bei einem Urknall plus Inflation.

Wenn wir eindeutig herausarbeiten können, dass die existierenden Gravitationswellen eine wesentlich geringere Stärke haben als die aus dem Urknall vorhergesagten, bleibt uns keine Möglichkeit, unter Branenkollision, einem Calabi-Yau-Katapult und einer quantengravitativen Quetsche auszuwählen, aber es bedeutet einwandfrei, dass wir den Urknall vergessen können und an Methoden arbeiten sollten, aus den anderen Modellen eines auszuwählen (oder wir müssen wieder etwas völlig anderes versuchen). Leider ist das nicht so einfach.

Selbst auf der aus dem Urknall vorhergesagten Ebene sind diese Gravitationswellen unglaublich schwach. Man kann sie auch nicht direkt beobachten. Zurzeit ist unsere größte Hoffnung, dass sie zu geringfügigen Schwankungen in der Stärke des vom WMAP-Satelliten aufgenommenen Bildes führen, aber da ergibt sich die Schwierigkeit, eine solche Schwankung von den einfachen Quantenfluktuationen der Stärke, die vermutlich zur Bildung der Galaxien geführt haben, zu unterscheiden. Sollte die Unterscheidung gelingen, wird die statistische Analyse dafür verantwortlich sein. Das erinnert ein wenig an die Trennung des weißen Rauschens (die grundlegende Energieverteilung) von einem Signal (die Gravitationswelle) bei der Rundfunkübertragung.

Ein anderer Test lässt sich durchführen, der auf Polarisation beruht. Das ist eine Eigenschaft von Photonen, die normalerweise eine Zufallsreihe von Werten hat, die aber eine spezifische Richtung annehmen kann, wenn Licht in einem Vorgang, den wir Streuung nennen, von Materie absorbiert und wieder abgestrahlt wird. (So funktionieren Polaroid-Sonnenbrillen. Sie verwenden Material, das in eine Richtung polarisiertes Licht herausfiltert. Sie unterdrücken Reflexblendung, die zur Polarisation neigt.)

Der Einfluss von Gravitationswellen auf die Polarisation unterscheidet sich ziemlich von der allgemeinen Energieverteilung, sodass es möglich sein sollte, von der Polarisation in den WMAP-Abbildungen darauf zu schließen, ob die Schwankung von der unterschiedlichen Energiedichte oder von Gravitationswellen verursacht wird. Bis jetzt zeigt die Polarisation keine Spur einer Gravitationskomponente, die eine äußerst geringe Stärke von Gravitationswellen nahelegen und die Zweifel am Urknall- und Inflationsmodell untermauern würde.

Allerdings sind wir hier wieder von einer ziemlich indirekten Messung abhängig. Obwohl wir mit LIGO einen Gravitationswellendetektor haben, kann er nur mit Wellen umgehen, die wesentlich stärker sind als jene, die vom Anfang des Universums übrig blieben. Selbst die geplante LIGO-Weltraumversion, das satellitengestützte

LISA-System mit seiner Messvorrichtung, die eine Reichweite von vielen Millionen Kilometern hat, wäre nicht leistungsstark genug, um solche Wellen direkt aufzuspüren. Dabei geht es um einen Faktor von 1000.

Die Information findet sich mit Sicherheit in den WMAP-Daten, aber das könnten auch viele andere Einflüsse sein, die einen ähnlichen Effekt auf die Daten hätten. Was wir sehen, könnten Gravitationswellen sein, die es uns ermöglichten, den Urknall von seinen Konkurrenten zu trennen, aber es könnte auch etwas völlig anderes sein. Jedenfalls gibt es bis heute keine Daten, die den Urknall unterstützen, wenngleich die Resultate nicht empfindlich genug sind, jedes mögliche Modell auszuschließen, das auf einer Kombination von Urknall und Inflation gegründet ist.

Geht man ins Detail, stößt man auf erhebliche Probleme, den Gravitationswelleneffekt von den vielen Einflüssen auf die kosmische Hintergrundstrahlung, die sie abwandeln könnten, zu trennen. Immerhin ist dieser Stoff seit 14 Milliarden Jahren unterwegs und schwebt durch ein Universum, das eine Menge Materie enthält, mit der er wechselwirken kann. Allerdings sind die Astrophysiker zuversichtlich, dass sie mit einer ausgezeichneten Sonde den Grad der Ungewissheit weit genug absenken können, um eine definitive Aussage zu machen, ob die Gravitationswellen, die im Urknall erzeugt worden sein sollten, auch vorhanden sind.

Wenn das Planck-Teleskop der nächsten Generation wesentlich detailliertere Schaubilder des kosmischen Mikrowellenhintergrunds produzieren wird und noch immer keine eindeutigen Störungen aufgrund von Gravitationswellen zum Vorschein kommen sollten, dann wird man das Modell vom Urknall plus Inflation nachdrücklicher ausschließen können, was wiederum zur vermehrten Unterstützung der Ansichten vom Zerquetschen und Zusammenstoßen als Ursache für unser derzeitiges Universum führen könnte. Allerdings dürfen wir nicht sicher sein, ob Planck tatsächlich genügend Details sammeln wird, um sichere Aussagen zu treffen. Die Kosmologen drängen auf einen spezialisierten Satelliten, der sich auf das Polarisationsproblem konzentrieren und entschiedenere Messungen durchführen kann, aber in einer Zeit der knappen Wissenschaftsetats können wir wohl nur hoffen, dass Planck uns die gewünschten Ergebnisse liefert.

Was auch immer dabei herausspringen wird: Alle Protagonisten in diesem Kapitel, auch die Befürworter des konventionellen Urknalls, gehen womöglich von einem viel zu kleinmaßstäblichen Bild aus, da es nur das eine Universum herausstellt (oder zwei, das heißt eines auf jeder der kollidierenden Branen). Manche Kosmologen glauben nämlich, unser Universum sei lediglich eines von vielen.

10. DAS LEBEN IN EINER BLASE

Die wertvollste Lektion, die man aus der
Geschichte des wissenschaftlichen Fortschritts
lernen kann, besteht darin, wie irreführend und
einengend [die von der Wissenschaftsgeschichte
abgeleiteten Analogien] gewesen sind und dass
jenen Erfolg beschert war, die sie ignoriert haben.

Thomas Gold (1920–2004),
Cosmology (in Vistas in Astronomy,
Arthur Beer, Hg.)

Wenn wir die Existenz des Urknalls in der gängigsten Version der Theorie akzeptieren, brauchen wir auch die Inflation, die gewaltige plötzliche Expansion des Raums von praktisch null zu einer Größe, die wir schon eher mit unserem Maßstab für ein Universum in Verbindung bringen können.

Falls dies so stattgefunden haben sollte (und wir müssen daran denken, dass die Inflation eine künstliche Erweiterung ist, um ein Problem mit der ursprünglichen Theorie zu lösen), könnte es durchaus sein, dass diese Inflation nichts Einmaliges war. Manche Wissenschaftler haben behauptet, es könnte erneut passieren. Womöglich geschieht es sogar regelmäßig. Sollte dies der Fall sein, könnte das erste Universum (was nicht unbedingt das unsrige sein muss) andere «Babyuniversen» erzeugt haben, sozusagen als Knospen des ursprünglichen Universums, vergleichbar jenen Pflanzen, die sich vermehren, indem sie Mini-Ichs ihrer selbst produzieren.

Das Leben in einer Blase

Der Vorteil dieser lokalisierten Perspektive der Inflation liegt in ihrer möglicherweise flexibleren Beschaffenheit. Der am häufigsten vorgeschlagene Grund für das Ende der Inflation war ein vermuteter instabiler Prozess, der auf natürliche Weise abklingt. Aber da er als Quantenprozess gilt, müssten wir eigentlich Schwankungen in diesem Abklingen erwarten, sodass die Inflation im Prinzip ewig fortgesetzt werden könnte. Unterschiedliche Blasen im ganzen Universum (die normalerweise als Multiversum bezeichnet werden, um die Verwechslung mit einer einzelnen Blase, die unser Universum in diesem Bild darstellt, zu vermeiden) würden zu unterschiedlichen Zeiten ihre Inflation beenden. Eine neue Blase könnte für die Art von Umwelt sorgen, die wir als unser Universum betrachten, während andere Bestandteile frisch ausgedehnte Regionen werden, wo die Quantentafel erneut sauber gewischt wird. Dies hat den Vorteil, die Frage «Warum hörte die Inflation ausgerechnet zu diesem bestimmten Zeitpunkt auf?» mit «Hat sie doch gar nicht» beantworten zu können.

Lassen wir die Vorgänge in all diesen Blasen einmal unberücksichtigt (wir werden später noch darauf zurückkommen), so ist das Dramatischste an dieser schrittweisen Inflation, dass es im Gegensatz zum traditionellen, einmaligen Urknalluniversum keinen Anfang des Multiversums gegeben haben muss. Es könnte schon ewig existieren, ständig neue Universen hervorsprudeln, dabei instabile Blasen am Rand des Universums bilden, wo die Inflation zum Stillstand gekommen ist, und immer mehr neue Universen ausblubbern. Unser eigenes Universum könnte im Prinzip das erste sein, aber es könnte auch genauso gut eine unendliche Reihe von Vorgängern gegeben haben, sodass unser augenblickliches Universum nur eines von vielen in einem weitverzweigten Stammbaum wäre.

Sollte dies der Fall sein, ist es ziemlich plausibel, dass wir keinen Beweis für die anderen Blasen finden. Wir können nur so weit in den Weltraum hinausschauen, wie es die Zeit uns erlaubt (rund

13,7 Milliarden Lichtjahre, wenn die aktuellen Messungen stimmen), aber es gibt keinen Grund, warum die ganze Blase, die wir bewohnen, nicht viel größer als dieser sichtbare Ausschnitt wäre. Neue Schätzungen gestatten Universen von 50 Milliarden Lichtjahren bis zu weit mehr als 100 Milliarden Lichtjahren, und im Prinzip könnte unsere Blase noch erheblich größer sein als das. Allerdings würden wir nie eine andere Blase erreichen, es sei denn, wir finden eine Möglichkeit, uns schneller als das Licht fortzubewegen.

Variierende Parameter

Für einige Kosmologen ist der Gedanke an die Existenz dieser Universen nicht nur realistisch, sondern höchst wahrscheinlich. Und sollte es diese zusätzlichen Universen tatsächlich geben, dann können wir nicht davon ausgehen, dass sie alle so sind wie unser eigenes Universum. Die Beschaffenheit unseres Universums wird von einer Reihe natürlicher Parameter bestimmt, beispielsweise von der Lichtgeschwindigkeit oder von der Größe und Beschaffenheit der Atome. Es gibt überhaupt keinen Grund, warum diese Parameter in anderen Universum-Knospen dieselben sein sollten (obwohl es natürlich eine Möglichkeit wäre), und es könnte sein, dass es viele Universen gibt, in denen die Materie, wie wir sie kennen, nie entstand, während viele andere eine exotischere Form von Materie und vielleicht auch seltsame Lebensformen haben könnten.

An und für sich betrachtet hat die Vorstellung multipler Universen, die ein Multiversum bilden, wenig Auswirkung auf uns. Diese hypothetischen Universen machen vielleicht Spaß, wenn man spekuliert, wie ein Universum mit, sagen wir, einer langsameren Lichtgeschwindigkeit oder mit einer höheren Gravitationskonstante aussähe, aber solange wir nicht mit diesen Universen kommunizieren können, haben sie auch keinen wirklichen Einfluss auf uns. Tatsächlich besteht der einzige wirkliche wissenschaftliche Wert eines Multiversums mit vielen unterschiedlichen physikalischen Parametern darin, dass es eine mögliche Erklärung für die «Goldlöckchen»-Natur unseres Universums liefert.

Wissenschaftler haben sich schon lange über die Feineinstellung all dieser Konstanten gewundert, die erforderlich sind, um einem Universum die Entwicklung von Leben, wie wir es kennen, zu gestatten. All diese Faktoren sind wie Goldlöckchens Lieblingsstuhl in der Hütte der drei Bären: nicht zu groß, nicht zu klein, sondern genau richtig. Selbst eine kleine Variation in einigen der Konstanten würde ein Leben, wie es uns vertraut ist, unmöglich machen.

Im zweiten Kapitel haben wir erfahren, wie dieses Prinzip eingesetzt werden kann, um zu behaupten, das Universum habe einen Konstrukteur, der es genau so arrangiert hat, dass wir existieren können. Aber es gibt noch zwei weitere Möglichkeiten.

Die erste ist reiner Zufall. Es ist nun mal unser Universum, das entstanden ist, und zwangsläufig ist es unserem Leben förderlich, sonst wären wir nicht hier, um Bücher darüber zu schreiben (und zu lesen). Wir würden nicht existieren. Aber wir leben, und so hat es sich nun mal ergeben. Punkt. Und absolut keine Schlussfolgerungen erlaubt. Da haben wir wieder das schwache anthropische Prinzip. Manche Leute finden das höchst unbefriedigend. Es ist so rätselhaft unwahrscheinlich. Man denke nur an all die anderen Universen, die es gegeben haben könnte, werfen sie ein. Die Chance, dass es dieses Universum war, das in Erscheinung trat, ist äußerst gering. Sie behaupten, dies könne kein Zufall sein.

Mit dem Zufall zurechtkommen

Das zeigt jedoch ein falsches Verständnis des Zufalls. Als menschliche Wesen sind wir heillos überfordert, mit Wahrscheinlichkeiten und dem Zufall umzugehen. Wir sind einfach nicht dafür geschaffen. Nehmen wir ein simples Beispiel, um zu sehen, wie schlecht wir dabei abschneiden. Zur Feier des neuen Jahres hat die Lottozentrale beschlossen, eine Doppelziehung am selben Tag zu organisieren. Zwei Chancen, Millionär zu werden. Wie üblich sind Unmengen von Scheinen verkauft worden. Millionen Menschen klammern sich an die Hoffnung, dass sich ihr Leben verändern wird. Denn es gibt ja eine minimale Chance für sie, bald den Lebensstil der Reichen und Schönen nachahmen zu können. Und deshalb lohnt es sich auch, das Geld für die Lottoscheine auszugeben.

Die erste Ziehung läuft genauso ab wie in jeder Woche zuvor. Die Zahlen werden gezogen, eine nach der anderen, eine Zufallskette der Möglichkeiten und Hoffnungen. Sechs Zahlen aus neunundvierzig. Es gibt auch eine Zusatzzahl, aber die ist nur für die Verlierer. Schauen wir uns die sechs Gewinnzahlen an: 24–39–6–41–17–29. Für alle außer den wenigen Glücklichen ist alles vorbei. Nichts Außergewöhnliches ist passiert. Obwohl die Ansagerin versucht, ihre Stimme künstlich mit Begeisterung aufzuladen, ist dies schon viele tausend Mal zuvor so abgelaufen. Es ist nichts Neues.

Dann beginnt die zweite Ziehung. Lauschen wir dem Kommentar:

Für die Ziehung heute Abend kommt die Maschine zum Einsatz, die man Delilah nennt, angeworfen von einem Ex-Mitglied von Blondie. Und hier kommt die erste Zahl … wie wahrscheinlich ist das denn? Die erste Zahl ist die Eins. Okay, die nächste. Kaum zu fassen. Die Zwei. Das ist unglaublich. Jetzt wird die dritte Zahl gezogen. Hey, soll das ein Witz sein? Die dritte Zahl ist die Drei …

Und so geht es weiter, bis die Ziehung vollständig ist: 1–2–3–4–5–6. Alle wunderschön aufgereiht. Ein Tumult bricht los: Die Ausschüttung wird gestoppt, während die Ziehungsmaschine repariert und überprüft wird. Schadensersatzforderungen, zuerst nur ein Rinnsal, schwellen zu einem reißenden Strom an. Fragen werden gestellt bis hinauf zur Regierungsebene. Dennoch lässt sich nichts Unrechtes entdecken. Wie konnte das passieren? Wie konnte solch ein unglaubliches Ergebnis zustande kommen?

Diese einfache Lottoziehung legt eine seltsame verstörende Realität bloß. Unsere Welt enthält viele zufällige Elemente, sodass die Wahrscheinlichkeit zur einzigen Richtlinie wird. Die Wahrscheinlichkeit leistet einen wesentlichen Beitrag zu den Ereignissen in unserer Welt. Dennoch reagieren die Menschen hilflos, wenn sie mit den Ergebnissen des Zufalls umgehen sollen. Wir kapieren einfach nicht, worum es bei der Wahrscheinlichkeit geht. Sie scheint etwas Unnatürliches zu sein und führt uns ständig an der Nase herum. Eigentlich gab es überhaupt keinen Grund, von der Lottoziehung überrascht zu sein. Das Ergebnis 1–2–3–4–5–6 ist genauso wahrscheinlich wie 24–29–6–41–17–29. Es hat genau dieselbe Chance. Für unsere Gehirne jedoch, die blind gegenüber Wahrscheinlichkeiten sind, gibt es einen gewaltigen Unterschied zwischen den beiden Resultaten.

Es mag merkwürdig erscheinen, dass wir mit Wahrscheinlichkeiten nicht zurechtkommen, wenn es so wichtig ist, aber die Evolution läuft häufig auf einen Kompromiss hinaus, wobei eine Fähigkeit geopfert wird, um eine andere zu stärken. Die Fähigkeit, die es uns unmöglich macht, mit Wahrscheinlichkeiten besser umzugehen, ist die Mustererkennung. Wir sind von Mustern abhängig. Sie sind unsere Schnittstelle zur Wirklichkeit. Unser Bedürfnis nach Mustern ist so stark, dass wir sie uns häufig dort einbilden, wo sie gar nicht existieren: Wo es keine Muster gibt, wo die Wahrscheinlichkeit ein Meer des Zufalls regiert, fühlen wir uns verloren.

Deshalb fühlen wir uns von den Lottozahlen überrumpelt. Und das ist auch der Grund, weshalb überhaupt so viele Leute Lottoscheine kaufen. Wenn wir eine Ziehung wie 24–39–6–41–17–29 sehen, verschleiert unsere Wahrscheinlichkeitsblindheit, wie unwahrscheinlich es ist, dass eine bestimmte Zahlenkombination gezogen wird. Erst wenn ein Muster auftaucht und wir die 1–2–3–4–5–6 sehen, erkennen wir, wie unwahrscheinlich das Ganze überhaupt ist. Wie wir oben gesehen haben, sind Muster unerlässlich. Sie helfen uns, mit der Welt zurechtzukommen, aber unsere Begeisterung für Muster macht uns blind für die Auswirkungen der Wahrscheinlichkeit.

Und so werden wir von unserer Unfähigkeit, die Wahrscheinlichkeit zu erfassen, getäuscht und veranlasst zu glauben, eine Lottoziehung von 1-2-3-4-5-6 sei etwas Besonderes. Dasselbe trifft auf das Universum zu. All diese Konstanten, die Positionierung der Erde und dergleichen müssen irgendwelche Werte haben. Okay, die Chance, dass eine spezielle Reihe von Werten dabei herauskommt, ist gering, aber nicht geringer als jede beliebige andere Kombination. Die besondere Kombination bedeutet hier, dass alle anderen potenziellen Lebensformen nicht in Erscheinung traten. Es könnte tatsächlich reiner Zufall sein, dass es «unser Universum» war, das sich ergab.

Jedes ist einzigartig

Der letztmögliche Grund für die Existenz eines Goldlöckchen-Universums ist von besonderem Interesse, wenn man versucht, eine Antwort auf die Frage zu finden, was vor dem Urknall war. Was wäre, wenn es Milliarden unterschiedlicher Blasen-Universen gäbe und jedes seine eigenen Werte für die physikalischen Konstanten hätte? Manche Universen hätten gar keine Erde, andere hätten eine nicht bewohnbare Erde, und nur ein paar wenige, zu denen natürlich unser Universum gehört, könnten mit dem Goldlöckchen-Rahmen für die Konstanten aufwarten. Auf diese Weise wären wir überhaupt nichts Besonderes. Unser Universum wäre nur eins von vielen, die parallel zueinander existieren. Manche Kosmologen glauben, das Universum sei tatsächlich so aufgebaut.

Andere gehen noch weiter und setzen das Konzept eines Multiversums, in dem Universen «Knospen» anderer Universen sind, mit biologischen Vorgängen gleich. Unter den richtigen Umständen (wir werden gleich darauf zurückkommen, was damit gemeint ist) könnte man sich vorstellen, dass die Erklärung für unser «Goldlöckchen»-Universum darauf hinausläuft, dass Universen sich dahin entwickelt haben, so zu sein. Stellen Sie sich einfach vor, ein

Universum habe sich als Knospe aus einer Reihe von Universen entwickelt, von denen einige stabiler und andere weniger stabil als das Original waren. Es wären die stabileren Universen, die lange genug existierten, um Knospen zu entwickeln, aus denen andere Universen hervorgingen, sodass allmählich ein steigender Prozentsatz von Universen eine stabile Form bekäme.

Ist diese Idee des Physikers Lee Smolin, der große Probleme mit der Stringtheorie hat, realistisch? Er schlägt vor, Universen könnten im Inneren von Schwarzen Löchern entstehen, aber im Gegensatz zur früheren, ähnlich klingenden Theorie erscheint das Universum nicht innerhalb des Schwarzen Lochs, ja nicht einmal in unserem Universum, sondern in einem neuen, ansonsten unzugänglichen Stück Raumzeit. Möglicherweise erlaubt ein derartiger Mechanismus dem neuen Universum, einige, wenn auch nicht alle Eigenschaften seines Mutteruniversums (wo das Schwarze Loch ist) mitzubringen.

Damit die Evolution durch natürliche Selektion funktioniert, müssen einige entsprechende Mechanismen vorhanden sein. Notwendig ist Fortpflanzung, notwendig sind ein paar Eigenschaften mit Zufallsvariationen, die an den Nachwuchs weitergegeben werden, notwendig ist aber auch, dass die Fähigkeit, sich fortzupflanzen, eingeschränkt ist durch Überlebensfaktoren. Wie schneiden unsere sich vermehrenden Universen gegenüber diesen Mechanismen ab?

Offensichtlich haben Universen, die Knospen ausbilden können, die Mittel, sich fortzupflanzen, während die Fähigkeit, sich zu vermehren, dadurch eingeschränkt ist, wie stabil das Universum ist. Aber werden auch die Eigenschaften von einem zum anderen Universum weitergegeben? Immerhin ist dieser Punkt unerlässlich für die Evolution. Das mag so sein, falls Smolins Vorstellung über den Ursprung in Schwarzen Löchern in Mutteruniversen stimmt. Und gäbe es auch Zufallsvariationen? Die Quantentheorie ist eine ziemlich gute Garantie dafür.

Allerdings sollte betont werden, dass es eine Menge stabiler Anordnungen eines Universums gibt, die nicht in der Lage sind, das Leben, wie wir es kennen, zu unterstützen. Wahrscheinlich stellen sie auch einfach nicht die richtigen Umstände zur Entfaltung des Lebens bereit. Man sollte denken, ein evolutionärer Prozess bringe nichts anderes hervor als stabile Universen. Doch es gibt eine ziemlich ungewöhnliche Möglichkeit, wie die Evolution die Fähigkeit begünstigen könnte, intelligentes Leben zu unterstützen.

Diese seltsame Idee bezieht sich auf die Tatsache, dass Quantenereignisse von einem Beobachter beeinflusst werden. Man kann behaupten, dass ein Universum mit Lebensformen sich anders entwickeln könnte als ein Universum ohne Lebensformen, weil es dann ja eine andere Beobachterklasse im Universum gäbe und daher die Quantenprozesse anders abliefen. Auf ähnliche Weise könnte sich ein Universum mit intelligentem Leben anders als eines ohne intelligentes Leben entwickeln. Sollte dies der Fall sein, wäre die Existenz intelligenten Lebens ein Überlebensmerkmal für Universen. Sind Lebensformen erst einmal per Zufall aufgetreten, ist ihre Fortpflanzung in künftigen Universen wahrscheinlich.

Ein Phantom-Multiversum

Ich sollte vielleicht klarstellen, dass nicht jeder Kosmologe und Astrophysiker das Konzept des Multiversums unterstützt. Liest man einige Bücher zum Thema, könnte man denken, es sei eine Idee, die genauso viel Zuspruch findet wie der Urknall plus Inflation (in unserer eigenen Region des Multiversums, falls nötig), aber das ist nicht der Fall. Viele Wissenschaftler können sich nicht damit anfreunden. Paul Steinhardt, einer der beiden Forscher hinter der Theorie der kollidierenden Branen, hat gesagt: «Das ist eine gefährliche Idee, über die ich nicht einmal nachdenken will.»

Er hält sie für gefährlich, weil er glaubt, sie löse Verwirrung aus und sei «reine Phantasie». Wenn wir jedoch die Möglichkeit zulassen, gibt es zwei Probleme, die wir angehen müssen. Das erste besteht darin, dass es bereits eine andere potenzielle Art des Multiversums gibt, die sich aus der Quantenphysik ergibt (wenngleich die Quantenversion häufig die Viele-Welten-Interpretation genannt wird, um die Verwechslung einzugrenzen). Und das zweite Problem läuft auf die Gefahr hinaus, dies sei eine unbeweisbare Theorie und das Stichwort «Viele Welten» lege eine Theorie nahe, die unwissenschaftlich sei.

Das Quanten-Multiversum

Die Quantenphysik als Wissenschaft des äußerst Kleinen hat viele Geheimnisse, die sich jedoch im Gegensatz zu denen der Kosmologie experimentell erforschen lassen. Im Mittelpunkt der Quantentheorie steht die Vorstellung, ein Quantenteilchen sei unscharf. So gibt es zum Beispiel statt einer eindeutigen Position nur einen Messbereich von Wahrscheinlichkeiten für seinen Aufenthaltsort. Wenn man daher ein Photon – das definitive Quantenteilchen – auf ein Paar von Schlitzen abfeuert, verhält es sich so, wie es in der Wirklichkeit unmöglich erscheint. Es geht durch beide Schlitze zugleich hindurch und legt sich erst auf einen Schlitz fest, wenn man eingreift und misst, durch welchen Schlitz es ging.

Viele Quantentheoretiker akzeptieren dies als Wesen der Realität auf der Ebene dieser winzigen Teilchen. Im gerade genannten Beispiel befindet sich das Photon buchstäblich an zwei Orten zugleich, es sei denn, man macht eine Messung. Andere jedoch empfinden dieses Phänomen so sehr als Widerspruch zu ihrer eigenen Intuition, dass sie glauben, jedes Mal, wenn ein Quantenteilchen eine «Entscheidung» treffen muss, durch welchen Schlitz es geht, gäbe es – statt beider Werte mit jeweils einer gewissen Wahrscheinlichkeit – zwei separate Universen. In dem einen Universum geht das Teilchen durch den linken Schlitz, im anderen durch den rechten.

Dieses Konzept gibt es in zwei Versionen. In der einen existieren bereits unendlich viele Universen. In einigen davon nimmt das

Photon den einen Weg, und in einigen anderen nimmt das Photon den anderen (in vielen weiteren gibt es gar kein Photon, oder aber es verpasste beide Schlitze). Die zweite Version der Viele-Welten-Interpretation auf Quantenebene behauptet: Jedes Mal, wenn ein solches Quantenereignis geschieht, spaltet sich unser Universum auf in eines für jede Möglichkeit. So muss das Photon nicht gespenstisch entscheiden, welchen Weg es nimmt, wenn eine Messung vorgenommen wird. Diese Messung findet einfach nur in diesem speziellen Universum statt.

Beide «Geschmacksrichtungen» dieser Theorie teilen uns mit, dass wir in einem Multiversum oder in «vielen Welten» leben: die erste Version mit einer bereits existierenden unendlichen Reihe von Variationen unseres eigenen Universums und die zweite, in der sich das Universum ständig aufspaltet. Angesichts der Menge von wahrscheinlich mehr als einem Googol (eine 1 mit 100 Nullen dahinter) Quantenteilchen im Universum, von denen viele regelmäßig solche Ereignisse durchlaufen, kommen ziemlich viele Universen zusammen, die sich aufspalten müssen. Dieses Quantenmultiversum unterscheidet sich ziemlich von der kosmologischen Idee eines Multiversums mit separaten Urknallereignissen in unterschiedlichen Blasen. Das kosmologische und das Quanten-Multiversum könnten voneinander isoliert existieren. Wir könnten sie aber auch gleichzeitig haben – ein Multiversum von Multiversen.

Man nehme ein Schwarzes Loch

Das ernstere Problem mit der kosmologischen Multiversentheorie ist die Unmöglichkeit, sie zu beweisen oder zu widerlegen. Wie mit vielen Glaubensmeinungen ist dabei etwas anderes als Wissenschaft im Spiel. In Wahrheit geht es hier um Theologie, die nicht zur kosmologischen Wissenschaft gehört. Nehmen wir ein albernes Beispiel aus Douglas Adams herrlich lustigem *Per Anhalter durch die Galaxis*. Irgendwo im Weltraum glaubt das Volk der Jatravartiden von Viltwodl VI, der Große Grüne Arkelanfall habe das ganze Universum einfach ausgeniest. Nun hat die Wissenschaft keine Möglichkeit zu beweisen, dass dieser Glaube mehr Gültigkeit besitzt als eine der wirklich existierenden religiösen Ideen der Menschheit über den Ursprung der Welt. Was nicht heißt, Adams' Witz sei auf Augenhöhe mit echten Religionen, aber die Wissenschaft kann keinen Kommentar dazu abgeben.

Falls die Vorstellung von Multiversen genauso wenig nachprüfbar ist wie der Große Grüne Arkelanfall, weil es noch nicht einmal eine Möglichkeit gibt, indirekte Indizien zu finden, dann fehlt die Grundlage dafür, sie eine wissenschaftliche Theorie zu nennen. Es bleibt jedoch daran haften, weil schließlich doch noch die Entdeckung von Beweismaterial möglich ist und weil sogar die Aussicht auf Kommunikation mit einem anderen Universum im Multiversum besteht. Das ist eine nicht triviale Aufgabe. Sollte sie in einem Rezeptbuch auftauchen, lautete die erste Anweisung: «Man nehme zuerst ein Schwarzes Loch.»

Wir haben Schwarze Löcher bereits als ein physikalisches Konzept kennengelernt, aber wir sollten einen Augenblick über die praktische Anwendbarkeit des Umgangs mit einem Schwarzen Loch nachdenken, falls wir jemals Zugriff auf eines bekommen sollten. Schwarze Löcher sind astronomische Körper aus einem Science-Fiction-Albtraum. Sollten Sie sich mit einem Raumschiff einem Schwarzen Loch nähern, würde die Gravitationskraft immer stärker werden. Ein Film wie der Disney-Streifen *Das Schwarze Loch* (The Black Hole) von 1979 zeigt Schiffe, die in ein Schwarzes Loch fliegen, lässt jedoch eine katastrophale Konsequenz aus, die zum Höhepunkt in Arthur C. Clarkes Kurzgeschichte *Neutronenflut* (Neutron Tide) wurde. Darin ging es eher um einen nicht ganz so dichten Neutronenstern und weniger um ein Schwarzes Loch, bei dem der Effekt noch größer wäre.

Clarke wies darauf hin, wenn ein Objekt (in dieser Geschichte war es ein Universalschraubenschlüssel) dem Stern näher käme, wäre der Unterschied der Gravitationskraft zwischen dem einen und dem anderen Ende des Schraubenschlüssels gewaltig. Das dem Stern nähere Ende würde so viel stärker hineingezogen werden als das andere Ende, dass das Werkzeug wie Spaghetti in die Länge gezogen würde. Dasselbe passierte mit jedem Schiff und mit jedem Menschen.

Schlimmer noch: Am Ereignishorizont selbst (am Punkt ohne Wiederkehr, jenseits dessen dem Schwarzen Loch nichts mehr entkommt) wird – sollten die Gleichungen stimmen – die Anziehung der Gravitation unendlich groß, was, dank der allgemeinen Relativität, zu einer besonders merkwürdigen Konsequenz führt. Einsteins *spezielle* Relativität sagt, je näher ein Objekt an die Lichtgeschwindigkeit herankommt, umso langsamer erscheint dessen Zeit einem außenstehenden Beobachter. Die *allgemeine* Relativität geht einen Schritt darüber hinaus und sagt, je stärker die Gravitationsanziehung ist, die ein Körper erfährt, umso langsamer erscheint die von außen wahrgenommene Zeit. Falls wir beobachten könnten, wie ein Objekt in ein Schwarzes Loch fliegt, würde es stetig langsamer werden, bevor es am Ereignishorizont zum endgültigen Stillstand käme. Es würde unendlich lange dauern (zumindest aus der Sicht des externen Beobachters), bis das Objekt den Ereignishorizont passiert hätte.

Als diese Schlussfolgerungen erstmals gezogen wurden ohne den Hinweis, dass es um mehr ging als um die richtige Anwendung von Zahlen, nahm man einfach an, dass solche Schwarzen Löcher niemals existieren könnten. Mit der Relativität gehen eine ganze Menge Möglichkeiten einher, die wegen ihrer Auswirkungen im Allgemeinen als unmöglich betrachtet werden. Falls beispielsweise ein Objekt (oder auch ein Signal) sich schneller als das Licht fortbewegen könnte, würde es in der Zeit rückwärts reisen. Das war ein weiteres Beispiel für die Seltsamkeit der potenziellen Auswirkungen der Relativität, die sich niemals im wirklichen Universum ergäben.

Dies war selbstverständlich Einsteins Sicht der Dinge. Wie mit der Wahrscheinlichkeitsnatur der Quantentheorie, eines Zweigs der Physik, der aus seinem Werk hervorging, haderte er auch mit der unendlichen Gravitationskraft am Ereignishorizont eines Schwarzen Lochs. Und selbst als eine andere Art von Mathematik angewendet wurde, mit deren Hilfe die Unendlichkeiten der Gravitation eliminiert werden konnten, wollte er nicht akzeptieren, dass ein Schwarzes Loch ein echter Körper war. Stattdessen betrachtete er es als eine mathematische Kuriosität, die sich aus der allgemeinen Relativität ergab.

Wurmlöcher im Weltall

Ironischerweise sollte es Einstein persönlich sein, der 1935 mit seinem Kollegen Nathan Rosen erkannte, dass Schwarze Löcher als Tunnel zu einem anderen Ort benutzt werden konnten. Sie entschieden sich für den Begriff Brücke (noch heute spricht man von der Einstein-Rosen-Brücke, inzwischen ist sie jedoch umgangssprachlich besser als «Wurmloch» bekannt). Einstein versuchte, die Theorie hinter den Schwarzen Löchern zu benutzen, um Elementarteilchen zu erklären, und betrachtete sie, um die grässlichen physikalischen Konsequenzen eines wahrhaftig existierenden Schwarzen Lochs zu umgehen, als Paare, die um einen Ausgleich ihrer Eigenschaften bemüht waren.

Dies wurde später als Kombination aus Schwarzem Loch und Weißem Loch bezeichnet (wobei ein Weißes Loch eine Art Anti-Schwarzes-Loch ist), die ein Wurmloch bilden – eine unmittelbare Verbindung – von einem Punkt im Weltraum zu einem anderen. Im Prinzip könnten derartige Verbindungen, und wir werden noch darauf zurückkommen, ein Universum in einem Multiversum mit einem anderen Universum verbinden. Was für Schwarze Löcher gilt, trifft erst recht auf Wurmlöcher zu: Wir haben keinen Beweis dafür, dass es sie im All tatsächlich gibt. Sie sind nur ein Konstrukt, das die Mathematik gestattet und das existieren oder ins Dasein gezwungen werden könnte, falls diese Objekte nicht natürlich vorkommen sollten.

Die Tatsache, dass ein Schwarzes Loch im Prinzip ein Portal zu einem anderen Ort sein könnte, schien jedoch eines dieser interessanten, aber nicht nachweisbaren Ergebnisse zu sein, die sich offenbar häufig aus der modernen Physik ergaben. Wenngleich schwarze Sterne im Prinzip als Brücke von einem Ort zu einem anderen dienen konnten, schien es sich um eine Abkürzung zu handeln, die man unmöglich in der Realität nehmen konnte.

Zunächst gab es den Zeitaspekt. Vom Standpunkt eines Beobachters außerhalb des Gravitationsfeldes des schwarzen Sterns sollte ein Reisender, der versuchte, den Ereignishorizont zu überqueren, immer langsamer werden, aber nie über ihn hinausgelangen. Es ist darauf hingewiesen worden, dass dieser relativistische Effekt nicht auf das Raumschiff selbst zuträfe. Die Zeit auf dem Schiff scheint normal fortzuschreiten, sodass die Beobachter an Bord, sollten sie überleben, sehr wohl wahrnähmen, wie das Schiff das Tor zum Schwarzen Loch passiert.

Was allerdings nicht so oft angesprochen wird: Dieses relativistische Paradoxon scheint vorauszusetzen, dass das Schiff nie wieder aus dem Wurmloch hinausgelangen und zu seinem Ausgangspunkt zurückkehren kann. Sollte es das tun und sich dem ursprünglichen Beobachter anschließen, wäre es an zwei Orten zugleich. Vom Standpunkt des gerade zurückgekehrten Schiffs näherte sich das Original immer noch dem Ereignishorizont. Die Schiffsbesatzung könnte sich selbst dabei sehen. Wahrscheinlich aber sähen sie nur ein verzögertes Bild, sodass dies kein unüberwindliches Hindernis wäre.

Nicht so leicht beiseiteschieben lässt sich die Unmöglichkeit, überhaupt zu überleben. Es macht keinen Sinn, das Tor eines Schwarzen Lochs zu passieren, wenn man bei diesem Vorgang wie Spaghetti in die Länge gezogen wird. Und selbst wenn die Werte des Gravitationsfelds nicht gegen unendlich gingen, würde schließlich der Effekt des zur Fadennudel gewürgten Schraubenschlüssels zum Einsatz kommen. Die an den beiden Enden des Schiffs unterschiedlich stark angreifende Gravitation wäre immer noch groß genug, um es auseinanderzureißen. Dies ist das Hindernis für praktische Anwendungen, das nicht einmal theoretisch überwindbar gewesen wäre bis zu dem Zeitpunkt, als der Physiker John Wheeler seinen anschaulichen Begriff «Schwarzes Loch» vorstellte, um zu beschreiben, was man bis dahin einen dunklen oder gefrorenen Stern genannt hatte.

Roulette mit dem Schwarzen Loch

Wheeler benutzte den Begriff «Schwarzes Loch» erstmals 1967. Das war vier Jahre bevor der Mathematiker Roy Kerr nicht nur mit einer Möglichkeit aufwarten konnte, ein Wurmloch des Schwarzen Lochs zu durchqueren, ohne zerschreddert zu werden, sondern auch zeigte, dass seine Vorstellung viel wahrscheinlicher war als das traditionelle Bild eines Schwarzen Lochs als universeller Zerstörer. Es ist alles eine Frage der Rotation. Alles in allem drehen sich im Weltraum die Objekte.

Denken wir einen Augenblick an das Sonnensystem. Wir wissen, dass sich die Erde um ihre eigene Achse dreht, während sie die Sonne umkreist. Auch der Mond dreht sich, übrigens mit genau der richtigen Geschwindigkeit, um uns stets dieselbe Seite zuzuwenden. (Das ist kein Zufall: Erde und Mond beeinflussen sich gegenseitig und haben ihre Umlaufbewegung im Lauf der Zeit synchronisiert.) Dasselbe gilt für die Sonne. Sie dreht sich um ihre eigene Achse, wie es jeder andere Stern ebenfalls tut, für den solche Beobachtungen gemacht worden sind. In manchen Fällen können wir sogar die Rotationsgeschwindigkeit weit entfernter Sterne messen, wie etwa bei den Pulsaren, die Jocelyn Bell entdeckt hat.

Stellen Sie sich also vor, wie sich ein Schwarzes Loch bildet. Ein riesiger sterbender Stern reagiert nicht mehr stark genug, um gegen die gewaltige Gravitationsanziehung seiner eigenen Materie ankämpfen zu können. Er schrumpft zusehends, bis sein Radius die Grenze erreicht, wo die Lichtgeschwindigkeit von der Gravitationsanziehung überwunden wird. Jetzt ist er ein Schwarzes Loch geworden. Nun hätte sich dieser Stern normalerweise anfangs gedreht. Während er immer kleiner wird, nimmt auch die Geschwindigkeit seiner Drehung zu.

Das ist grundlegende Physik, die Erhaltung des Drehimpulses. Das ist vergleichbar mit einer Eiskunstläuferin, die eine Pirouette dreht und plötzlich ihre Arme an den Körper zieht. Auf einmal dreht sie sich viel schneller. Auf ähnliche Weise nimmt die Geschwindigkeit des Spins zu, wenn die Materie in den Stern hineinfällt, bis die Oberfläche unglaublich schnell wirbelt.

Kerr entdeckte, dass unter solchen Umständen ein schnell rotierendes Schwarzes Loch ein eindringendes Raumschiff nicht etwa zerreißen, sondern dafür sorgen würde, dass es heil bleibt, während es durch das hypothetische Wurmloch reist und aus dem Weißen Loch auf der anderen Seite wieder herauskommt. Vergessen Sie aber bitte nicht, dass die Existenz Schwarzer Löcher noch nicht bewiesen ist, und das Gleiche gilt vor allem auch für Wurmlöcher.

Es gibt eine Menge «Wenn und Aber» für dieses Bild. Der Ausgang des Wurmlochs könnte in der Nähe sein, aber auch in einem anderen Universum innerhalb des Multiversums. Und obwohl der Schreddereffekt vermieden werden könnte, müsste man immer noch mit einer Menge Auswirkungen wegen der Beschleunigung rechnen, die jedem Gegenstand widerfährt, der den Eingang eines Schwarzen Lochs passiert. Solche Konfrontationen zu überleben scheint völlig unmöglich zu sein. Wahrscheinlich werden wir in nächster Zeit nicht in die Verlegenheit kommen, so etwas auszuprobieren, und wenngleich die Science-Fiction-Fans es herbeisehnen, werden uns Wurmlöcher wohl niemals einen Zugang zu den Sternen bescheren.

Indizien für Schwarze Löcher

Obwohl ich mehrfach betont habe, dass die Existenz Schwarzer Löcher nicht bewiesen ist (bis jetzt genügt unsere Bildverarbeitung nicht, um die maximale Schwärze des Ereignishorizonts eines Schwarzen Lochs zu zeigen oder die Strahlung nachzuweisen, die abgegeben werden sollte, wenn Materie sich beim Hineinfallen beschleunigt), sind fast alle Astronomen und Kosmologen von ihrer Realität überzeugt. Sie können überzeugende indirekte Beweise für Schwarze Löcher von ungefähr der Masse eines gewöhnlichen Sterns vorlegen, aber auch für wuchtige Schwarze Löcher mit der Masse mehrerer Millionen von Sternen, die man tendenziell im Mittelpunkt bestimmter Galaxienarten findet. Unsere Milchstraße gehört dazu.

Allerdings haben wir, vor allem seit es Weltraumteleskope und die sehr großen Teleskopverbunde gibt, Bilder eingefangen, die als Wirbel von Weltraummüll auf ihrem weit entfernten Weg in ein Schwarzes Loch gedeutet werden. Erinnern wir uns, dass man Schwarzen Löchern eine Rotation zubilligt, und so ähnelt das Ganze ein wenig einem Wasserwirbel – eine ausgedehnte Scheibe Materie, die auf dem Weg ins Zentrum umherwirbelt. Von der Rotationsgeschwindigkeit dieser Scheiben lässt sich auf eine derart gewaltige Masse des unsichtbaren Objekts im Zentrum schließen, dass es ein Schwarzes Loch sein muss.

Seltsamerweise können wir den Einfluss solcher «gewöhnlichen» Schwarzen Löcher leichter sehen als das ungeheure Schwarze Loch, das sich vermutlich im Zentrum unserer Galaxie befindet. Zwischen uns und dem Zentrum befindet sich so viel Staub, dass wir nichts erkennen können. Anderenfalls sollten wir, wenn es wirklich existierte, ein allgegenwärtiges Glühen sehen, während riesige Mengen von Materie beschleunigt werden, um ins ewige Vergessen zu stürzen.

Wir wissen genau, dass viele Galaxien schnell genug rotieren, um eine äußerst dicht konzentrierte Masse in ihren Zentren zu vermuten, und wenngleich es nicht offensichtlich ist, warum ein supermassives Schwarzes Loch dafür verantwortlich sein sollte und nicht vielleicht doch eine weitere Variante der Theorie von der Dunklen Materie, ist dies die naheliegendste Erklärung. In gleicher Weise geben die Zentren einiger Galaxien Strahlung ab, die offenbar entsteht, wenn Materie ins Loch gesaugt wird. Sollte es ein Schwarzes Loch im Zentrum der Milchstraße geben, schätzt man seine Masse auf 3,7 Millionen Sonnen.

Wäre die Masse, die die Rotation der Galaxien beeinflusst, eher auf Dunkle Materie zurückzuführen als auf ein Schwarzes Loch, bedürfte es einer Erklärung, warum die Strahlung aus diesen Galaxienzentren hervorbricht. 2006 lieferte Anatoly Svidzinsky von der Texas A&M University in College Station einen Grund. Einige Modelle Dunkler Materie behaupten, gigantische Blasen würden regelmäßig aus einer Wolke Dunkler Materie hervorgehen und dabei Strahlung ausspeien, wie man es von zentralen Schwarzen Löchern kennt. Trotzdem ist die Existenz Schwarzer Löcher wahrscheinlich, und wenn dies der Fall sein sollte, könnten sie auch eine Passage zu einem anderen Teil des Universums bieten.

Falls es solch ein Multiversum von Blasenuniversen geben sollte, gehören wir aller Wahrscheinlichkeit nach nicht zum allerersten Universum, und aus dieser Position heraus haben wir eine befriedigende Antwort auf die Frage, was vor dem Urknall war. Das Ereignis, das wir für den Anfang von allem halten, wäre nur der Anfang unseres eigenen Universums, während es im Blasenuniversum viele frühere Urknallereignisse gab.

Entdeckung des Multiversums

Wie wir bereits gesehen haben, gibt es keinen Beweis für andere Universen da draußen, aber in Zukunft könnten sich noch Optionen öffnen. Manche Versionen der Multiversen-Theorie behaupten, es gebe mindestens noch ein anderes Blasenuniversum, das dem unsrigen außerordentlich nahe sei – womöglich nur einen Millimeter entfernt. Sollte dies der Fall sein, könnten möglicherweise einige der Effekte, insbesondere die Gravitation, «durchsickern». Wie im Modell der kollidierenden Branen suggeriert, könnte dieses Phänomen für die Produktion Dunkler Energie oder Dunkler Materie verantwortlich sein. Aber jene, die über diese Art von Universum Spekulationen anstellen, warten sehnlichst darauf, dass der Große Hadronen-Speicherring im CERN seinen Betrieb aufnimmt.

Das CERN, die Europäische Organisation für Kernforschung, ist eine riesige internationale Forschungseinrichtung, die sich mit hochenergetischen Teilchen beschäftigt, namentlich in Genf, aber in Wirklichkeit erstreckt sich der Beschleuniger über die Grenze zwischen der Schweiz und Frankreich hinweg – oder genauer gesagt, unter der Grenze hindurch. Das CERN ist ja inzwischen bestens bekannt für den enormen Erfolg eines Nebeneffekts seiner Forschung, nämlich des elektronischen Kommunikationssystems, das zum World Wide Web führte. Es spielte auch eine Rolle in Dan Browns Thriller «Illuminati». Das CERN ist der Ort, wo grundlegende Komponenten des Universums beim Versuch, ihre Beschaffenheit zu analysieren und ihre Eigenschaften zu verstehen, mit enormer Energie zusammenstoßen.

Das CERN ist nun schon seit vielen Jahren in Betrieb, aber seine größte Maschine ist der Große Hadronen-Speicherring (LHC), eine 84 Kilometer lange unterirdische Rennstrecke, eine riesige Metallröhre, in der Teilchen beschleunigt werden. Es ist der Albtraum eines Karussells, das von gewaltigen Magneten angetrieben wird, die den Strombedarf einer Großstadt beanspruchen. (Bei meinen Vorträgen über Wissenschaft und globale Erwärmung werde ich häufig gefragt, wie man guten Gewissens den Stromverbrauch und die CO_2-Emissionen des CERN rechtfertigen kann. Meistens antworte ich, dies sei leichter zu rechtfertigen als die Stromverschwendung beim Konsum von Reality-TV-Sendungen.)

Wenn die Teilchen auf der LHC-Rennstrecke mit annähernder Lichtgeschwindigkeit unterwegs sind, kollidieren sie und verursachen eine unglaublich hohe Energiereaktion, die den Temperaturen des Urknalls nahe kommt (wenn auch in viel kleinerem Maßstab). Das ist nicht unbedingt Wissenschaft auf subtilem Niveau, sondern eher der Ansatz, den kleine Kinder gern wählen. Schlag drauf, so hart es geht, und schau, was passiert. Fragt man Wissenschaftler, die am CERN arbeiten, was das aufregendste Ergebnis wäre, werden sie wahrscheinlich antworten, das sei die Möglichkeit, das Higgs-Boson zu entdecken. Das ist ein hypothetisches Teilchen, das anderen Teilchen Masse verleiht. Seine Entdeckung wäre eine großartige Bestätigung des derzeitigen «Standardmodells» der Beschaffenheit von Teilchen.

Es gibt aber auch Leute, die das aufregendste Ergebnis für das erschreckendste halten. Einige von ihnen haben behauptet, das LHC könnte das Ende der Welt oder gar das Ende des Universums als Folge der Wiedererzeugung des Urknalls herbeiführen. Denkbar wäre auch die Produktion eines bizarren Teilchens, das «seltsame Materie» (strangelet) genannt wird. Manche fürchten, es könnte eine unkontrollierbare Kettenreaktion auslösen und die gesamte Materie des Planeten in eine andere Form umwandeln. Der Versuch, eine einstweilige Verfügung gegen CERN zu erwirken, um die Forscher an der Zerstörung des Universums zu hindern, scheiterte.

Das CERN spielt das Risiko herunter und betont, dass selbst die Art von Energie, die im LHC erzeugt wird, gering ist im Vergleich zu Naturereignissen. Strangelets (instabile Teilchen aus Strange-Quarks, einer anderen Quarksorte als jene, aus denen unsere Protonen und Neutronen bestehen) seien rein hypothetisch und würden die Welt nicht in seltsame Materie umwandeln, falls sie aus den Experimenten hervorgingen. In der Praxis weiß niemand genau, was geschehen wird, aber es herrscht Einvernehmen darüber, dass das Ende der Welt nicht droht, wenn der LHC eingeschaltet wird.

Allerdings glauben Kosmologen, es könne etwas noch viel Aufregenderes geben als das vom Großen Hadronen-Speicherring erzeugte Higgs-Boson, nämlich winzige teilchengroße Schwarze Löcher. Der besten derzeitigen Theorie zufolge reichen die vom LHC generierten Energieniveaus nicht aus, um solche Schwarzen Nano-Löcher hervorzubringen. Aber sie könnten durchaus entstehen, falls ein Paralleluniversum für zusätzlichen Gravitationsinput sorgen würde. Sollten sie auftauchen, werden sie großes Interesse an der Existenz anderer Universen in der Reichweite unseres eigenen Universums erregen.

Ist irgendjemand da draußen?

Könnten wir noch weiter gehen und nicht nur andere Universen entdecken, sondern auch mit ihnen kommunizieren? Der Physiker Michio Kaku, versiert im Umgang mit den Medien, ist davon überzeugt. Seine Vorstellung sieht folgendermaßen aus: Nach vielen Milliarden Jahren werden wir ein Stadium erreichen, in dem unser Universum kein geeigneter Ort für das Leben mehr sein wird. Viele Prognosen für die Zukunft sprechen von einer allmählichen Verwahrlosung des Universums, bis es ein kalter Ort mit unzureichender Energie ist, wo selbst eine unfassbar entwickelte, auf reiner Energie basierende Lebensform zunehmend abbauen würde und dem Tod geweiht wäre.

Kaku stellt die Vermutung an, dass unsere fernen Nachkommen (oder eine andere, später auftauchende intelligente Lebensform) tatsächlich eine Möglichkeit finden könnten, von einem Universum zum anderen zu reisen, was mit Sicherheit der endgültige Beweis für die Existenz jenes anderen Universums wäre. Um dort hinzugelangen, muss diese Zivilisation wahrscheinlich natürlich vorkommende Wurmlöcher im All aufspüren oder in der Lage sein, sie zu erzeugen.

Wie wir allerdings schon gesehen haben, ist die natürliche Existenz oder die künstliche Erschaffung von Wurmlöchern höchst fraglich. Und selbst wenn man sie realisieren könnte, sind sie vielleicht doch nicht benutzbar. Außerdem ist hier ein Wort der Warnung angebracht. Wenngleich Kaku ein angesehener Wissenschaftler und verantwortlich für einen Teil der Stringtheorie ist, so ist er doch stark beeinflusst von Science-Fiction, insbesondere von *Star Trek*. Als ich kürzlich in Kakus Radiosendung zu Gast war, schien er irritiert zu sein, als ich nicht akzeptieren wollte, dass Zeitreisen in absehbarer Zukunft wahrscheinlich seien. Er schätzte diesen Science-Fiction-Standard höher ein als die wissenschaftliche Beweislage zur Wahrscheinlichkeit von Zeitreisen. Leider trifft dasselbe auf seine Spekulationen über Reisen zwischen Universen zu.

Tatsache ist: Die Realität hält einige unüberwindliche Hindernisse bereit. So gibt es beispielsweise mathematische Probleme, die, was bewiesen wurde, niemals gelöst werden können. Auch andere wissenschaftliche Träume, wie schneller als das Licht zu reisen, Zeitreisen und die Überbrückung von Universen, könnten sich als absolute Unmöglichkeiten erweisen, ganz egal, wie fortgeschritten eine Zivilisation sein mag. Aber Kaku setzt auf Hoffnung, und es wäre grob unhöflich, ihn seiner Träume zu berauben.

Sollten wir also tatsächlich in einer Blase leben, könnte unser Bild eines einzigen Universums, das mit einem Urknall begann, falsch sein, aber uns bliebe die Möglichkeit versagt, dies jemals beweisen zu können. Ein Blasenuniversum ist jedoch nicht die einzige Möglichkeit, einer Täuschung zu unterliegen, was unsere Umgebung betrifft. Es könnte durchaus sein, dass alles, was wir erleben, eine Illusion ist.

11. WILLKOMMEN IN DER MATRIX

> Niemand, der sich intensiv mit Computer-
> modellen auseinandergesetzt hat, wird leugnen
> können, dass man der Versuchung erliegt, jeden
> Dateninput zu verwenden, der einen in die
> Lage versetzt, dieses vermutlich endgültige
> Patiencespiel weiterzuspielen.
>
> *James Lovelock (geb. 1919),*
> *Gaia: A New Look at Life on Earth*

Woher wissen Sie, dass alle anderen und all die Dinge, die Sie umgeben, tatsächlich existieren? Woher wissen Sie, dass sich das
ganze Universum nicht einfach nur in Ihrem Kopf abspielt? Das
ist ein Gedanke, der den meisten Jugendlichen einmal kommt und
wunderbar zu dem naturgemäß egozentrischen Weltbild auf dieser Stufe ihrer Entwicklung passt. Auch Philosophen in vergangenen Zeiten haben sich mit dieser Sichtweise beschäftigt. Sie nennen sie «Solipsismus» nach dem lateinischen Wort für «allein» und
«selbst».

In einer Hinsicht ist der Solipsismus äußerst reizvoll. Wir werden immer ermutigt, die einfachste Lösung zu wählen, die alle
beobachteten Fakten erklärt, spätestens seit der mittelalterliche
Mönch Wilhelm von Ockham sich dieses Prinzip ausdachte, das
als «Ockhams Rasiermesser» bekannt ist. Der Solipsismus ist gewissermaßen eine sehr einfache Erklärung für die Existenz des
Universums, denn dafür ist nur ein einziger menschlicher Geist
notwendig. Der Nachteil liegt jedoch darin, dass dieses Prinzip
uns mit einem äußerst komplexen Universum für eine solch einfache Quelle konfrontiert: Es fällt schwer einzusehen, warum ein
Universum als Konstrukt eines einzelnen menschlichen Geistes die
Komplexität benötigen sollte, die wir beobachten. Möglicherweise

würde man von einem solipsistischen Universum erwarten, dass es vielmehr den Orten mit wenig Spielraum ähnelt, die wir in unseren Träumen bewohnen.

It from bit

In dieser extrem solipsistischen Ansicht ist das ganze Universum in Ihrem Kopf. Aus dieser Perspektive war der Urknall nur ein Stadium Ihrer eigenen geistigen Geschichte. Obwohl dies nach «butterweicher Wissenschaft» klingt, bietet die Quantentheorie eine Möglichkeit dafür an, das Universum buchstäblich um Sie herum aufzubauen, und das ist nur einer der Vorgänge, um ein *matrix*-ähnliches Modell des Universums zu realisieren, in dem die ganze Schöpfung ein (elektronisches oder sonst wie geartetes) Konstrukt ist und das Dasein vor dem Urknall ganz nach Ihren Vorstellungen gestaltet werden kann. Ein derart unwirkliches Universum mag unwahrscheinlich klingen, aber John Wheeler, einer der angesehensten Physiker, die sich mit Kosmologie beschäftigten, glaubte daran.

Wheeler wurde 1911 in Jackson, Florida, geboren und erwarb seinen ersten akademischen Grad an der Johns Hopkins University in Baltimore. Den größten Teil seiner Laufbahn verbrachte er in Princeton, abgesehen von einem zehnjährigen Aufenthalt als Direktor des Zentrums für theoretische Physik an der University of Texas in Austin. Wheelers Arbeitsgebiet war die Quantentheorie (der große Richard Feynman gehörte zu seinen Studenten), aber am bekanntesten ist er wohl für seine Beiträge zu den dramatischeren Aspekten der Astrophysik. Außerdem prägte er einige der wohlbekannten Begriffe auf dem Gebiet, nämlich «Schwarzes Loch» und «Wurmloch».

Wheelers dramatische Theorie von der Beschaffenheit des Kosmos besagt, dass das Universum selbst nichts weiter als Information ist – wie die Bits in einem Computer. Seine «It from bit»-Theorie beruht auf einem Universum, das sich selbst per Kickstart ins

Leben ruft, während der Akt des Beobachtens das Leben mit Informationen versorgt. In gewisser Weise trat Wheelers Universum nur als Ergebnis des Beobachtetwerdens ins Dasein, und es ist sogar möglich, dass es das kreationistische Konzept der «Jungen Erde» beschreibt. Darin entstand die Welt vor 100 000 Jahren, als menschliche Gehirne sich die Fähigkeit erwarben, zu beobachten und zu analysieren, was für ein vollständiges Universum erforderlich war.

Aber auch wenn man diese bizarre Möglichkeit beiseitelässt, ist Wheelers Theorie immer noch faszinierend, denn sie behauptet, dass alle unsere Erfahrungen lediglich Datenströme sind. Diese Ansicht unterscheidet sich von einer echten *matrix*ähnlichen Welt, in der das ganze Universum, das wir erfahren können, eine Simulation ist, die auf einem realen materiellen Computer läuft. In der «It from bit»-Theorie ist das Universum die Information, und es gibt keinen Computer.

Erfassen ist nicht Sein

Man könnte einwenden, es drohe die Gefahr, sich durch allzu grobe Vereinfachung bei der Anwendung der Theorie der Lächerlichkeit preiszugeben. Nehmen wir eine Aussage über die «It from bit»-Theorie von Seth Lloyd, Computerwissenschaftler und Befürworter dieser Idee: «Das Universum besteht aus Bits. Jedes Molekül, Atom und Elementarteilchen erfasst Informationsbits.» In dieser Aussage gibt es einen ungerechtfertigten logischen Sprung. Nur weil irgendetwas Informationsbits erfasst, heißt das noch nicht, dass es auch aus diesen Bits besteht.

Nehmen wir ein Alltagsobjekt, sagen wir, eine Fernbedienung für den Fernseher. Ich könnte behaupten, dieses Objekt registriere ein Informationsbit, je nachdem, ob es mit der Schalttaste nach unten oder nach oben gehalten wird. Ich könnte Ihnen damit eine Botschaft schicken. Wenn Sie ins Wohnzimmer kommen und ich die Fernbedienung mit den Tasten nach oben liegen gelassen habe, könnte das bedeuten: «Ich habe Essen gekocht.» Läge sie mit den Tasten nach untern, hieße das: «Geh bitte und besorge uns was zu essen.» Weil es (in diesem bestimmten Modus) nur zwei Dinge anzeigen kann, erfasst es ein einziges Informationsbit, das ein Computer als 0 oder 1 betrachten würde, aber ich habe eine eher komplexe Information gegeben, die mit einer Mahlzeit verknüpft ist.

Jedoch steht dieses Informationsbit in keiner Beziehung zur Konstruktion des Objekts. Die Fernbedienung ist nicht aus diesem Bit gemacht; sie erfasst es lediglich. In ähnlicher Weise ist die Aussage, Eigenschaften von Elementarteilchen könnten zugeteilte Werte sein, die Informationsbits entsprechen, nicht das Gleiche wie die Aussage, sie *selbst* seien diese Informationsbits. Sie könnten genauso gut sagen, ich benötigte den neuesten MP3-Spieler nicht, da ich ja die vollständigen technischen Angaben habe, die der Hersteller benutzt, um das Gerät zu bauen, und ich sollte daher damit zufrieden sein, sie zu besitzen und dieser Information statt dem Gerät selbst zuzuhören.

Aber auch wenn man diese grobe Vereinfachung beiseitelässt, ist es immer noch möglich, das ganze Universum im Wheeler'schen Sinn als eine Ansammlung von Informationen zu verstehen, die durch die Wechselwirkung dieser Bits ständig modifiziert wird. Und da wir auf dieser Ebene mit der Quantenphysik zu tun haben, sind es auch Quantenbits. Interessanterweise ergibt sich daraus, dass das Verhalten des Universums nur in Wahrscheinlichkeiten vorhersagbar ist.

Die Neuentdeckung des freien Willens

Vergleichen Sie ein Universum aus Quantenbits mit dem Universum, wie Isaac Newton es sah. Auch er hatte eine «It from bit»-Vision des Universums, aber für ihn war es ein mechanischer Computer, etwa wie eine gewaltige Version der Differenzmaschine, die von dem viktorianischen Visionär Charles Babbage erfunden und zum

Teil auch konstruiert wurde. Kennt man in Newtons mechanischem Universum jedes Datenbit des augenblicklichen Zustands des Universums, könnte man im Prinzip vorhersagen, wie es sich bis in alle Ewigkeit verhielte.

Newton selbst formulierte diese Idee nicht, aber andere taten es. Pierre Simon, Marquis de Laplace, war ein französischer Mathematiker und Wissenschaftler, der gegen Ende des 18. und zu Beginn des 19. Jahrhunderts forschte. Er lieferte zweifellos wichtige Beiträge zur Wissenschaft und Mathematik, was sich als bedeutsam erweisen sollte, da die Physik immer tiefer von der Mathematik durchdrungen wurde. Aber in der materialistischen Atmosphäre der französischen Aufklärung war er überzeugt, dass es des vollständigen Wissens über das Universum zu jedem beliebigen Zeitpunkt bedurfte, um seinen künftigen Zustand, menschliches Verhalten eingeschlossen, vollkommen vorherzusagen. Für Laplace war der freie Wille ein sinnloses Konzept.

Ich sage, wir könnten das Verhalten des Newton'schen Universums «im Prinzip» vorhersagen, weil es selbst in diesem Kosmos, in dem die Dinge aus «mechanischen Bits» hervorgehen, so viele Bits gäbe, dass es einer gewaltigen, eigentlich undurchführbaren Berechnung bedürfte. Dennoch ist es im Prinzip machbar. Aber weil wir auf der Ebene der Quantenteilchen den genauen Zustand aller Bestandteile des Universums nicht festlegen können, sondern mit Wahrscheinlichkeiten umgehen müssen, werden wir nie das Verhalten eines einzelnen Teilchens, geschweige denn des ganzen Universums im Detail vorhersagen können. Genau genommen müsste ein Computer, der in der Lage ist, das gesamte Universum zu modellieren, selbst ein eigenständiges Universum sein, und sogar dann würde es sich schon bald in andere Richtungen entwickeln, weil Wahrscheinlichkeitsmessungen unterschiedliche Resultate erzeugen.

Die Wahrscheinlichkeit lässt sich nicht verdoppeln

Um zu verstehen, was ich mit einer Entwicklung in andere Richtungen meine, stellen Sie sich am besten ein sehr einfaches Wahrscheinlichkeitsuniversum vor, das aus drei Münzen besteht, die alle mit dem Kopf nach oben zeigen. Meine «Computersimulation» dieses Universums ist eine andere Anordnung der drei Münzen. Es ist ein Computer, der genauso groß ist wie das ursprüngliche «Universum» und die gleiche Menge von Informationsbits enthält. Jetzt lassen wir sowohl das «reale» Universum als auch meine Computersimulation laufen. Wir werfen alle Münzen ein paar Mal, wobei wir es abwechselnd mit den echten Universummünzen und mit denen in der Simulation tun.

Am Ende des Vorgangs könnte das «reale Universum» Kopf-Zahl-Zahl heißen, während die Simulation Zahl-Kopf-Zahl zeigt. Selbst auf diesem einfachen Niveau ist die Simulation nicht beim Original geblieben. Bitte nehmen Sie Folgendes zur Kenntnis: Ich sage nicht, das Universum sei ganz und gar auf Zufall gegründet, aber es hat Wahrscheinlichkeitsaspekte wie die Münzenwürfe. Dieser Zufallsaspekt der Quantenbits, die das Wheeler'sche Universum ausmachen, wirkt auf den ersten Blick vielleicht frustrierend, aber zumindest kommen wir dadurch dem freien Willen einen Schritt näher als in der programmierten Unausweichlichkeit eines Newton'schen mechanischen Universums, in dem sich alles, Zyklus für Zyklus, aus den Anfangsbedingungen ergeben muss.

Das heißt nicht, Vorhersagen seien grundsätzlich nicht möglich in einem Quantenuniversum. Wenn ich einen Ball nehme und ihn an die Wand werfe, kann ich mit einiger Bestimmtheit sagen, dass er von der Wand abprallen und zu Boden fallen wird. Die Quantentheorie sagt mir, es gebe eine äußerst geringe Wahrscheinlichkeit, dass er direkt durch die Wand gehen wird, sowie eine noch kleinere Chance, dass er verschwinden und auf der anderen Seite der Welt wieder auftauchen wird. Diese Ergebnisse sind so unwahrscheinlich, dass ich sie für praktische Zwecke ignorieren kann. Aber auf der Ebene individueller Quantenteilchen muss ich mit potenziell seltsamem Verhalten rechnen. Und dazu gehört eben auch das Tunneln durch vermeintlich feste Hindernisse.

An und für sich ändert die «It from bit»-Theorie nicht wirklich etwas an unserer Sicht des Universums. Sie sagt lediglich, man könne das Universum als eine Anordnung von Quantenbits verstehen, während das Funktionieren des Universums als gewaltige Berechnung denkbar ist, in der diese Bits benutzt werden – eine Alternative zu den traditionellen physikalischen Theorien für den Lauf des Universums. In Wirklichkeit ist es überhaupt keine «It from bit»-Theorie, sondern eine «Bit from it»-Theorie. Sie sagt nicht aus sich selbst heraus, dass materielle Dinge aus Bits bestehen, sondern dass Bits aus materiellen Dingen beschaffen sein können.

Ein solches Bild liefert uns keinen nützlichen Ansatz für die Frage, was vor dem Urknall geschah, weil, praktisch gesagt, das «It from bit»-Universum in natura identisch ist mit dem konventionellen Bild der Physik und alle in den vorangegangenen Kapiteln vorgestellten Optionen genauso gut zutreffen. Sobald man jedoch einmal akzeptiert hat, dass jedes Detail des Universums als ein Quantenbit betrachtet werden kann, hat man einen Weg in eine Situation gefunden, in der die Dinge sehr wohl aus dem Bit hervorgehen.

Programmiertes Leben

Wheelers Idee erfordert keinen Computer, weil das Universum der Computer *ist*, aber wir sollten noch eine Welt in Augenschein nehmen, die viel mehr mit der *Matrix* zu tun hat. Dabei meine ich nicht die wortgetreue und lächerliche Handlung in diesem ansonsten eindrucksvollen (und amüsanten) Film. Menschen als Energiequellen zu benutzen ist eine lächerlich ineffiziente Form der Energieerzeugung, vor allem bei dem ganzen Aufwand, der nötig ist, um die künstliche Welt, in der sie leben, aufrechtzuerhalten. Allerdings ist es eine völlig akzeptable Annahme, die Welt, wie wir sie kennen, sei ein gewaltiges Computerprogramm, das auf Maschinen läuft, die von einer Intelligenz gebaut wurden, über die wir nichts wissen. Und diese Rechner stehen in einem Universum, das einer der Welten ähnelt, über die wir hier spekulieren, oder das ganz und gar verrückt und fremdartig ist.

Es ist behauptet worden, dies könne wegen des damit verbundenen Chaos und der Komplexität nicht mit ausreichender Genauigkeit bewerkstelligt werden. Wenn unterschiedliche Körper einander beeinflussen, geschieht das mit einer Komplexität, die unglaublich rasch zunimmt und eine genaue Berechnung der Ergebnisse praktisch unmöglich macht. Selbst das einfache astronomische Problem, eine Entscheidung zu treffen, wie drei Objekte im Weltraum aufeinander reagieren, ist zu vertrackt, um eine absolut präzise Simulation davon zu erarbeiten. Nun stellen Sie sich vor, wie viel komplizierter es mit den vielen Milliarden Dingen im Universum wird.

Noch brisanter wird die Angelegenheit, weil die Chaostheorie uns sagt, dass äußerst geringe Abweichungen vom Input einiger bestimmter Systeme (zum Beispiel beim Wettersystem der Erde) zu enorm unterschiedlichen Ergebnissen führen. Und zwar so sehr, dass ihre Vorhersage schon in relativ kurzer Zeit unmöglich wird. Deshalb werden langfristige Wetterberichte stets ungenauer sein als die Wetteraussichten für morgen.

Und außerdem gibt es noch ein paar Probleme – eigentlich ganz einfach scheinende Knackpunkte wie die Wahl der besten Route von A nach B in einem komplexen Straßennetzwerk –, die sich unmöglich präzise mit einem beliebigen herkömmlichen Computer lösen lassen. Das ist mathematisch bewiesen worden. Mit Hilfe einer Routenplanungssoftware können wir einer Lösung nahe kommen, aber wirklich akkurat lösen können wir diese Probleme nicht.

Manche behaupten, deshalb sei ein Universum im *Matrix*-Stil undenkbar. Sie sind der Ansicht, es sei unmöglich, die Komplexität des Systems in den Griff zu bekommen. Wir können nicht einmal ein einziges menschliches Wesen am Computer modellieren, geschweige denn die vielen Milliarden auf dem Planeten.

Allerdings sind diese Themen nicht unbedingt die schwerwiegenden Fehler, die sie zu sein scheinen. Erstens ist es vielleicht gar nicht nötig, jedes Computermodell mit größter Genauigkeit auszuführen. Schließlich können wir gar nicht wissen, ob sich das Universum tatsächlich falsch verhält, wenn wir die Berechnung nicht im Griff haben. Eine Annäherungsrechnung, die den Eindruck vermittelt, richtig zu liegen, könnte schon genügen. Außerdem sind wir aufgrund unseres derzeitigen Unvermögens, Quantencomputer zu verwenden, eingeschränkt. Mit einem Quantencomputer stünde uns wahrscheinlich die Art von Berechnung zur Verfügung, die notwendig wäre, um ein Universum am Laufen zu halten.

Erleben Sie das Qubit

Quantencomputer sind Geräte, die Quantenteilchen benutzen – zum Beispiel Photonen – statt Bits auf Siliziumchips, um ihre Berechnungen durchzuführen. Im Prinzip kann ein Quantenbit (kurz Qubit genannt, Kjuhbit ausgesprochen) unendlich lange Zahlen verarbeiten. Während ein gewöhnliches Bit nur mit 0 oder 1 umgehen kann, sind die Anordnungen des Qubits seine Quanteneigenschaften, wie sein Spin oder seine Polarisation. Die Polarisation eines Photons kann in jeder beliebigen Richtung entlang der Achse seiner Bewegung stattfinden. Um sie exakt als Zahl darzustellen, bedürfte es einer unendlich großen Dezimalzahl. Es ist ziemlich offensichtlich, dass Quantencomputer ein paar erstaunliche Dinge vollbringen sollten. Um sie zum Laufen zu bringen, muss man allerdings ein enormes Problem lösen.

Obwohl die Information in einem Qubit vorliegt, ist es äußerst schwierig, irgendetwas hinein- oder herauszubekommen. Misst man die Polarisation, erhält man nur einen von zwei Werten, parallel zur gemessenen Richtung oder im rechten Winkel dazu. Es ist,

als erhielte man eine 0 oder eine 1 aus etwas, das 0,739 012 891…
sein könnte. Die Wahrscheinlichkeit, mit der man parallel oder im
rechten Winkel dazu gerät, ist das, was wir als die Richtung der Polarisation bezeichnen. Sie hat einen unendlich großen Dezimalwert.
Aber wir können das nicht messen. Alles, was wir erreichen können, ist die Parallele oder der rechte Winkel.

Es erinnert ein wenig an ein Poolbillardspiel (mit farbigen Kugeln), das man sich auf einem Schwarz-Weiß-Fernsehgerät an-
schaut. Die Informationen gibt es nur in der Spielhalle in der
wirklichen Welt, man kann nicht über den Fernsehschirm an sie
herankommen. Man sieht lediglich die ununterscheidbaren grauen
Kugeln. Außerdem sind Quantencomputer extrem kompliziert und
schwer zu handhaben, weil jede Wechselwirkung mit den Bits die
Werte verdirbt. Sollte sich jedoch ein Quantencomputer in großem Stil konstruieren lassen, kennen wir bereits einige Dinge, die
er vollbringen kann, weil erstaunlicherweise einige Programme, die
auf solchen Computern laufen werden, bereits geschrieben worden
sind. Nur ein paar Beispiele sollen zeigen, wie viel mehr ein Quantencomputer leisten kann als ein alltäglicher Rechner von heute.

Das erste brillante Beispiel für einen Quantencomputer ist die
Quantenversion der Suche nach der Nadel im Heuhaufen (die Ori-
ginalarbeit mit der Beschreibung dieser Methode hieß: «Quantenmechanik hilft bei der Suche nach einer Nadel im Heuhaufen»). Der
Algorithmus (eine Reihe mathematischer Regeln, die in diesem Fall
nur auf einem Quantencomputer genutzt werden können) wurde
von Lov Grover in den Bell Labs entwickelt und liefert eine Möglichkeit, nicht strukturiertes Suchen enorm zu beschleunigen.

Wer einmal ein Telefonbuch benutzt hat, weiß, wie einfach es
ist, eine Nummer zu finden, wenn man den Namen des Anschluss-
inhabers kennt. Das ist eine strukturierte Suche, weil das Telefonbuch Namenslisten in alphabetischer Reihenfolge enthält. Aber
versuchen Sie mal, herauszufinden, zu wem eine bestimmte Tele-
fonnummer gehört. Dann wird die Aufgabe viel schwieriger. Nehmen wir an, Sie haben ein Telefonbuch mit 1 000 000 aufgelisteter

Namen. Womöglich müssen sie 999 999 Einträge überprüfen, bevor Sie zu der Nummer kommen, die Sie haben wollen. Im Durchschnitt müssten Sie 500 000 Nummern überprüfen, bevor Sie die richtige finden.

Mit Lov Grovers Quantenalgorithmus muss man nur noch die Quadratzahl der Einträge ansehen (in diesem Fall 1000), um das Gesuchte mit Sicherheit zu finden. Diese phantastische Beschleunigung der Suche wird immer bedeutsamer beim Umgang mit dem komplexen Informationschaos, mit dem wir in unserer zunehmend vernetzten Welt konfrontiert sind. Es kommt einmal der Punkt, an dem jeder konventionelle Computer zu viel Zeit benötigt, um eine Suche in unstrukturierten Daten durchzuführen. Ein Quantencomputer jedoch könnte es in der Quadratwurzel der geschätzten Zeit erledigen.

Eine weitere Anwendung des Quantenrechnens, deren Algorithmus bereits auf die Hardware wartet, die ihn zum Leben erweckt, lässt die Computersicherheitsexperten zittern. Es handelt sich um die Fähigkeit, eine große Zahl in zwei Primzahlen zu zerlegen, die multipliziert worden sind, um sie zu erzeugen. Mit ausreichend großen Zahlen liegt dieses Problem jenseits der Kapazität jedes herkömmlichen Computers, den wir uns vorstellen können. Aber es existiert bereits ein Quantenalgorithmus, der das Problem lösen kann, wenn es nur einen Quantencomputer gäbe, auf dem er laufen könnte.

Warum sollten wir uns Sorgen machen? Weil die Standardverschlüsselung für Computer – wenn Sie zum Beispiel das Icon eines kleinen Vorhängeschlosses sehen, das Ihnen Schutz bei der Eingabe Ihrer Kreditkartennummer in den Webbrowser signalisiert – auf einer Technik basiert, die sich auf die Schwierigkeit stützt, große Zahlen in ein Paar von Primzahlen zu zerlegen. Gelingt es jemandem, diese Primzahlen dennoch zu errechnen, kann er den Code knacken. Der größte Teil der derzeitigen Computersicherheitstechnik wäre dann erledigt.

Das ist noch nicht die einzige Anwendung dieser Fähigkeit, mit

Primzahlen umzugehen, aber dieses Beispiel verdeutlicht das erschreckende Potenzial des Quantencomputers. Wenn es gelänge, ihn zu bauen, würde er auf einen Schlag ein Problem lösen, von dem die ganze IT-Industrie annimmt, es sei unlösbar.

Weil Quantencomputer in der Tat mit unendlich großen Werten umgehen können, ließe sich mit ihnen im Prinzip ein echtes Universum auf einem so hohen Detailniveau modellieren, dass wir nicht mehr zwischen Modell und Realität unterscheiden könnten.

Das Universum aufspalten

Mit der Quantentheorie wird ein anderer Blick auf die Realisierbarkeit des Universums als Computerprogramm möglich. Während die traditionelle klassische Physik, wie wir sie in der Schule gelernt haben, kontinuierlich ist – zur Darstellung einer geraden Linie bedarf es einer unendlichen Anordnung von Punkten –, ist die Quantenphysik praktisch digital. Sie behauptet, es gebe eine kleinste physikalische Größe, unter die man nicht hinausgelangen könnte, die sogenannte Planck-Länge von rund 10^{-35} Meter ($^{1}/_{10}{}^{35}$ Meter, wobei 10^{35} eine 1 mit 35 Nullen dahinter ist).

Sollte dies der Fall sein, können wir uns das ganze Universum als ein Gitter dieser Planck-Pixel vorstellen, was es möglich macht, den Zustand des Universums auf eine endliche Zahl von Bits zu begrenzen, die im Prinzip alle einen berechenbaren Wert haben. Selbst wenn wir nicht auf diese Art von Begrenzung zurückgreifen, könnten unsere hypothetischen Programmierer des Universums eine Menge tun, um das Problem zu vereinfachen. Eine extreme Interpretation dieses Bildes könnte man die «solipsistische Traumversion» des Universums nennen.

Leben in einem Traum

Stellen Sie sich vor, Sie träumten jetzt in diesem Moment. Im Rahmen der Beschränkungen des einzelnen, zugestandenermaßen äußerst kultivierten Wetware-Computers, das Ihr Gehirn ist, haben Sie vorübergehend ein Universum konstruiert. Zugegeben, es ist, vom wissenschaftlichen Standpunkt aus betrachtet, nicht gerade ein gutes Universum. Die Dinge verschieben sich. Der Spielraum zur Erforschung ist eingeschränkt. Dennoch kann man es eine Daseinsform nennen. Deshalb ist die einfachste Form eines errechneten Universums das, was jede Nacht in Ihrem Kopf existiert.

Weil wir «wissen», dass wir existieren, aber uns nicht sicher sein können, ob das auch für alle anderen gilt, ist es denkbar, sich eine computergestützte Welt vorzustellen, die auf dem solipsistischen Bild aufgebaut ist, mit dem wir dieses Kapitel begannen. Außerhalb der kleinen Blasen unseres unmittelbaren Wissens kann alles entsprechend unscharf sein und nur dann ausgefüllt werden, wenn es wirklich nötig ist. Was wissen wir über das Gesundheitswesen in Byzanz? Nicht viel? Dann *gibt* es auch keine Informationen über das Gesundheitswesen in Byzanz. Es existiert nicht, und es wird auch so lange nicht existieren, bis Sie darüber recherchieren oder bis Sie «zufällig» darüber stolpern sollten. Wenn das geschieht, muss Rechenkapazität zur Verfügung stehen, um es Wirklichkeit werden zu lassen.

Klingt es kompliziert, die vielen Milliarden Lebewesen, Gefühle und Gedanken da draußen in der ganzen Welt zu simulieren? Keine Angst. Nur die Menschen, mit denen Sie in Kontakt sind, brauchen eine detaillierte Gestaltung. Alles andere kann holzschnittartig sein, wenig mehr als eine Fernsehnachricht oder ein Zeitungsbericht. Man fühlt sich dabei ein wenig an den Film «Die Truman Show» erinnert, in dem Jim Carrey unwissentlich in einer künstlichen Seifenopernwelt lebte, nur dass man hier nicht eilig materielle Objekte konstruieren und Leute einschleusen muss. In der universellen Computerumgebung geschieht dies alles automatisch.

Ein computergestütztes Universum, in dem nur Sie selbst detailliert auftreten, ist die minimale Version, aber es gibt keinen Grund – vorausgesetzt, es handelt sich um einen fortgeschrittenen Computer –, dieses Bild so zu erweitern, dass es so viel vom Universum enthält, wie es Ihren Wünschen entspricht. Hier haben wir dann tatsächlich das «It from bit»-Universum. Weder Sie selbst noch andere Menschen oder die Flasche Mineralwasser auf Ihrem Schreibtisch haben eine unabhängige Existenz. Jeder Aspekt des Universums, vom einfachsten Luftmolekül über die atomare Struktur Ihres Gehirns, das irgendwie Ihr Bewusstsein erzeugt, bis zum Quasar in der Ferne des Kosmos, ist lediglich eine Anordnung von Bits.

Die Illusion der Bewegung

In dieser Welt ist die körperliche Bewegung eine Illusion. Nichts bewegt sich so, wie es scheint. Genauso wie die Bits in einem herkömmlichen Computer ein bewegtes Bild auf dem Bildschirm erzeugen, gibt es in Wirklichkeit keine Objekte, die im Raum in Bewegung wären. Dies stimmt wunderbar mit einer Reihe von Paradoxa überein, die sich der griechische Philosoph Zenon vor mehr als 2500 Jahren ausdachte. Sein Paradoxon von Achilles und der Schildkröte haben wir bereits kennengelernt. Er schrieb diese Geschichte, weil er zur Schule des Parmenides gehörte, der glaubte, jede Bewegung sei eine Illusion.

Das beste Beispiel zur Veranschaulichung dieser Haltung ist sein Pfeil-Paradoxon. Darin beschreibt er den Flug eines Pfeils durch den Raum. Nach einer gewissen Zeit wird sich der Pfeil zu einer neuen Position fortbewegt haben. Jetzt wollen wir ihn uns aber in einem bestimmten Augenblick in der Zeit vorstellen. Irgendwo muss der Pfeil sein. Es ist denkbar, dass er im Raum hängt wie im Einzelbild eines Films. Und genau da befindet sich der Pfeil um, sagen wir, zehn nach zwei.

Hier erweist sich der Filmvergleich als nützlich. Inzwischen gibt es eine Videotechnik (erstmals zufällig ausgiebig in *Matrix* benutzt), die die Zeit anzuhalten scheint. Ein Objekt friert im Raum ein, während die Kamera es umrundet und aus unterschiedlichen Richtungen zeigt. (In Wirklichkeit fängt eine ganze Reihe von Kameras den Augenblick ein, und dann verknüpft ein Computer ihre Bilder, um die Illusion des Rundumschwenks der Kamera zu erzeugen.) Stellen wir uns vor, wir täten dies in Wirklichkeit. Wir halten die Zeit in diesem Moment an und sehen uns den Pfeil an.

Jetzt machen wir das Gleiche mit einem anderen Pfeil, der sich nicht bewegt, und machen uns keine großen Sorgen, wie dieser zweite Pfeil im Raum hängt. Sollten Sie wirklich ein Problem damit haben, könnten wir das Paradoxon auch mit zwei Lastwagen beackern, von denen einer fährt und der andere stillsteht, aber Zenon benutzte einen Pfeil, und deshalb möchte ich auch dabei bleiben. Die Frage, die sich Zenon stellte, lautet: Wie können wir den Unterschied feststellen? Wie kann uns der Pfeil den Unterschied klarmachen? Woher weiß der erste Pfeil, dass er im nächsten Augenblick die Position wechseln muss, während der andere, in unserem Schnappschuss scheinbar identisch mit dem ersten, unbewegt bleibt?

In unserem Quantencomputer-Universum ist der einzige Unterschied zwischen den beiden Pfeilen ein Parameter, zumindest auf grundlegender Ebene. Pfeile bestehen, wie wir wissen, aus Atomen, von denen jedes seine eigene Ansammlung einzigartiger Quantenparameter besitzt. Im Prinzip wären die beiden Pfeile in ihren Details sowohl auf der atomaren Ebene als auch in ihrer relativen Geschwindigkeit voneinander verschieden.

Unsere errechnete Welt jedoch könnte hier wieder schummeln und dieses Detailniveau erst erreichen, wenn es wirklich erforderlich ist. Interessanterweise behauptet ja die Quantentheorie, dass genau dieser Akt der Beobachtung von Quantenteilchen diese verändert. Vorausgesetzt, wir akzeptieren, dass das Beobachtetwerden einen Einfluss auf reale Objekte hat, ließe sich sagen, ein derart «faules», von einem Quantencomputer beherbergtes Universum, das sich erst um die Details kümmert, wenn man sie braucht, genau das sei, was man von unserem Verständnis der Quantenwelt erwarten könnte.

Die Geschichte neu schreiben

Falls das Universum wahrhaftig in eine solche Umgebung versetzt wird, läuft alles aus ferner Vergangenheit – wie etwa der Urknall – auf eine Fiktion hinaus. Es muss auf der «echten» Zeitschiene gar nicht geschehen sein, sondern könnte einfach zu Beginn der Simulation konstruiert worden sein. Das Universum könnte gestern, letzten Monat, letztes Jahr oder vor 14 Milliarden Jahren – wie es tatsächlich der Fall zu sein scheint – begonnen haben. Beachten Sie, dass wir es in einer solchen Situation mit einer ganz anderen Art von Fälschung zu tun haben, als wir sie in der normalen, materiellen Welt erleben.

Als vor vielen Jahren Tagebücher entdeckt wurden, die angeblich von Adolf Hitler stammten, war die Aufregung groß. Letztlich erwiesen sie sich als Fälschungen: gute Imitationen, aber eindeutig unterscheidbar von einem echten Stück. Wäre unser Universum gestern in einem Simulator für Quantenuniversen entstanden, gäbe es absolut keinen Unterschied zwischen diesem und dem bereits seit 14 Milliarden Jahren existierenden Universum. Der Beweis ist in beiden Fällen lediglich eine identische Ansammlung von Quantenbits. Es ist keine Fälschung, sondern das echte Universum, aber eins, das die Zeitspanne, die für seine Geschichte erforderlich ist, nicht «durchleben» muss.

Befänden wir uns in einem solchen Simulator, hätte so ziemlich alles vor dem Urknall passieren können (vor allem mit dem Gedanken im Hinterkopf, dass unser Universum gestern noch gar nicht existiert haben könnte). Möglicherweise ähnelt das «echte» externe Universum unserem eigenen. Es kann aber auch völlig anders aussehen. Der Simulator könnte von intelligenten Wesen gebaut worden sein (von unserem Standpunkt aus betrachtet, von gottähnlichen Wesen, die aber durchaus so natürlich sein könnten wie wir selbst). Vielleicht ist er aber auch auf natürliche Weise entstanden. Der Simulator könnte mehrfach in Gang gesetzt werden. Es könnte sogar vielfache Ebenen der Simulation geben: Der Computer, auf dem unser Universum läuft, wäre selbst als Simulation auf einem anderen Computer vorstellbar.

Wahrscheinlich sind wir simuliert

Es ist höchst unwahrscheinlich, dass das uns bekannte simulierte Universum vollständig ausgeformt auf der Bildfläche erschiene, aber kombiniert man den Universumsimulator mit einem Multiversum, wobei jede Version des Multiversums sich nur um ein Quantenbit von der anderen unterschiede, wird man schließlich auch auf das Universum treffen, das so ist, wie wir es erleben. Tatsächlich haben manche Wissenschaftler behauptet, dass mit der Anerkennung der Idee vom Multiversum fast zwangsläufig computergestützte Universen da draußen einhergehen. Irgendwo unter diesen Universen gäbe es aller Wahrscheinlichkeit nach Universen, in denen sich Zivilisationen weit genug entwickelt hätten, um ein *matrix*ähnliches Universum zu erzeugen. Und wenn man das auf unsere Existenz bezieht und für möglich hält, dann leben wir vielleicht wirklich in der Computersimulation eines Universums.

Sollte es tatsächlich Universumsimulatoren in einem Multiversum geben, dann könnte jeder Planet sehr viele Simulationen beherbergen. Demnach wäre es gut möglich, dass es sehr viel mehr simulierte Universen gibt als «reale», materiell besiedelte Universen. Falls man also rein hypothetisch das Konzept eines vielfältigen Multiversums akzeptierte, müsste man gleichzeitig anerkennen, dass das Universum, das wir bewohnen, mit hoher Wahrscheinlichkeit Teil einer Computersimulation ist. Sollten Sie tatsächlich glauben, das Multiversum enthalte viele Universen, die von intelligenten Wesen bewohnt werden, sind Sie aller Wahrscheinlichkeit nach nur ein Artefakt in einem Computerprogramm.

Obwohl ein Quantenuniversumsimulator Tür und Tor für die Ereignisse vor dem Urknall öffnet, lässt er auch die Möglichkeit zu, über den Simulator hinaus zu kommunizieren. Genauso wie ein normaler Computer mit der äußeren Welt durch Schnittstellen wie Bildschirme, Tastatur und Maus, Webkamera, Mikrophon und Lautsprecher verbunden ist, könnte unser Universumsimulator die Mittel haben, mit der Außenwelt zu kommunizieren. Womöglich finden wir den Simulator nie, vielleicht wird er aber auch schon morgen entdeckt. In diesem Fall könnten die Wesen, die das Universum betreiben, hereinschauen und Hallo sagen. Ob wir sie von Göttern unterscheiden könnten, ist eine andere Angelegenheit.

Dies ist in vielerlei Hinsicht ein äußerst unbefriedigendes Universum, einfach weil es so flexibel und offen ist, aber schließlich ist dies das Wesen eines universellen Computers.

Derartige Visionen des Lebens im Gehirn eines Individuums oder als Teil eines gewaltigen Computers können in der Tat das Bewusstsein erweitern und unsere Art zu denken verändern. Aber seriöse Physiker haben noch viel seltsamere Bilder der Wirklichkeit und ihrer Ursprünge entworfen. Mit ihnen wollen wir uns zum Schluss beschäftigen.

12. DAS SCHNAPPSCHUSS-UNIVERSUM

> Die Vorstellung eines unteilbaren, letztgültigen
> Atoms ist für den Laien unfassbar. Wollen wir
> die Idee hinter dem Atom überhaupt begreifen,
> sollten wir uns vorstellen, dass es in zwei
> Hälften geschnitten werden kann. Tatsächlich
> könnten wir es überhaupt nicht verstehen, bevor
> wir es uns nicht genau so vergegenwärtigten. Das
> einzig wahre Atom, das einzige Objekt, das wir
> nicht aufteilen und entzweischneiden können, ist
> das Universum.
>
> *Samuel Butler (1835–1902),*
> *The Notebook of Samuel Butler*
> *(H. Festing Jones, Hg.)*

Woran denken Sie, wenn Sie das Wort «Hologramm» hören? An die Regenbogenfarbtöne, die von der Sicherheitsmarkierung einer Kreditkarte reflektiert werden? An ein geisterhaft dreidimensionales grünes Bild, das wie ein Fenster auf eine echte Aussicht wirkt? An die 3-D-Projektion von Prinzessin Leia durch R2D2 gleich zu Beginn der ersten Folge der Filmreihe «Krieg der Sterne»? Mit Ausnahme vielleicht des Letzten geht es bei all diesen Beispielen um die Erzeugung eines dreidimensionalen Bildes aus einer flachen, zweidimensionalen Oberfläche.

Einige Physiker glauben, das ganze Universum sei holographisch, die drei Raumdimensionen, die wir zu erleben glauben, seien in Wirklichkeit Teil einer äußerst anspruchsvollen Projektion: nicht die Sicherheitsmarkierung einer intergalaktischen Bank oder eine seltsame 3-D-Filmvorführung der Götter, sondern ein unerwarteter Aspekt der Natur. Das heißt, die drei Raumdimensionen, die wir zu erleben glauben, existieren in Wirklichkeit gar nicht. Sollte das stimmen, dann müssen Universum, Urknall und alle anderen Dinge völlig anders betrachtet werden. Bevor wir sehen können, was das bedeutet, müssen wir erst einmal ein wenig besser verstehen, was ein Hologramm ist.

Drei Dimensionen in zwei

Das Hologramm ist ein gutes Beispiel für eine Idee, die sich ergab, bevor die Technik zur Konstruktion bereitstand. Bei der Produktion aller heutigen Hologramme kommen Laser zum Einsatz, aber die Idee für das Hologramm kam dem in Ungarn geborenen britischen Wissenschaftler Dennis Gabor, fast 20 Jahre bevor der Laser Wirklichkeit wurde. Bald nach dem Zweiten Weltkrieg dachte Gabor darüber nach, wie wir Objekte sehen. Es ist so alltäglich, dass wir es als selbstverständlich voraussetzen, aber viele der besten Ideen in Wissenschaft und Technik entstehen aus einem genaueren Blick auf vermeintlich alltägliche Dinge.

Stellen Sie sich vor, Sie blicken durch ein Glasfenster und sehen eine Kaffeetasse auf dem Tisch stehen. Von der linken Seite aus betrachtet, haben Sie eine bestimmte Sicht auf die Tasse, vielleicht sehen Sie den Henkel und die Vorderseite. Bewegen Sie sich nach rechts, verändert sich die Sicht allmählich, weil jetzt unterschiedliche Winkel des dreidimensionalen Objekts ins Blickfeld geraten. Das für die unterschiedlichen Ansichten erforderliche Licht fällt auf das Fensterglas. Falls es also eine Möglichkeit gäbe, einen Schnappschuss des ganzen Lichts zu machen, von jedem Lichtstrahl (oder vielmehr von jeder Photonensequenz), der von der Tasse zum Glas wandert, sollte es gelingen, den Blick vom Fenster neu zu erschaffen mit einem Bild, das sich verändert, sobald Sie einen anderen Blickpunkt einnehmen.

Um all die Photonen aus unterschiedlichen Richtungen zu bewältigen, müssten Sie nicht nur unterscheiden, wie hell ein bestimmter Punkt ist, wie es ein normaler Fotograf tut, sondern auch die

Phase der Photonen kennen, eine Eigenschaft des Photons, die sich mit dem Lauf der Zeit verändert und die der Position der Welle entspricht, sollten Sie das Licht als Welle betrachten.

Um das zu bewerkstelligen, stellte Gabor sich vor, einen zweiten Lichtstrahl zu verwenden, der direkt auf das Glas fällt. Die beiden Strahlen – der von der Tasse abprallende und der aufs Glas gerichtete Strahl – erzeugen Interferenzen miteinander wie Lichtstrahlen, die durch ein Paar von Schlitzen gehen, wie in Youngs Schlitzexperiment, das häufig in Schulen demonstriert wird. Das vielleicht einfachste Bild einer Interferenz entsteht, wenn Sie ein Paar Kieselsteine in einen glatten, stillen Teich werfen. Jeder Stein wird eine kreisförmige Anordnung von Wellen hervorrufen, die sich ausbreiten.

Eine Zeitlang breiten sich beide Wellenanordnungen unabhängig im Wasser aus, und kein Kreis hat Auswirkungen auf den anderen. Aber schließlich kollidieren die äußeren Kräuselungen. Wenn das geschieht, werden manche einander verstärken. Tauchen beide Wellen gleichzeitig auf, entsteht eine stärkere Welle. Wenn jedoch eine Welle zur selben Zeit auftaucht, wenn die andere untertaucht, heben sie sich gegenseitig auf, und das Ergebnis ist eine Wasserfläche, die sich überhaupt nicht bewegt.

Das allgemeine Resultat von Interferenzen ist ein Muster unterschiedlicher Intensitäten, die sich über den Teich hinweg ausbreiten. Das Gleiche kann geschehen, wenn sich zwei Lichtstrahlen begegnen. Zum Glück ist es beim Licht jedoch nicht so einfach. Photonen sind nicht sonderlich begeistert, miteinander in Wechselwirkung zu treten. Die meiste Zeit ignorieren sie sich. Wäre dies nicht der Fall, könnten wir nicht sehen, kein Handy benutzen und nicht fernsehen.

Falls Sie die von Photonen hinterlassenen Lichtspuren sehen könnten, die genau jetzt vor Ihnen das Zimmer durchkreuzen, würden sie in alle Richtungen davoneilen und sich dabei ohne beobachtbaren Effekt ständig gegenseitig durchdringen. In genau diesem Zimmer (oder auf Ihrer Terrasse, falls Sie das Buch draußen lesen sollten) steuert sichtbares Licht in alle Richtungen, während es von allen Gegenständen, die sich in Ihrer Nähe befinden, reflektiert wird. Auch Radio-, Fernseh- und Handysignale sind in allen Richtungen unterwegs. Außerdem gibt es nicht sichtbares Licht mit kurzer Reichweite, zum Beispiel Bluetooth-Verbindungen und drahtlose Netzwerke. Ein unfassbares Chaos, sollten sie zusammenstoßen und miteinander reagieren, aber das tun sie nicht. Insgesamt betrachtet, durchdringen sie einander.

Treffen jedoch zwei Lichtstrahlen genau richtig aufeinander, dann erzeugen sie eine Interferenz, genauso wie die Kräuselungen der beiden Steine im Teich. Damit dies geschieht, müssen die Lichtstrahlen dieselbe Frequenz (oder dieselbe Energie, wenn man sie sich als Photonen vorstellt) haben, und die Phasen der beiden Strahlen müssen im selben Verhältnis bleiben. Deshalb richtet man beim Experiment mit der Interferenz in der Schule auch nicht einfach das Licht zweier Taschenlampen auf den Schirm. Man richtet ein einziges farbiges Licht, vorzugsweise einen Laser, auf ein Paar sehr schmaler, nahe beieinanderliegender Schlitze. So kommt man den Erfordernissen für Interferenz so nahe wie möglich.

Interferenz ist verantwortlich für Funkschatten bei Handys und drahtlosen Netzwerken, wo Reflexionen (auf derselben Frequenz und in der richtigen Phase) mit dem ursprünglichen Signal interferieren. Ein Hologramm ist faktisch ein Interferenzmuster zwischen dem von Objekten abgegebenen Licht und dem zweiten «Referenzstrahl», der direkt aufs Glas fällt. Das daraus resultierende Muster zeigt an, in welcher Phase sich jedes Photon befand, als es auf das Glas traf.

Die Vision wird wahr

Als Gabor seine dreidimensionalen Bilder entwickelte, war es seine Absicht, das Elektronenmikroskop zu verbessern, indem er es dazu brachte, ein Bild zu erzeugen, das man aus allen möglichen Richtungen sehen konnte. Antrieb für Gabors Wissenschaft war stets eine unmittelbare praktische Anwendung. Als Jugendlicher hatte er sich zu Hause gemeinsam mit seinem Bruder George ein anspruchsvolles Labor eingerichtet. Dabei gingen sie weit über den Bau des üblichen einfachen Radioempfängers hinaus. Sie konstruierten Röntgenapparate und experimentierten mit Radioaktivität.

Mit seiner praktischen Ader studierte Gabor anfangs Ingenieurwissenschaften (mit dem Argument, es gebe mehr Arbeit für einen Ingenieur), aber er besuchte die Universität in Berlin zu einem Zeitpunkt, als große Wissenschaftler wie Einstein und Planck dort lehrten, sodass seine Praxisbezogenheit bald durch das Interesse an der zugrunde liegenden Wissenschaft etwas gedämpft wurde. Was jedoch sein 3-D-Mikroskop betraf, kam Gabor zu keinem praktischen Ergebnis.

Selbst als er den einfacheren Ansatz wählte und Licht den Elektronen vorzog, gab es ein Problem: Gabor konnte kein einziges dieser Bilder machen (bald wurden sie Hologramme genannt, vom griechischen *holos*, was «ganz» bedeutet, und von *grapho* für «schreiben»), weil es nur funktioniert, wenn das Licht aus einer ganz speziellen Quelle kommt und das gesamte Licht phasengleich ist. Als in den 1960er Jahren der Laser erfunden wurde, war die Theorie bereits fertig, um praktisch umgesetzt werden zu können. So dauerte es nur vier Jahre, bis Emmett Leith und Juris Upatnieks an der University of Michigan das erste echte Hologramm herstellten, ein bizarres Stillleben mit einer Modelleisenbahn und einem Paar ausgestopfter Pinguine.

Frühe Hologramme wie das von Leith und Upatnieks konnte man auch nur mit einem Laser sehen, aber mit modernen Holographietechniken hat man Hologramme geschaffen, die man im normalen weißen Licht sehen kann. So entstanden auch jene reflektierenden Hologramme auf dünnen Filmschichten, die zur Beglaubigung von Kreditkarten, Geldscheinen und DVDs benutzt werden. In ihnen wird Licht von hinten durch einen Plastikfilm geschickt, wobei eine reflektierende Metallschicht verwendet wird. Es ist der Effekt des Hologramms auf dieses Licht, das das 3-D-Bild hervorruft.

Dreidimensionales Sehen

Manche Leser könnten denken, Hologramme seien nichts Neues. Denn sie konnten bereits in den 1950er und 1960er Jahren ihre 3-D-Bilder in einem Gerät betrachten, das View-Master heißt. Es gab Zeiten, als man keinen berühmten Ort besuchen konnte, ohne in Andenkenläden diese Pappscheiben mit den farbigen Diapositiv-Paaren entlang der Peripherie zu sehen.

View-Master war eine kompakte Version des viktorianischen Pendants zum Fernseher, die damalige Spitzenunterhaltung fürs Wohnzimmer. Das Stereoskop ist ein seltenes Beispiel für eine Technik, die vor mehr als 100 Jahren ihre Blütezeit erlebte und heute noch immer bemerkenswert erscheint, weil sie nicht mehr gang und gäbe ist und weil die Nachfolger des Stereoskops nie den gleichen kommerziellen Erfolg hatten. Statt einer Fotografie nimmt eine Stereokamera zwei Bilder gleichzeitig auf, die so weit voneinander getrennt sind wie der Abstand zwischen den Augen des Betrachters, sodass jedes Bild eine geringfügig andere Sicht bietet. Wir sehen eine dreidimensionale Ansicht der Welt, weil das Gehirn «flache» Bilder von den beiden Augen, die knapp sieben Zentimeter voneinander getrennt sind, kombiniert und ihren leicht veränderten Sichtwinkel ausnutzt, um Tiefe zu suggerieren. Die beiden gleichzeitig in einem Stereographen aufgenommenen Bilder werden durch das Stereoskop betrachtet, das jedem Auge ein Bild anbietet und dem Gehirn erlaubt, die beiden auf gleiche Weise zu verbinden.

Einst glaubte man, dass die Augennerven, die die Augäpfel mit dem Gehirn verbinden, ausschließlich in die gegenüberliegenden Hälften des Organs führen (sodass die rechte Hemisphäre Signale vom linken Augapfel erhält und die linke Hirnhälfte vom rechten Auge). Aber dadurch bekäme das Gehirn Schwierigkeiten, die sehr raschen Vergleiche durchzuführen, die für ein stereoskopisches, beidäugiges Sehen notwendig sind. In den 1990er Jahren entdeckte man etwas Erstaunliches. Obwohl im Fötus alle vom Auge ausgehenden Neuronen sich anfangs der gegenüberliegenden Gehirnseite zuwenden, werden einige abgewehrt und verbinden sich schließlich mit der auf derselben Seite des Auges liegenden Gehirnhälfte.

Je mehr wachsende Neuronen sich ab der Mittellinie des Gehirns wieder zurückwenden, umso besser ist das beidäugige Sehen. Rund 40 Prozent unserer Verbindungen wechseln nicht auf die andere Seite, wie es im Gegensatz dazu etwa bei Mäusen nur 3 Prozent sind und überhaupt keine bei vielen Vögeln und Fischen, denen beidäugiges Sehen ganz und gar fehlt. Weil jede Gehirnhälfte, die für das Auge gegenüber zuständig ist, die vom anderen Auge kommenden Informationen vergleicht, kann sich zwischen ihnen ein vollständiges Bild aufbauen, das uns die überzeugende Illusion vermittelt, in drei Dimensionen zu sehen. Jede Gehirnhälfte verarbeitet in erster Linie die Informationen von der gegenüberliegenden Seite des Gesichtsfelds, aber diese Informationen kommen aus beiden Augen.

Die Idee, jedem Auge ein anderes Bild zu präsentieren, um ein realistischeres Bild zu bekommen, geht der Fotografie voraus. Im späten 16. Jahrhundert zeichneten Giovanni Battista della Porta und Jacopo Chimenti da Empoli nebeneinanderplatzierte Bilder, und 1613 erfand der französische Geistliche François d'Aquillon den Begriff stereoskopisch (oder, um genauer zu sein, *stéréoscopique*). Aber ohne ein optisches Gerät, das kontrolliert, was jedes Auge sieht, ist es sehr schwierig, die beiden Augäpfel separat zu fokussieren. Außerdem machte die limitierte Genauigkeit des freihändigen Zeichnens das Ganze bis zur Erfindung der Fotografie ziemlich unpraktisch. Nachdem das erste fotografische Bild gemacht worden war, dauerte es allerdings nur noch wenige Jahre, bis es ein funktionierendes Stereoskop gab.

Das Gerät, das in viktorianischen Haushalten so beliebt werden sollte, wurde 1838 von Charles Wheatstone erfunden, dem britischen Konkurrenten von Morse beim Versuch, den ersten elektrischen Telegraphen zu bauen. Wheatstone gab seiner Erfindung die Namen, die viele Jahre damit verbunden waren – das Stereoskop und das Stereoptikon –, obwohl er nie über eine theoretische Beschreibung des Vorgangs hinausging. Erst 1849 wandte David Brewster die noch junge Technik der Fotografie an, um die erste stereoskopische Kamera zu bauen. Sie zeichnete sich durch Zwillingslinsen aus, die den gleichen Abstand zueinander hatten wie ein menschliches Augenpaar. Sie zeichneten auf der fotografischen Platte dahinter ein Bilderpaar auf.

Ähnlich wie heutzutage ein Prominenter die Bekanntheit eines Unterhaltungsprodukts durch Werbung fördern kann, war es Königin Victorias Freude am Stereoskop auf der Londoner Industrieausstellung von 1851, die das Stereoskop von einer Neuigkeit in einen riesigen kommerziellen Erfolg verwandelte. Innerhalb von fünf Jahren standen Stereoskope in über einer Million englischer Haushalte, und diese Begeisterung für dreidimensionale Bilder setzte sich bald jenseits des Atlantiks in den USA fort, wo die Technik von Oliver Wendell Holmes beworben wurde.

Stereoskope hatten eine lange und wechselvolle Geschichte. Später kamen sie in der Luftfotografie zum Einsatz, die sich ab Mitte der 1940er Jahre auf die zusätzlichen Informationen stereoskopischer Bilder stützte, weil dadurch Merkmale auf dem Erdboden leichter zu identifizieren waren. Als Unterhaltungsgerät feierte es seinen letzten großen Erfolg, bevor es altmodisch wurde, im View-Master-System, dem wir bereits begegnet sind. Der Betrachter wechselt das Bild auf dem Display, indem er einen Hebel drückt, der die Pappscheibe weiterdreht. Diese Spielzeuge waren in der zweiten Hälfte des 20. Jahrhunderts enorm erfolgreich, und wenngleich sie heute weniger verbreitet sind, kann man sie immer noch beim Spielzeuggiganten Mattel erwerben.

Heutzutage begegnen wir 3D eher im Kino. Seit sich das Fernsehen als Bedrohung für die Kinokultur erwies, hat die Filmindustrie nach Möglichkeiten gesucht, das Kinoerlebnis noch dramatischer zu gestalten. Obwohl schon etliche Technologien eingesetzt wurden – sei es die Verwendung von zwei verschiedenen Farben für zwei Bilder, oder Bilder, die in unterschiedlichen Richtungen polarisiert sind –, setzen sie alle darauf, ein Bilderpaar gleichzeitig zu projizieren, wobei die Bilder mit Hilfe einer Spezialbrille für die Augen des Betrachters getrennt werden.

Solche stereoskopischen Bilder unterscheiden sich stark von einem Hologramm, vergleichbar mit dem Unterschied zwischen dem Betrachten einer Fotografie und einem Blick aus dem Fenster. Ein Hologramm ist eine dreidimensionale Ansicht. Ein perfektes Hologramm wäre nicht unterscheidbar von einem Blick durch ein Stück Glas auf die in der Zeit eingefrorene Wirklichkeit, weil jedes Photon eingefangen wird, wenn es auf den Betrachtungsschirm trifft, und bei der Projizierung des Hologramms neu erschaffen wird. Der View-Master und seine Pendants fürs Kino gaukeln dem Gehirn vor, es sähe dreidimensional, indem sie den beiden Augen geringfügig andere Bilder anbieten. Aber solche Bilder sind flach. Es handelt sich nur um eine Abbildung dreier Dimensionen, während ein Hologramm die echte dreidimensionale Ansicht bietet, eingefangen und gespeichert auf einer zweidimensionalen Oberfläche.

Die Projektion der Wirklichkeit

Im Prinzip gibt es keinen Grund, warum das Universum nicht genauso sein könnte. Es scheint drei (oder mehr) räumliche Dimensionen zu haben, nimmt aber in Wirklichkeit weniger ein, wobei sich alles in holographischer Form auf der Bühne einer niedrigeren Dimension abspielt. Es könnte so aussehen, als versage diese Vorstellung angesichts des Ockham'schen Rasiermessers – ein Standpunkt, der, wie Sie sich erinnern werden, statt unnötiger Kompliziertheit lieber die einfachste Sichtweise annimmt, die die Umstände erklären kann.

Verlockend scheint jedoch zu sein, dass es ein paar mathematische Aspekte hinter der Entstehung des Kosmos gibt, die besser in der Form mit reduzierten Dimensionen funktionieren. Und einige Indizien für die Theorie der Schwarzen Löcher legen durchaus nahe, dass diese Vorstellung so hirnrissig nicht sein kann.

Ausgangspunkt ist das Verständnis, dass es eine Entsprechung zwischen dem Universum und der Information gibt, wie wir es im vorangegangenen Kapitel in der «It from bit»-Theorie gesehen haben. Hier betrachten wir die Eigenschaften jedes Quantenteilchens, Quantenbits von Information in einer gewaltigen, das ganze Universum umfassenden Berechnung darzustellen.

Jetzt kehren wir wieder zu unserem Schwarzen Loch zurück. Stellen Sie sich vor, ich nehme ein Objekt – vielleicht einen Schraubenschlüssel wie in Arthur C. Clarkes Geschichte – und werfe ihn in ein Schwarzes Loch. Sobald der Gegenstand den Ereignishorizont erreicht, hört er auf zu existieren. Die Information in diesem Schraubenschlüssel scheint verlorengegangen zu sein, ebenso seine Fähigkeit, Informationen zu speichern. Das ist ein Problem, weil es ein grundlegendes, universelles Gesetz gibt, das beim Verlust der Informationsspeicherfähigkeit mit ziemlich unangenehmen Konsequenzen droht. Es ist der Zweite Hauptsatz der Thermodynamik, und es gibt Wissenschaftler, die glauben, es sei das grundlegendste physikalische Prinzip schlechthin.

Informationskapazität ist unzerstörbar

Der Astrophysiker Arthur Eddington, dem wir bereits einige Male begegnet sind, sagte einmal:

> Wenn jemand Sie darauf hinweist, dass die von Ihnen bevorzugte Theorie des Universums den Maxwell'schen Gleichungen widerspricht – nun, können Sie sagen, umso schlimmer für die Maxwell'schen Gleichungen. Wenn es sich herausstellt, dass sie mit der Beobachtung unvereinbar ist – gut, auch Experimentalphysiker pfuschen manchmal. Aber wenn Ihre Theorie gegen den Zweiten Hauptsatz verstößt, dann ist alle Hoffnung vergebens. Dann bleibt ihr nichts mehr übrig, als in tiefster Demut in der Versenkung zu verschwinden.

Es ist der Zweite Hauptsatz der Thermodynamik, der ein Perpetuum mobile unmöglich macht. Eine Konsequenz daraus lautet: Man kann nicht etwas aus dem Nichts erschaffen.

Dies wird häufig mit dem Wort Entropie umschrieben, aber das ist ein ziemlich verwirrender Begriff, weshalb wir ihn lieber im Sinne von Ordnung darstellen möchten. (Entropie ist ein Maß für den Mangel an Ordnung. Je größer die Entropie ist, desto größer ist auch die Unordnung.) In groben Zügen sagt der Zweite Hauptsatz der Thermodynamik aus, dass das Maß an Ordnung in einem geschlossenen System gleich bleibt oder abnimmt, aber nicht spontan zunehmen kann. Diese Erkenntnis wird manchmal (missbräuchlich) als Argument gegen die Gültigkeit der Evolution oder für die Existenz von Gott ins Feld geführt. Es lohnt sich, das Argument genauer zu untersuchen, weil es zu veranschaulichen hilft, worum es beim Zweiten Hauptsatz der Thermodynamik geht.

Das Argument gegen die Evolution lautet folgendermaßen: Der Evolution zufolge beginnt alles mit einer Suppe aus zufälligen chemischen Zutaten, und im Lauf der Zeit entwickelt sich diese zunächst in einzellige Wesen und später in Tiere mit komplizierteren Körpern. Doch genau das verbietet der Zweite Hauptsatz der Thermodynamik, der besagt, aus Chaos könne keine Ordnung hervorgehen, weshalb die Evolutionstheorie falsch sein und ein Schöpfergott das Ganze arrangiert haben müsse. Sehr zum Leidwesen derjenigen, die so denken, übersieht dieses Argument einen grundlegenden Teil des Gesetzes: Es geht nämlich um ein geschlossenes System. Da geht nichts hinein, und da kommt nichts heraus. Die Erde ist aber kein geschlossenes System. Wir werden kontinuierlich mit Energie von der Sonne versorgt, und diese Energie ist mehr als ein Ausgleich für die Zunahme von Unordnung.

Der Zweite Hauptsatz der Thermodynamik hindert uns nicht daran, nützliche Informationen zu verlieren. Wenn ich einen Schwung Spielklötze mit aufgedruckten Buchstaben habe, die, richtig arrangiert, ein Wort buchstabieren, kann ich die Ordnung reduzieren, indem ich die Klötze durcheinanderwerfe und das Wort dabei verliere. Aber was ich dabei nicht verliere, ist die Informationskapazität. Die Spielklötze sind immer noch damit ausgestattet. In Wirklichkeit hat eine durcheinandergebrachte Garnitur von Dingen die Kapazität, mehr Informationen zu speichern als eine geordnete Garnitur. (Denken Sie an zwei geringfügig andere Sets von Spielklötzen, einen «geordneten», wo alle Klötze dieselbe Farbe haben, und einen «weniger geordneten», wo jeder Klotz andersfarbig ist. Ich könnte die Farben benutzen, um die Klötze zu unterscheiden, und könnte daher diesen zweiten Set dazu verwenden, mehr Informationen zu speichern, als ich das mit dem Set identischer Klötze könnte.) Der Zweite Hauptsatz der Thermodynamik mag es nicht, wenn die Informationskapazität auf der elementaren Ebene verlorengeht, denn das ist wie der Übergang von einem weniger geordneten zu einem geordneteren Zustand.

Also ist es nicht akzeptabel, dass die Fähigkeit der Materie, Informationen zu speichern, verlorengeht, wenn sie in ein Schwarzes Loch fällt. Wenn das Schwarze Loch Materie vertilgt, wächst es. Und dabei erkannten die Theoretiker, dass es eine einzige Möglichkeit gibt, den Zweiten Hauptsatz der Thermodynamik zufriedenzustellen: Der Ereignishorizont – die theoretische Kugel, die die Grenze des Schwarzen Lochs definiert – muss alle Informationen speichern, die ins Schwarze Loch fallen. Während also der Ereignishorizont wächst, stellt die anwachsende Kapazität für Informationen auf diese Weise das Gleichgewicht zur eingebüßten Kapazität wieder her, die auf die vertilgte Materie zurückzuführen ist.

Auf eine Kugel projizierte Realität

Jetzt müssen wir nur noch einen weiteren Schritt machen, um zu der Logik zu gelangen, die erforderlich ist, um von diesem theoretischen Schwarzen Loch in die wirkliche Welt zu springen. Stellen wir uns vor, wir hätten einen Klumpen Materie, sei es der Schraubenschlüssel oder die ganze Erde. Er wird in all den Qubits aller Quantenteilchen, aus denen er besteht, eine bestimmte Informationskapazität haben. Nun wollen wir das Objekt in ein Schwarzes Loch verwandeln, indem wir es stark zusammenpressen. Am Ende jenes Vorgangs haben wir ein Schwarzes Loch, das kleiner ist als die ursprüngliche Materie. Die Informationskapazität des Ereignishorizonts des Schwarzen Lochs muss so groß sein wie das Ausgangselement. Demnach lässt sich die Informationskapazität der ganzen Materie auf einer Kugel erfassen, die kleiner ist als sie. Das heißt, es ist weniger Fläche erforderlich als die Oberfläche des Objekts selbst, um dessen innere Informationskapazität aufzunehmen. Die zweidimensionale Oberfläche einer Kugel kann alle Informationen enthalten, die aus einem Volumen stammen, das größer ist als das Volumen, das die Informationen trägt.

Das heißt, es gibt keinen Grund, warum unsere Welt, die vermeintlich drei räumliche Dimensionen hat, nicht in Wirklichkeit eine zweidimensionale Ansammlung von Informationen sein könnte, die wir zufällig als etwas wahrnehmen, das drei Raumdimensionen einnimmt. In der Praxis ist es noch etwas komplizierter. Die Mathematik funktioniert nicht in einem Universum, das in einen grenzenlosen Raum expandiert, wie es bei unserem Universum der Fall zu sein scheint. Dennoch hat es mehr komplexe Varianten der Vorstellung einer «Welt auf einer Oberfläche» gegeben, die auf unsere Art von Universum anwendbar zu sein scheinen.

An und für sich sagt uns solch ein projiziertes holographisches Universum nichts darüber, was vor dem Urknall war, aber vielleicht entwickelt sich ja daraus in Zukunft eine neue Möglichkeit, Rückschlüsse auf das Gewesene zu ziehen und die Schranke des Urknalls zu überwinden. Und es wäre enorm wichtig, weil wir damit sagen würden, dass alles, was wir über das Universum zu wissen glauben, von einer falschen Voraussetzung ausgeht. Das hieße, wir müssten einen neuen Ansatz finden, um das Wesen des Universums zu erforschen.

So bemerkenswert dies auch sein mag, gibt es dennoch eine alternative Sicht auf ein holographisches Universum, die in ihrer Distanz zur Realität, wie wir sie kennen, noch dramatischer ist. Im bisher vorgestellten holographischen Universum herrscht immer noch die konventionelle Interpretation der Physik, allerdings projiziert auf mehr Dimensionen. Doch einer der führenden Quantenphysiker entwickelte ein Modell des Universums, in dem nichts ist, wie es zu sein scheint, und in dem das ganze Konzept der Dimensionen wenig mehr als eine Illusion ist.

Der Quanten-Einzelgänger

Der betreffende Mann war David Bohm, ein amerikanischer Wissenschaftler, 1917 in Wilkes-Barre, Pennsylvania, geboren. Bohm erwarb seinen Doktortitel während des Zweiten Weltkriegs unter seltsamen Umständen an der University of California in Berkeley. Wegen seiner Sympathien für linke Politik durfte er nicht am Manhattan-Projekt teilnehmen und seine Kollegen nicht bei der Arbeit an der Atombombe unterstützen. Allerdings ging es in seiner Dissertation um ein Thema, das für das Manhattan-Projekt von Bedeutung war. Deshalb wurde die Arbeit sofort als geheim eingestuft, sodass er sie weder einreichen noch seinen Doktortitel erwerben konnte. Glücklicherweise war Robert Oppenheimer, der Direktor des Manhattan-Projekts, Bohms Doktorvater gewesen. Ihm gelang es, die Behörde in Berkeley zu überzeugen, dass Bohms Dissertation den akademischen Ansprüchen genügte und nicht offiziell gelesen werden musste.

Nach dem Krieg ging Bohm nach Princeton, doch am Ende des Jahrzehnts brachten ihn seine politischen Verbindungen erneut in Schwierigkeiten, da er ins Visier von McCarthys Ausschuss für unamerikanische Umtriebe geriet. Nach fast zwei Jahren aufreibender Befragungen erhielt er seine Unbedenklichkeitserklärung, aber da hatte er seine Arbeit schon verloren. Bohm verließ die USA und kehrte nie an eine amerikanische Universität zurück, verbrachte einige Zeit in Brasilien und in Israel, bevor er sich in England niederließ, wo er bis an sein Lebensende arbeitete.

Bohms Spezialgebiet war die Quantenphysik, die Lehre der kleinen Teilchen wie Photonen und Elektronen. Während der 1930er Jahre war die Quantentheorie zu einem leistungsfähigen Werkzeug entwickelt worden, das sich zur Erforschung und Vorhersage des Verhaltens dieser Teilchen eignete. So hat sich beispielsweise ein Aspekt der Quantentheorie, nämlich die Quantenelektrodynamik, als die genaueste Theorie aller Zeiten erwiesen hinsichtlich ihrer Vorhersage von Beobachtungen in Experimenten. Dennoch lauern im Kern der Quantentheorie ein paar philosophische Probleme, die Bohm große Sorgen bereiteten.

Es waren dieselben philosophischen Probleme, die Albert Einstein, dessen frühe Arbeit wesentlich zur Entwicklung der Quantenphysik beigetragen hatte, an der Richtigkeit der Theorie zweifeln ließen. Das führte zu einer Reihe von Streitigkeiten zwischen Einstein und dem dänischen Physiker Niels Bohr, der zeit seines Lebens der Champion derjenigen Interpretation der Quantentheorie war, die heute immer noch am meisten verwendet wird.

Gott würfelt nicht

Einsteins Schwierigkeiten mit der Quantentheorie inspirierten ihn zu seiner berühmtesten Bemerkung:

> Die Quantenmechanik ist sehr achtunggebietend. Aber eine innere Stimme sagt mir, dass das noch nicht der wahre Jakob ist. Die Theorie liefert viel, aber dem Geheimnis des Alten bringt sie uns kaum näher. Jedenfalls bin ich überzeugt, dass der Alte nicht würfelt.

Dieser Ausspruch ist häufig verdichtet worden zu «Gott würfelt nicht». Einsteins Problem mit der Quantentheorie war ihre elementare Vorstellung, alles werde von Wahrscheinlichkeiten angetrieben. Wir können nicht einmal so einfache Dinge vorhersagen wie den Aufenthaltsort, den ein Elektron, das sich durch den Raum fortbewegt, kurze Zeit später einnehmen wird. Wir können lediglich unterschiedlichen künftigen Orten Wahrscheinlichkeiten zuordnen, von denen einige wahrscheinlicher sind als andere. Darin sah Einstein keinen Sinn. Ein anderes Mal schrieb er:

Ich finde die Vorstellung ziemlich unerträglich, dass ein Elektron, das einer Strahlung ausgesetzt ist, aus eigenem freien Willen nicht nur den Augenblick, sondern auch die Richtung des Sprungs beschließen sollte. In diesem Fall würde ich lieber Schuster oder gar Angestellter in einer Spielbank sein als Physiker.

Es musste noch etwas darunter geben, so glaubte er, irgendeine verborgene Information, die dem Elektron sagte, wo es hinsollte, statt reiner, willkürlich gewählter Wahrscheinlichkeit.

Einsteins unnachgiebigste Kampfansage an Niels Bohr und die Quantentheorie war ein Gedankenexperiment, das er 1935 ersann. Es ist nach den drei Forschern, die die Arbeit veröffentlichten – Einstein selbst, Boris Podolsky und Nathan Rosen –, als EPR-Effekt bekannt. Die Idee dahinter war einfach, aber die Auswirkungen, die in der Vorstellung der Quantenverschränkung gipfelten, waren tiefgreifend.

Denkbar waren etliche Möglichkeiten, Teilchenpaare so zu erzeugen, dass sie praktisch Zwillinge waren. Maß man nun eine bestimmte Eigenschaft eines Teilchens, beispielsweise seinen Impuls oder seinen Spin, kannte man auch dieselbe Information für das andere Teilchen. Je nachdem, um welche Eigenschaft es sich handelte, würde es denselben oder den genau entgegengesetzten Wert haben. Der Quantentheorie zufolge hatten die Teilchen keinen festgesetzten Wert für diese Eigenschaft, bis man eine Messung vornahm. Es war nicht einfach so, dass man bis dahin den Wert nicht kannte, sondern er existierte tatsächlich nicht. Erst im Augenblick der Messung wurde der Wert festgelegt. Bis dahin konnte er in einem großen Bereich von Werten liegen, die alle eine gewisse Wahrscheinlichkeit hatten.

Und hier lag das Problem für Einstein. Man nehme zwei Teilchen, trenne sie voneinander und bringe eins an das entgegengesetzte Ende des Universums. Jetzt misst man eine Eigenschaft – sagen wir, den Spin – eines Teilchens. Sofort müsste das andere Teilchen den entgegengesetzten Wert für diese Eigenschaft haben. Ohne Verzögerung. Einstein hatte bewiesen, dass nichts schneller war als das Licht, dennoch schien hier die Information der Eigenschaft eines Teilchens mit der des anderen Teilchens wesentlich schneller als mit Lichtgeschwindigkeit zu kommunizieren, nämlich unverzüglich. Einstein schrieb seinem Freund und Quantenphysikbefürworter Max Born (nicht zu verwechseln mit Bohr oder Bohm):

> Es ist alles ziemlich liederlich erdacht, wofür ich dich respektvoll am Ohr zupfe … was wir als existierend (‹wirklich›) denken, soll irgendwie zeit-räumlich organisiert sein … [sonst müsste] man annehmen, dass das Physikalisch-Reale in [Position] B durch eine Messung in [Position] A eine plötzliche Änderung erleidet. Dagegen sträubt sich mein physikalischer Instinkt. Verzichtet man aber auf die Annahme, dass das in verschiedenen Raumteilen Vorhandene eine unabhängige reale Existenz hat, so sehe ich überhaupt nicht, was die Physik beschreiben soll.

Nichtlokale Realität

Die Quantenverschränkung ist das Phänomen, das David Bohm dazu brachte, über die Art und Weise nachzudenken, wie wir die Quantenphysik betrachten. Und so fragte er sich, ob es nicht vielleicht einen anderen Weg gebe, sich dem Problem zu nähern. Ursprünglich gab es dafür kein Bedürfnis, da Einstein gerade seinen Einspruch als Gedankenexperiment formuliert hatte. An eine praktische Anwendung dachte niemand. Aber seither hat es bemerkenswerte Entwicklungen in der Quantenverschränkung gegeben, über die ich in meinem Buch *The God Effect* berichte.

Mit der Quantenverschränkung gelingt es uns, nicht zu knackende Codes zu produzieren, unvorstellbar leistungsfähige Computer zu bauen und sogar Teilchen von einem Ort zum anderen zu teleportieren, wie es in *Star Trek* vorgeführt wird. Es ist ein realer, messbarer Effekt. Also lag entweder Einstein mit seinen Zweifeln daneben, oder unsere Interpretation der Geschehnisse in der Quantenverschränkung war falsch. Bohm behauptete, es läge an der Interpretation.

Sogar Einstein hatte diese Möglichkeit in Betracht gezogen, verwarf sie aber wieder. Als er in der ursprünglichen Arbeit über den EPR-Effekt das Konzept der Verschränkung ins Spiel brachte, hatte er nicht gesagt, dass sich die Quantentheorie in seinem Gedankenexperiment als falsch erwiesen habe. Er sagte, entweder sei die Quantentheorie falsch und es gäbe eine verborgene Information, die es den beiden Teilchen an den entgegengesetzten Enden des Universums ohne Kommunikation ermögliche, bereits zu wissen, welchen Wert die Eigenschaft haben sollte, oder die ganze Vorstellung von Lokalität sei Unsinn. Diese zweite Option lässt Einstein fallen. Er sagte: «Keine vernünftige Definition der Realität würde das erlauben.»

Lokalität. Sie gehört zu den Prinzipien, die so offensichtlich sind, dass wir sie normalerweise voraussetzen, ohne uns ihrer bewusst zu sein. Wenn wir auf etwas einwirken wollen, das nicht unmittelbar mit uns verbunden ist, ihm einen Schubs geben, eine Information weitergeben oder was auch immer, müssen wir etwas von uns zu dem Objekt bewegen, auf das wir einwirken wollen. Häufig hat dieses «etwas» mit direktem Kontakt zu tun. Ich strecke meine Hand aus und nehme meine Kaffeetasse hoch, um sie zu meinem Mund zu bewegen. Wollen wir jedoch auf etwas in der Ferne einwirken, ohne die Lücke zu schließen, die uns von diesem Objekt trennt, müssen wir einen Vermittler von einem Ort zum anderen schicken.

Stellen Sie sich vor, Sie werfen Steine auf eine Büchse, die auf einen Zaun gestellt ist. Wenn Sie die Büchse hinunterwerfen wollen, genügt es nicht, sie lediglich anzuschauen und durch irgendeinen mystischen Einfluss in die Luft springen zu lassen. Sie müssen schon mit einem Stein auf sie zielen. Ihre Hand wirft den Stein, und der bewegt sich durch die Luft und trifft die Büchse. Solange Sie gut zielen können (und die Büchse nicht am Zaun festgeklemmt ist), fällt die Büchse herunter, und Sie lächeln süffisant.

Wenn ich mit jemandem am andern Ende des Zimmers sprechen möchte, geraten meine Stimmbänder in Schwingungen, die gegen die nächsten Luftmoleküle stoßen. Diese senden eine Folge von Klangwellen durch die Luft, lassen Moleküle über die Distanz wogen, bis diese Schwingungen schließlich an das Ohr der anderen Person dringen und deren Trommelfell vibrieren lassen, was im Endeffekt dazu führt, dass sie meine Stimme hört. Im ersten Fall war der Stein der Vermittler, im zweiten Fall war es die Klangwelle, aber in beiden Fällen bewegte sich etwas von A nach B. Um dieses Erfordernis, eine Strecke zurückzulegen – eine Reise, die Zeit in Anspruch nimmt –, geht es bei der Lokalität. Sie besagt, dass man nicht wie durch Zauberhand ohne diese Intervention auf ein entferntes Objekt einwirken kann.

Wenn Sie das nächste Mal einem Zauberer bei der Arbeit zuschauen, wie er einen Trick zeigt, indem er ein entferntes Objekt manipuliert, versuchen Sie einmal, Ihre eigene Reaktion zu beobachten. Während sich die Hand des Zauberers bewegt, bewegt sich auch der Ball (oder was auch immer das Objekt, das er lenkt, sein mag). Ihr Verstand rebelliert gegen das, was Sie sehen. Sie wissen, es muss ein Trick im Spiel sein. Durch irgendetwas muss die Handlung der Hand mit der Bewegung des Objekts verbunden sein, sei es direkt, sagen wir, mit einem sehr dünnen Draht, oder aber indirekt: Vielleicht beobachtet eine versteckte Person die Hand des Zauberers und bewegt entsprechend dazu das Objekt. Ihr Gehirn weiß ganz genau, dass Handlungen über solche Entfernungen hinweg nicht real sein können. Wo eine Handlung über eine Distanz hinweg im Spiel zu sein scheint – beispielsweise ein Magnet, der ein Stück Metall anzieht, oder die Gravitation, die uns zum Erdmittelpunkt zieht –, lautet die wissenschaftliche Erklärung, etwas bewege sich zwischen den beiden fort. Irgendetwas Unsichtbares trägt die Kraft. Allerdings verstoßen diese Dinge nicht gegen Einsteins Relativität. So glauben wir zum Beispiel, dass die Gravitation mit Lichtgeschwindigkeit übertragen wird. Was sich ganz und gar von der gegenseitigen Beeinflussung bei der Verschränkung unterscheidet.

Entfernung existiert nicht

Als David Bohm sich mit diesem Problem beschäftigte, ging er völlig anders an die Sache heran. Statt sich Sorgen über die fehlende Lokalität zu machen, fasste er dies als fundamentale Realität auf. Falls es unmöglich ist, dass etwas unverzüglich aus der Entfernung Einfluss ausüben kann, warum sollte man dann nicht, so überlegte er, die Entfernung ganz und gar abschaffen? Stellen wir uns also vor, es gebe so etwas wie Entfernung überhaupt nicht. Nehmen wir an, es sei ein Konzept, das eher eine ungewöhnliche Form unserer Wechselwirkung mit dem Universum beschreibt, als ein fundamentaler Aspekt der Beschaffenheit des Universums zu sein. Wenn es dann also keine Entfernung mehr zwischen unseren beiden verschränkten Teilchen gibt, fällt auch das Problem mit der vermeintlichen Kommunikation weg. Wir könnten sie als zwei Aspekte eines komplizierten Ganzen sehen und nicht als zwei wahrhaft individuelle Wesen, die räumlich voneinander getrennt sind.

Wahrscheinlich war Bohm bei dem bemerkenswerten Sprung, die Gesamtheit der Realität neu zu interpretieren, durch seine Erfahrungen mit Plasmen während seiner Zeit in Berkeley inspiriert worden. Wie wir bereits gesehen haben, ist Plasma der Materiezustand mit einer höheren Energie als Gas, so wie Gas der Materiezustand ist, dessen Energiewerte höher als die von Flüssigkeiten sind. Bei der Umwandlung von Flüssigkeit in Gas nehmen die

Atome einer Substanz eine energiereichere Form an und wirbeln sehr viel schneller umher. Beim Übergang von Gas zu Plasma gewinnen die Atome noch mehr Energie und sprengen ihre äußeren Elektronen fort, sodass ein Plasma zu einer gasförmigen Suppe geladener Ionen wird (Atome, die Elektronen aufgenommen oder abgegeben haben).

Bohm entdeckte, dass Plasma dabei einen ungewöhnlichen Effekt erfahren kann, der heute Bohm-Diffusion genannt wird. Sie geschieht, wenn das Plasma einem Magnetfeld ausgesetzt wird. Er stellte fest, dass Elektronen unter bestimmten Umständen ihre Individualität zu verlieren schienen und sich so verhielten, als seien sie Teil eines verknüpften Ganzen.

Als er einige Zeit später in Princeton war, erweiterte sich sein Interesse an Plasma auf die sogenannten Plasmonen. Diese werden manchmal auch Quasiteilchen genannt. Man fand heraus, dass die Elektronendichte in einem Plasma wie eine Welle oszillieren konnte. So ließ sich die Welle in gleiche Mengen unterteilen oder in Quasiteilchen quanteln, so wie eine Lichtwelle in Photonen gequantelt wird. Plasmonen sind die Quanten der Elektronenwelle im Plasma.

Wenn das geschieht, verhalten sich die Elektronen, obwohl sie immer noch unabhängig erscheinen, als seien sie Bestandteile eines einzigen Gebildes und führten zu der Schwingung, aus der die beobachtete Welle besteht. Bohm war fasziniert von der Art und Weise, wie die Elektronen gemeinsam handelten, was einen Sinn für Ordnung vorauszusetzen schien, der über die offensichtliche Ansammlung unverbundener Teilchen hinausging. Daraus sollte Bohm einen alternativen Blick auf die Realität entwickeln, weshalb ein weiteres Feld zur Standardsammlung hinzugefügt werden musste.

Spielen in unsichtbaren Feldern

Felder, ein von Michael Faraday im 19. Jahrhundert entwickeltes Konzept, bieten die Möglichkeit zu beobachten, wie unterschiedliche Objekte einander über eine Entfernung hinweg beeinflussen. In der Physik sprechen wir häufig von den vier Naturkräften Gravitation, Elektromagnetismus, starke Kernkraft und schwache Kernkraft. Jede dieser Kräfte wird, so vermutet man, durch unsichtbare, immaterielle Teilchen von einem Ort zum anderen übertragen. So wird beispielsweise die elektromagnetische Kraft durch Photonen vermittelt.

Diese Kraft lässt sich jedoch auch als Resultat des Feldes verstehen, wie eine Art unsichtbarer Einfluss, der sich vom Objekt durch den Raum ausbreitet. Bohm schlug vor, dass es ein weiteres Feld gebe, dessen wir uns nicht bewusst seien, das sogenannte Quantenpotenzial, das im Gegensatz zu den auf Kräften basierenden Feldern über Entfernungen hinweg nicht schwächer werde. Dieses Quantenpotenzial bot eine Erklärung dafür an, warum Teilchen über riesige Entfernungen hinweg offenbar miteinander reagieren können: Für das Quantenpotenzial hat Entfernung keine Bedeutung.

Einem ähnlichen Konzept begegnet man in der Art und Weise, wie René Descartes, der Philosoph des 17. Jahrhunderts, das Licht interpretierte. Descartes wollte erklären, wie das Licht einer fernen Quelle, beispielsweise eines Sterns, auf unser Auge trifft. Dafür stellte er sich ein unsichtbares «Etwas» vor, das den leeren Raum ausfüllte. Es war die Entsprechung eines Feldes, das er Plenum nannte. Licht sei, so glaubte er, eine «Neigung zur Bewegung» im Plenum, die zu einem Druck auf den Augapfel führt, der das wahrgenommene Licht erzeugt. Wenngleich Descartes' Theorie entschieden dubios war, wird sie doch nicht selten als der Beginn der modernen Wissenschaft des Lichts betrachtet, da sie nur die Quelle des Lichts und das Medium in Betracht zieht, durch das es übertragen wird, was nie zuvor ausdrücklich so formuliert worden war.

Hätte Descartes recht gehabt, wäre das Licht unverzüglich von seiner Quelle zum Augapfel gelangt. Als gebe es einen gewaltigen unsichtbaren Billardstock, der so lang ist wie die ganze Strecke vom Stern bis zum Auge, das ihn sieht. Drückt der Stern gegen das eine Ende des Stocks, drückt das andere Ende automatisch gegen das Auge. Das Licht benötigt keine Zeit, um anzukommen, weil es praktisch an allen Orten entlang des Wegs gleichzeitig ist.

In der Praxis glaubte Descartes, der «Billardstock», sein Plenum, bestünde aus einer gewaltigen Menge winziger, unbeweglicher, unsichtbarer Kugeln. Er stellte sich vor, der ganze Weltraum sei mit diesen winzig kleinen Bällen angefüllt. Der Druck auf einen Ball würde durch Millionen andere übermittelt, bevor er sein Ziel erreichte. Die Kugeln verhielten sich demnach, als gebe es ein einziges Objekt, das Ursache und Wirkung miteinander verbinde. In Bohms Bild wandelt sich diese krude Ansammlung von Kugeln in das Quantenpotenzial.

Eine der eindrucksvollsten Auswirkungen des Bohm'schen Quantenpotenzials ist die Abschaffung des Einstein'schen Problems der Lokalität. Vom Standpunkt des Quantenpotenzials war das Konzept der Lokalität nicht nötig. Was das Plenum von Descartes erreichte, schaffte auch das Quantenpotenzial: Es lieferte einen Mechanismus für die Verbindung von Objekten, wobei es nicht darauf ankam, ob sie einander nahe waren oder nicht.

Bohm beschreibt das recht poetisch. Er beruft sich auf Plasmone, wenn er sagt: «Mit der Tätigkeit des Quantenpotenzials durchläuft das ganze System eine koordinierte Bewegung, die eher einem Ballett ähnelt als einer Ansammlung unorganisierter Menschen.»

Ein einfaches physikalisches Modell, das Bohm einmal im Fernsehen sah, veranlasste ihn, sich mit der Grundlage seiner Vorstellungen über das Quantenpotenzial und die Verknüpfungen im Universum zu beschäftigen. Für die Demonstration war keine Hochtechnologie erforderlich. Es war lediglich ein Glasgefäß mit einem großen drehbaren Zylinder mittendrin, sodass nur eine kleine Lücke zwischen Glas und Zylinder blieb. Diese Lücke wurde zum Teil mit dickem, zähflüssigem, transparentem Glyzerin gefüllt.

Dann kam ein kleiner Tropfen Tinte zu der Flüssigkeit hinzu, und anschließend wurde die Lücke mit noch mehr Glyzerin aufgefüllt.

Drehte man nun den Zylinder um, breitete sich der Tintentropfen im Glyzerin aus und hinterließ eine immer blassere Spur, bis er verschwand. Aber hier ist der Punkt, der Bohms Aufmerksamkeit erregte. Wenn man den Zylinder zurückdrehte, fügte sich die Tinte wieder zu einem sichtbaren Fleck zusammen. Obwohl es für das bloße Auge nicht erkennbar war, hatte die Kombination von diffus ausgebreiteter Tinte und Gefäß die benötigte Information zur erneuten Zusammenfügung des Tintenflecks bewahrt.

Das Universum als Hologramm

Bald nachdem Bohm dies gesehen hatte, begegnete er auch seinem ersten Hologramm. Darin erkannte er ein sogar noch besseres Bild für das Geschehen im Universum. Betrachtet man die Glasplatte des Hologramms selbst, sieht man nichts weiter als ein willkürlich erscheinendes Muster aus Klecksen, Flecken und Fransen, ein Durcheinander ohne ersichtliche Ordnung. Aber sobald man es richtig beleuchtet, bricht die sichtbare Realität der Szene in ihrer ganzen dreidimensionalen Herrlichkeit hervor. Könnte also nicht, dachte Bohm, das Universum eher so sein? Ein Riesenhologramm, das eine Anordnung unzählbarer winziger Informationsteilchen umfasst, die erst dann zu einem Universum werden, wenn man sie als ein Ganzes betrachtet?

Hier ergab sich das Bild eines Kosmos, der keine Anordnung völlig unabhängiger Objekte, sondern ein unfassbar komplexes Ganzes war, dessen Struktur auf eine Art bestimmt war, die keine Ähnlichkeit mit dem aufwies, was wir sonst sehen, wenn wir das Universum betrachten. Fast könnte man sagen, es stellte das ganze Universum als eine einzige, riesige, sich ständig verändernde Zahl dar.

Selbstverständlich war Bohms Idee eines holographischen Universums viel mehr als ein traditionelles Hologramm. Ein Hologramm ist ja nur ein einziges unbewegtes Bild eines bestimmten Zeitpunkts in einem kleinen Teil des Universums. Bohms Vorstellung umspannte das ganze Universum, das sich ständig verwandelte, während die Teilchen miteinander reagierten. Er sah sie nicht als individuelle Kollisionen, sondern vielmehr als unterschiedliche Manipulationen in der Struktur, die er «Holobewegung» nannte, um zu betonen, dass es um mehr ging als nur um ein statisches Hologramm.

In Bohms Universum gibt es keine individuellen Teilchen. Alles ist ein Teil desselben Gegenstands. Das heißt nicht, alles, was wir sehen, sei bedeutungslos und eine Fälschung, sondern nur, dass seine Konsistenz eher flüssig ist, statt aus einer großen Zahl einzelner Teilchen zu bestehen. Bohm benutzte das Beispiel von Strukturen, die aus dem Wasser hervorgehen, etwa Wellen und Strudel. Gewiss existieren sie und können aufeinander und auf andere Dinge reagieren, dennoch sind sie keine Gebilde aus eigener Kraft und unabhängig vom Wasser. Sie alle sind ein Teil des «Wasserhologramms».

Ein unvollständiges Bild

Obwohl Bohms Theorie wesentlich detaillierter war, als man es hier darstellen könnte, ist sie nicht so vollständig wie die etablierten Vorstellungen über Teilchen und Felder. Dennoch gibt es experimentelle Hinweise, die nahelegen, dass seine Ideen eine Überlegung wert sind. Auch wenn Einstein die Quantenverschränkung nicht mochte, zeigen die Arbeiten über dieses Thema seit dem Artikel von 1935 sowohl auf dem Gebiet der Messungen als auch im Bereich der Anwendungen in Form von Quantencomputern und Quantenteleportation, dass es sie gibt. Tatsächlich scheint es eine Möglichkeit zu geben, dass weit voneinander entfernte Teilchen unverzüglich miteinander kommunizieren können oder sich so verhalten, als seien sie Teil desselben Gebildes. Bohms Vorstellungen passen bemerkenswert gut zu dieser Realität.

Sein Konzept des universellen Hologramms der Wechselwirkung ist allerdings nie zufriedenstellend vorangebracht worden. Die meisten Physiker tun sich schwer im Umgang damit und sehen darin eher eine Interpretation als einen Faktor, der in eine praktische Theorie integriert werden kann. Der Standardansatz zur Quantentheorie sorgt für hervorragende Übereinstimmungen zwischen Vorhersage und Experiment. Außerdem konnte die Elektronik vollständig auf der Grundlage der Quantentheorie entwickelt werden. Dennoch lässt sich nicht leugnen, dass Bohms Theorie in gewisser Weise attraktiv ist, da sie das Bild eines Universums vermittelt, in dem das Geschehen «vor dem Urknall» nur zu einem weiteren Aspekt des holographischen Ganzen wird. Sie lässt ein Kontinuum des Daseins zu, in dem der Urknall nur einer von vielen Meilensteinen und nicht unbedingt ein wahrer Anfang ist.

Einige Wissenschaftler haben die Idee weiterentwickelt. Der renommierte Physiker Roger Penrose glaubt, dass sogar das Bewusstsein auf einem holographischen Konzept beruht. Unsere Gehirne speichern Erinnerungen nicht einfach Bit für Bit, wie es Computerspeicher tun. Außerdem lässt sich dem Bewusstsein nicht einfach auf derart reduktionistische Weise beikommen. Einzelne Zellen im Gehirn sagen uns nichts über das Bewusstsein: Man muss es als ein Ganzes betrachten. Dabei erkennt man sofort, dass es möglich wäre, ein ähnliches holographisches Modell auf die Beziehung zwischen Gehirn und Bewusstsein anzuwenden, wie Bohm es für das Verhältnis zwischen dem «wirklichen» holographischen Universum und unseren Beobachtungen vorschlug.

Unabhängig von Bohms Arbeit entwickelte der Neurophysiologe Karl Pribram von der Stanford University sein Bild von der Funktionsweise des bewussten Gehirns, das gut zu Bohms Modell passte. Andere wiederum haben Bohms Vorstellungen benutzt, um eine Erklärung für paranormale Ereignisse zu finden, deren Existenz erst noch bewiesen werden müsste. Dabei geht es um Fernwahrnehmung, Wundertätigkeiten und die Untermauerung religiöser Überzeugungen des Fernen Ostens, die die Ansicht vertreten, alles sei Teil eines großen Ganzen. Das wahrscheinlich Schlimmste, was man über Bohms Theorien sagen kann, ist, dass sie benutzt werden können, um alle möglichen verwirrten Gedanken als Wissenschaft auszugeben.

Dies scheint bei der philosophischen Lehre der Postmoderne gegen Ende des 20. Jahrhunderts der Fall zu sein. Die Postmoderne ist der Wissenschaft gegenüber stets abgeneigt gewesen, weil diese nahezu sinnlose Philosophie den Wert des Reduktionismus nicht akzeptiert. Normalerweise spaltet die Wissenschaft ihren Untersuchungsgegenstand bis in seine kleinsten Bestandteile auf, um herauszufinden, wie alles funktioniert. Wer den Reduktionismus nicht mag, behauptet, dieses Verfahren verfehle das Ziel und begreife nicht, dass alles Teil eines Ganzen sei und wie sinnlos es sei, die Teile abzutrennen.

Das Problem bei dieser Art von Antireduktionismus liegt allerdings darin, dass er nicht wirklich widerspiegelt, was wir in der Welt sehen. Natürlich kann man sagen, Empfindungen seien wichtiger als die «Realität» und Naturgesetze seien lediglich von Menschen erdachte Trugschlüsse. Tatsache aber ist: Wenn Sie vom Dach eines zwanzigstöckigen Hauses davonlaufen, hilft Ihnen Ihre Empfindung, frei schweben zu können, nicht im Geringsten weiter. Die Gravitation wird gewinnen. Es ist ein Fehler, Bohms Ideen mit dieser Art des Denkens in Zusammenhang zu bringen, denn obwohl sie auf ein holistisches Bild des Universums setzen, beziehen sie reduktionistische Resultate mit ein, statt sie zu ignorieren.

Ja, Bohm sagte sehr wohl, alles sei miteinander verknüpft und es sei das Ganze, was zähle, aber er leugnete auch nicht, dass dieses Ganze Auswirkungen auf die Ebene habe, die wir als individuelle Teilchen betrachten. Sonst ähnelte es ein wenig dem Ausspruch: «Das Meer ist ein großes friedliches Gebilde. Wellen sind lediglich unbedeutende Kräuselungen in Bezug zum Ganzen», wenn ein Tsunami auf Ihren Strand zubraust. Diese unbedeutenden Kräuselungen können trotzdem stabile materielle Objekte zertrümmern.

Die Zukunft der Vergangenheit

Und so erkennen wir auf unserem Ausflug durch Bohms erstaunliches holographisches Universum ein Bild der Realität, wo die Frage «Was geschah vor dem Urknall?» von uns verlangt, eine andere Betrachtungsweise des ganzen Universums anzunehmen, als wir sie sonst gewohnt sind. Hier beschreiben wir unsere herkömmlichen Beobachtungen als eine Illusion, als begrenzten Blick auf ein viel größeres und ganz und gar verknüpftes Ganzes.

Während Wissenschaftler die Möglichkeiten für den Kosmos tiefer ausloten, sei es mit Teleskopen, die das Universum erfassen können, oder mit der Kraft gewaltiger Maschinen wie des Großen Hadronen-Speicherrings oder einfach nur mit den uralten Werkzeugen der theoretischen Physiker, einem Notizblock, einem Bleistift und einem einfallsreichen Gehirn: Wir können niemals sicher sein, ob wir eine zweifelsfreie Antwort auf die Schlüsselfrage haben werden, die in diesem Buch gestellt wurde.

Wir wissen, dass es in der Mathematik einige Fragen gibt, die sich ebenfalls nicht beweisen lassen. Zu dieser seltsamen Schlussfolgerung gelangte der exzentrische Mathematiker Kurt Gödel. Obwohl Gödel sein Ergebnis mathematisch bewies, geht eine ähnliche Atmosphäre von dem bekannten logischen Paradoxon aus, das von dem Philosophen Bertrand Russell stammt. Der Dorffriseur schneidet jedermanns Haare mit Ausnahme der Leute, die ihre Haare selbst schneiden. Schneidet der Friseur seine Haare selbst? Weil die Antwort ja und nein lauten muss, sind wir gezwungen zuzugeben, dass es unmöglich ist, das Problem zu lösen. Und so gibt es auch einige mathematische Aussagen, die nachweislich ebenso wenig lösbar sind.

In ähnlicher Weise bewies Alan Turing, einer aus dem Team, das den deutschen Enigma-Code im Zweiten Weltkrieg knackte, dass es Probleme gebe, die kein Computer lösen könne, egal wie schnell er sei.

Vielleicht gibt es einige wissenschaftliche Fragen, die zur selben

Kategorie gehören. Fragen, auf die es zwar im Prinzip Antworten gibt, die aber in der Praxis nie zufriedenstellend beantwortet werden. Manche sind Science-Fiction-Klassiker. Können wir eine Zeitmaschine bauen? Können wir schneller als das Licht sein? Physiker sind zwar auf theoretische Lösungen für diese Probleme gekommen (sie sind miteinander verbunden), aber es kann sein, dass sie niemals realisiert werden. Ebenso werden wir womöglich nie eine definitive Antwort auf die Frage haben: «Was geschah vor dem Urknall?»

Ich persönlich befinde mich in einer echten Zwickmühle. Mir gefällt die Theorie der kollidierenden Branen von Turok und Steinhardt sehr gut. Sie klingt elegant, was man von der zusammengeflickten und frisierten Urknalltheorie plus Inflation nicht behaupten kann. Dennoch sind die kollidierenden Branen auf die M-Theorie angewiesen und auf den damit verbundenen Ballast und die Sorgen über die Gültigkeit der Stringtheorie. Welche Richtung man auch einschlägt, offenbar gibt es keine einfache Antwort, wenn es um die ersten Augenblicke des Universums geht.

Vielleicht werden wir künftig alle unsere derzeitigen Theorien ausrangieren und uns etwas völlig Neues und Anderes einfallen lassen, wenngleich man dabei die zunehmend ergiebigen Daten berücksichtigen muss, die benutzt werden, um die aktuellen Theorien zu unterstützen. Oder wir werden womöglich mit zunehmendem Informationsfluss existierende Daten weiter verfeinern und nie in der Lage sein, diese letzten Schranken der Gewissheit zu durchbrechen. Trotzdem ist diese Aufgabe faszinierend und wert, dass man sich darauf einlässt.

Vielleicht haben wir keine definitiven Antworten, aber die unterschiedlichen Möglichkeiten bleiben ein Vergnügen, das jeden fasziniert, der mit einem Gefühl der Ehrfurcht auf den Nachthimmel schaut und sich fragt, woher alles kam und wo alles begann.

ANHANG

Kapitel 2. Der Schöpfer tritt in Erscheinung

17. Arthur C. Clarkes Kommentar zu Technologie und Magie erschien in Arthur C. Clarke, *Profile der Zukunft*, München: Heyne, 1984.

26. Roger Bacons Ansicht über die Mechanik der Sterne und des Mondes sind beschrieben bei Brian Clegg, *The First Scientist*, London: Constable and Robinson, 2003.

28. Informationen über den Treibhauseffekt von Brian Clegg, *Ecologic*. London: Transworld, 2009.

29. Fred Adams' Vorschlag, dass viele denkbare Universen Energiequellen haben könnten, die Leben ermöglichen, wird beschrieben von Michael Brooks, «In the Multiverse Stars Burn Black», *New Scientist*, 2. August 2008.

Kapitel 3. Was und wie groß?

34 f. Zitate aus Archimedes' *Der Sandrechner* stammen aus *Archimedes' Werke*. Mit modernen Bezeichnungen herausgegeben und mit einer Einleitung versehen von Sir Thomas L. Heath. Deutsch von Dr. Fritz Kliem, Berlin: O. Häring, 1914.

45. Details aus dem Leben von Richard Bentley stammen von James Henry Monk, *The Life of Richard Bentley*, London: J. G. & F. Rivington, 1833 (erhältlich bei Google Books, http://books.google.co.uk/books?id=0UoJAAAAQAAJ).

49. Die Studie, die zeigt, dass 70 Prozent der Lehrbücher das Olbers'sche Paradoxon falsch erklären, wird zitiert bei Michio Kaku, *Im Paralleluniversum: eine kosmologische Reise vom Big Bang in die 11. Dimension*, Reinbek: Rowohlt, 2005.

51. Poes Lösung zum Olbers'schen Paradoxon findet man in seinem Prosagedicht *Heureka*, übersetzt von Hedwig Lachmann, Minden: J. C. C. Bruns, 1901.

53. Biographische Details über Herschel stammen von Brian Clegg, *Light Years*, London: Macmillan Science, 2007.

55. Herschels Messung der Größe des Universums in Siriometern wird beschrieben von Simon Singh, *Big Bang: Der Ursprung des Kosmos und die Erfindung der modernen Naturwissenschaft*, München: Hanser, 2005.

55. Die Entfernung zu Sirius wurde übernommen von Patrick Moore, *The Amateur Astronomer*, London: Lutterworth, 1957.

57. Bessels frühe Anwendung der Parallaxe zur Messung der Entfernung zu den Sternen wird beschrieben bei Simon Singh, *Big Bang: Der Ursprung des Kosmos und die Erfindung der modernen Naturwissenschaft*, München: Hanser, 2005.

60. Die Informationen über Henrietta Leavitts Arbeit stammen von George Johnson, *Miss Leavitt's Stars*, New York: W. W. Norton, 2006.

63. Wie einige andere Autoren behauptete auch Simon Singh fälschlicherweise, Herschel habe darauf hingewiesen, alles sei in unserer «pfannkuchenförmigen Milchstraße» enthalten; in Simon Singh, *Big Bang: Der Ursprung des Kosmos und die Erfindung der modernen Naturwissenschaft*, München: Hanser, 2005.

63. Die Entwicklung von Herschels Theorien über die Beschaffenheit von Nebeln wird detailliert besprochen in C. A. Lubbock, *The Herschel Chronicle*, Cambridge: Cambridge University Press, 1933.

64. Die Behauptung, kein Nebel sei mit der Milchstraße vergleichbar, stammt von Agnes M. Clerke, *The System of the Stars*, London: Adam & Charles Black, 1905.

65. Informationen über die Entwicklung von Teleskopen in der Zeit von Herschel bis Hubble sind Patrick Moores Buch *Eyes on the Universe: The Story of the Telescope*, London: Springer Verlag, 1997, entnommen.

74. Hubbles Annahme, das Universum habe einen Durchmesser von 6 Milliarden Lichtjahren, wird in *The Times* (London) vom 26. April 1934 beschrieben.

78. Boudewijn F. Roukemas Demonstration, dass das Universum ein Zwölfflächner sein könnte, wird in diesem Aufsatz erläutert: Boudewijn F. Roukema et al., «The optimal phase of the generalised Poin-

caré dodecahedral space hypothesis implied by the spatial cross-correlation function of the WMAP sky maps», *Arxiv.org*, 0801.0006.

Kapitel 4. Wie alt?

82. Herschels Kommentar über die Beobachtung von Sternen, deren Licht 2 Millionen Jahre unterwegs gewesen sein musste, stammt von C. A. Lubbock, *The Herschel Chronicle*, Cambridge: Cambridge University Press, 1933.

84. Informationen über die Vorstellung des Umkipppunkts finden Sie bei Malcolm Gladwell, *Tipping Point: wie kleine Dinge Großes bewirken können*, Berlin: Berlin Verlag, 2000.

84. Die Chaostheorie wird geschildert in James Gleick, *Chaos – die Ordnung des Universums: Vorstoß in Grenzbereiche der modernen Physik*, München: Droemer Knaur, 1996.

85. In *The Times* (London) vom 13. September 1933 wird über Arthur Eddingtons Vortrag vor der British Association über das expandierende Universum berichtet.

93. Rutherfords Pionierarbeit über radiometrische Datierung wird beschrieben bei Hamish Campbell, *Discovering the Age of the Earth* als Teil von *The Elegant Universe of Albert Einstein*, Wellington: Awa Press, 2006.

Kapitel 5. Ein Knall oder ein Winseln?

102. Lemaîtres Inanspruchnahme kosmischer Strahlen zur Erhärtung seiner Theorie wird beschrieben bei Simon Singh, *Big Bang: Der Ursprung des Kosmos und die Erfindung der modernen Naturwissenschaft*, München: Hanser, 2005.

109. Informationen über Huggins' Einsatz der Spektroskopie zur Messung relativer Geschwindigkeit im Weltall stammt von Simon Singh, *Big Bang: Der Ursprung des Kosmos und die Erfindung der modernen Naturwissenschaft*, München: Hanser, 2005.

110. Die Forschungsarbeit von Hubble und Humason über die Bewegung von Galaxien kommt zur Sprache bei Simon Singh, *Big Bang: Der Ursprung des Kosmos und die Erfindung der modernen Naturwissenschaft*, München: Hanser, 2005.

112. Details über Isaac Newtons Bemerkungen, keine Hypothese formu-

lieren zu wollen, stehen bei Brian Clegg, *The God Effect*, New York: St. Martin's Press, 2006.

115. Oliver Lodges Kommentar über Eddingtons Verständnis der Relativität steht in *The Times* (London) vom 13. Dezember 1919.

115. Eddingtons Auszählung der Protonen im Universum aus seinen Tarner-Vorträgen wird zitiert in *The Oxford Dictionary of Scientific Quotations*, Oxford: Oxford University Press, 2005.

132. Ernest Sternglass' Theorie, das Universum sei in einem supermassiven Elektron / Positron-Paar entstanden, wird beschrieben in Ernest Sternglass, *Before the Big Bang*, New York: Four Walls Eight Windows, 1997.

Kapitel 6. Steady State

137. Biographische Details über Fred Hoyle stammen aus Jane Gregory, *Fred Hoyle's Universe*, Oxford: Oxford University Press, 2005.

139. Über Hoyles Attacke auf den Nobelpreis für die Entdeckung des Pulsars berichtet *The Times* (London) am 22. März 1975 und am 8. April 1975.

141. Stephen Hawkings Kommentar zur Abneigung vieler Menschen gegenüber dem Urknall, weil er zu sehr nach göttlichem Eingriff schmeckt, steht in Stephen Hawking, *Eine kurze Geschichte der Zeit. Die Suche nach der Urkraft des Universums*, Reinbek: Rowohlt, 1988, S. 67.

142. Die Behauptung, die Erfinder der Steady-State-Theorie hätten den Film *Traum ohne Ende* (Dead of Night) lediglich als Metapher benutzt, nicht aber als Inspiration für ihre Theorie erlebt, steht in Michio Kaku, *Im Paralleluniversum: Eine kosmologische Reise vom Big Bang in die 11. Dimension*, Reinbek: Rowohlt, 2005.

145. Hoyles Beteuerung, es spiele keine Rolle, wie verrückt eine Idee sei, steht in Fred Hoyle, *Die Natur des Universums*, Köln: Verlag Gustav Kiepenheuer, 1951.

145. Feynmans Behauptung, der gesunde Menschenverstand eigne sich nicht sehr gut zur Überprüfung einer wissenschaftlichen Theorie, stammt aus Richard Feynman, *QED – Die seltsame Theorie des Lichts und der Materie*, München: Piper, 1985, S. 21.

151. B. Y. Mills' vernichtende Kommentare über die Unfähigkeit, die

Ergebnisse aus Cambridge zu benutzen, um eine Entscheidung über kosmologische Angelegenheiten zu treffen, sind nachzulesen in B. Y. Mills und O. B. Slee, *Australian Journal of Physics*, 10, 162, 1957.

151. Fred Hoyles Gefühle, als Martin Ryle ihn bei der Pressekonferenz mit Daten konfrontierte, sind nachzulesen in Fred Hoyle, Geoffrey Burbidge und Jayant Narkilat, *A Different Approach to Cosmology*, Cambridge: Cambridge University Press, 2000.

153. Technische Details über Hoyles Quasi-Steady-State-Modell finden Sie in Fred Hoyle, Geoffrey Burbidge und Jayant Narkilat, *A Different Approach to Cosmology*, Cambridge: Cambridge University Press, 2000.

Kapitel 7. Die aufgeblasene Wahrheit

162. Details über Robert Dickes Erkenntnis, dass es eine Hintergrundstrahlung von den Überbleibseln des Urknalls geben sollte, werden beschrieben in Marcus Chown, *Afterglow of Creation*, London: Faber and Faber, 2010.

164. Die Enthüllung, dass die Auswirkungen der Hintergrundstrahlung indirekt aufgespürt worden seien, bevor Gamow ihre Existenz vorhersagte, stammt von Marcus Chown, *Afterglow of Creation*, London: Faber and Faber, 2010.

168. Die Abweichung in der kosmischen Hintergrundstrahlung aufgrund der relativen Bewegung der Erde wird beschrieben in Paul Davies, *Der kosmische Volltreffer. Warum wir hier sind und das Universum wie für uns geschaffen ist*, Frankfurt / New York: Campus Verlag, 2008.

172. Simon Singhs Behauptung, der Nachweis der kosmischen Mikrowellen-Hintergrundstrahlung würde «beweisen, dass der Urknall wirklich geschah», findet sich in Simon Singh, *Big Bang: Der Ursprung des Kosmos und die Erfindung der modernen Naturwissenschaft*, München: Hanser, 2005, S. 343.

173. Sacharows Theorie, dass lediglich eines von einer Milliarde Materieteilchen nach dem Urknall von Antimaterie vernichtet wurde, wird beschrieben in Martin Rees, *Das Rätsel unseres Universums: Hatte Gott eine Wahl?*, München: Beck, 2003.

173. Die Vorstellung, Antimaterie aus der Frühzeit des Universums könne noch in Einschlüssen existieren, stammt von Neil deGrasse Tyson und Donald Goldsmith, *Origins*, New York: W. W. Norton, 2004.

175. Die jüngste Veröffentlichung, die die Inflation befürwortet, indem sie den Ansatz «Summe über alle möglichen Universen» wählt, ist J. B. Hartle, S. W. Hawking und T. Hertog, «Noboundary Measure of the Universe», *Physical Review Letters* 100, 201 301, 2008.

176. Benjamin Wandelts Arbeit, in der Beweise für die Inflation im Universum angefochten werden: A. P. S. Yadev und B. D. Wandelt, «Evidence of primordial non-Gaussianity (f_{NL}) in the Wilkinson microwave anisotropy probe 3-year data at 2.80», *Physical Review Letters* 100, 181 301, 2008.

177. Probleme mit der Inflation werden beschrieben in Michael Brooks, «Inflation Deflated», *New Scientist*, 7. Juni 2008.

178. Details über die von der Urknalltheorie falsch vorhergesagten Mengen von Lithium stammen von Matthew Chalmers, «Crucible of Creation», *New Scientist*, 5. Juli 2008.

181. Informationen zu Youngs Arbeit über die Wellennatur des Lichts und den Abschied vom Äther bei Brian Clegg, *Light Years*, London: Macmillan Science, 2007.

183. Die Behauptung, Dunkle Materie sei nur wieder eine andere Form von Äther, wird aufgestellt in Neil deGrasse Tyson und Donald Goldsmith, *Origins*, New York: W. W. Norton, 2004.

190. Informationen zur kosmologischen Konstante (Einsteins größte «Eselei») in Amir Aczel, *Die göttliche Formel: von der Ausdehnung des Universums*, Reinbek: Rowohlt, 2002.

Kapitel 8. Es werde Zeit

200. Informationen über Augustinus von Hippo und Zitate aus *Bekenntnisse* stammen aus der Übersetzung von Otto F. Lachmann, Ausgabe Zittau, 1888.

Kapitel 9. Das Murmeltier-Universum

211. Robert Dickes Entwicklung des Konzepts eines zyklischen Universums mit Urknall und Großem Kollaps (Big Crunch) wird be-

schrieben von Marcus Chown, *Afterglow of Creation*, London: Faber and Faber, 2010.

213. Richard Tolmans Demonstration, dass ein konventionelles zyklisches Universum ein endliches früheres Leben gehabt haben müsste, wird beschrieben in Paul J. Steinhardt und Neil Turok, *Endless Universe, Beyond the Big Bang*, London: Weidenfeld and Nicholson, 2007.

224. Michio Kakus Sorge, es könnte zu viel Zeit mit der Stringtheorie verschwendet worden sein, ist nachzulesen in seinem Aufsatz «Unifying the Universe», *New Scientist*, 16. April 2005.

224. Lee Smolins Bemerkung über Karriereselbstmord steht in Lee Smolin, *Die Zukunft der Physik. Probleme der Stringtheorie und wie es weitergeht*, München: DVA, 2009.

225. Lee Smolins und Richard Feynmans Sorge um die Stringtheorie wird behandelt in Lee Smolin, *Die Zukunft der Physik. Probleme der Stringtheorie und wie es weitergeht*, München: DVA, 2009, S. 183.

225. Mehr Gründe, warum die Stringtheorie nicht nur falsch, sondern auch keine Wissenschaft sein könnte, in Lee Smolin, *Die Zukunft der Physik. Probleme der Stringtheorie und wie es weitergeht*, München: DVA, 2009.

226. Der Kommentar, String- und M-Theoretiker könnten sich immer mehr in ihr Never-Neverland zurückziehen, stammt aus Paul Davies, *Der kosmische Volltreffer. Warum wir hier sind und das Universum wie für uns geschaffen ist*, Frankfurt / New York: Campus Verlag, 2008.

227. Mehr über die Stringtheorie und ihre potenzielle experimentelle Bestätigung in Brian Greene, *Das elegante Universum: Superstrings, verborgene Dimensionen und die Suche nach der Weltformel*, München: Goldmann, 2005.

234. Das Konzept eines zyklischen Universums von Turok und Steinhardt, das durch kollidierende Branen angetrieben wird, lässt sich nachlesen in Paul J. Steinhardt und Neil Turok, *Endless Universe, Beyond the Big Bang*, London: Weidenfeld and Nicholson, 2007.

235. Peter Woit bezeichnet String- und M-Theorie als «nicht einmal falsch» in Peter Woit, Not Even Wrong: *The Failure of String Theory*

and the Continuing Challenge to Unify the Laws of Physics, London: Jonathan Cape, 2006.

243. Cristiano Germanis Vorstellung vom Universum als einer Bran, die sich aus dem Schlund in einer Calabi-Yau-Mannigfaltigkeit zurückbewegt, wird beschrieben in Zeeya Merali, «Bye-bye Big Bang, Adios Inflation», *New Scientist*, 8. September 2007.

246. Rückprall-Modelle des Universums, zu denen auch Martin Bojowalds Modell der «kosmischen Vergesslichkeit» gehört, werden beschrieben in Charles Q. Choi, «New Beginnings», *Scientific American*, Oktober 2007.

246. Martin Bojowalds kosmische Vergesslichkeit wird beschrieben in Martin Bojowald, «What happened before the Big Bang», *Nature Physics*, 3, 525, 2007.

246. Parampreet Singhs und Alejandro Corichis Modellierung eines Universums vor dem Urknall mit Hilfe der Schleifenquantengravitation wird beschrieben in Alejandro Corichi und Parampreet Singh, «Quantum Bounce and Cosmic Recall», *Physical Review Letters*, 100, 161 302, 2008.

Kapitel 10. Das Leben in einer Blase

253. Die Vorstellung, die Inflation sei ohne einen Anfang schon seit ewigen Zeiten im Gang, wird von Andrei Linde vorgeschlagen in S. W. Hawking und W. Israel (Hg.), *300 Years of Gravitation*, Cambridge: Cambridge University Press, 1987.

259. Lee Smolins Evolution der Universen wird beschrieben in Michio Kaku, *Im Paralleluniversum: Eine kosmologische Reise vom Big Bang in die 11. Dimension*, Reinbek: Rowohlt, 2005.

259. Der Mechanismus des Schwarzen Lochs in Smolins evolutionären Universen wird beschrieben in Martin Rees, *Das Rätsel unseres Universums: Hatte Gott eine Wahl?*, München: Beck, 2003.

260. Paul Steinhardts Weigerung, das Konzept des Multiversums überhaupt in Erwägung zu ziehen, wird zitiert in Paul Davies, *Der kosmische Volltreffer. Warum wir hier sind und das Universum wie für uns geschaffen ist*, Frankfurt / New York: Campus Verlag, 2008.

263. Das «Arkelanfall»-Zitat stammt aus Douglas Adams, *Per Anhalter durch die Galaxis*, München: Heyne, 2001.

263. Die Kurzgeschichte «Neutronenflut» erschien im Erzählband *Ein Treffen mit Medusa* von Arthur C. Clarke, Köln: Bastei Lübbe, 1986.

270. Anatoly Svidzinskys Vorschlag, dass Wolken Dunkler Materie für die Masse im Zentrum von Galaxien sorgen, erzählt Zeeya Merali in «Bubble Ousts Black Hole at Center of the Galaxy», *New Scientist*, 27. Juli 2006.

272. CERN weist auf seiner Website die Gefahr zurück, die angeblich vom Großen Hadronen-Speicherring ausgeht: http://press.web.cern.ch/public/en/LHC/Safety-en.html.

273. Michio Kakus Spekulationen über das Potenzial künftiger Zivilisationen für Reisen zwischen Universen sind nachzulesen in Michio Kaku, *Im Paralleluniversum: Eine kosmologische Reise vom Big Bang in die 11. Dimension*, Reinbek: Rowohlt, 2005.

Kapitel 11. Willkommen in der Matrix

277. Seth Lloyd stellt sein Konzept «It from bit» vor in Seth Lloyd, *Programming the Universe*, London: Vintage Books, 2007.

283. Mehr über Quantencomputer siehe Brian Clegg, *The God Effect*, New York: St. Martin's Press, 2006.

Kapitel 12. Das Schnappschuss-Universum

293. Informationen über Hologramme siehe Brian Clegg, *Light Years*, London: Macmillan Science, 2007.

298. Informationen zur stereographischen Fotografie stammen aus Brian Clegg, *The Man Who Stopped Time*, Washington: Joseph Henry Press, 2007.

302. Eine anspruchsvolle technische Erforschung der vom Schwarzen Loch geprägten Version des holographischen Universums bieten Leonard Susskind und James Lindesay in ihrem Buch *An Introduction to Black Holes, Information and the String Theory Revolution – The Holographic Universe*, Hackensack: World Scientific, 2005.

302. Arthur Eddingtons Bemerkungen zum zweiten Hauptsatz der Thermodynamik stammen aus seiner Gifford-Vorlesung von 1927, niedergeschrieben in *Das Weltbild der Physik und ein Versuch sei-*

ner philosophischen Deutung, Braunschweig: Friedrich Vieweg und Sohn, 1939, S. 78.

306. David Bohms Vorstellungen vom holographischen Universum werden beschrieben in Michael Talbot, *Das holographische Universum: die Welt in neuer Dimension*, München: Droemer Knaur, 1994.

307. Informationen über Einsteins Probleme mit der Quantentheorie, dem EPR-Experiment und der Quantenverschränkung siehe Brian Clegg, *The God Effect*, New York: St. Martin's Press, 2006.

308. Der EPR-Artikel: A. Einstein, B. Podolsky und N. Rosen, «Can Quantum-Mechanical Description of Physical Reality Be Considered Complete?», *Physical Review*, 47, 15. Mai 1935.

309. Das Einstein-Zitat stammt aus dem von Max Born herausgegebenen Buch *Einstein/Born, Briefwechsel 1916–1955*, München: Nymphenburger Verlagshandlung, 1969, S. 223 f.

315. Bohms Kommentare zur Koordination von Photonen in einem Plasma mit Unterstützung des Quantenpotenzials sind nachzulesen bei David Bohm, *Hidden Variables and the Implicate Order*, in Basil J. Hiley und F. David Peat, *Quantum Implications: Essays in Honour of David Bohm*, London: Routledge, 1991.

DANK

Mein Dank gilt den vielen Menschen, die mich mit Informationen versorgt haben. Dazu gehören Dr. Marcus Chown, Professor Günter Nimtz, die Bibliothekare der Swindon Central Library und der British Library des Mullard Radio Astronomy Laboratory an der University of Cambridge und die Organisatoren der Andrew Chamblin Memorial Lecture.

Auch dieses Buch wäre ohne die Hilfe und die Unterstützung meines Lektors Michael Homler und meines Agenten Peter Cox nicht möglich gewesen.

REGISTER

335

345

Michio Kaku

«Was für ein wunderbares Abenteuer ist dies, der Versuch, das Undenkbare zu denken.»
The New York Times Book Review

Die Physik der Zukunft
Unser Leben in 100 Jahren
978-3-498-03559-4

Im Hyperraum
Eine Reise durch Zeittunnel und Paralleluniversen
rororo 60360

Die Physik des Unmöglichen
Beamer, Phaser, Zeitmaschinen
rororo 62259

Im Paralleluniversum
Eine kosmologische Reise vom Big Bang in die 11. Dimension
rororo 61948

ISBN 978-3-498-03559-4